欲 望 动 力 心 理 学 书 系
21世纪经典原创理论推荐与精选

欲望的世界

欲望与人格心理学

从欲望能量的转化到自我人格的形成

张振学 / 著
zhang zhenxue

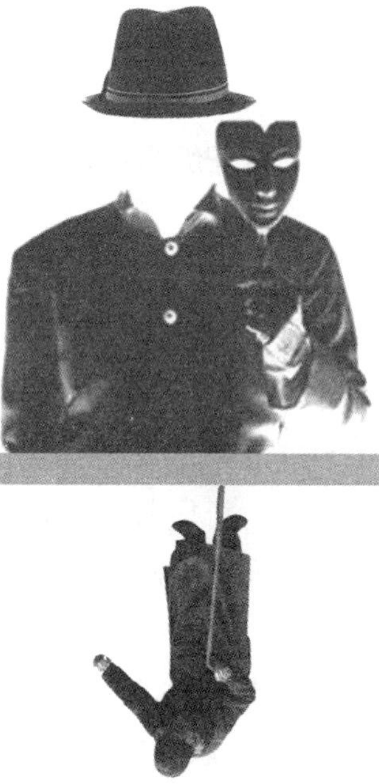

中国商业出版社

图书在版编目（CIP）数据

欲望的世界 . Ⅴ, 欲望与人格心理学 / 张振学著 . -- 北京 : 中国商业出版社 , 2016.12

（欲望动力心理学书系）

ISBN 978-7-5044-9679-9

Ⅰ . ①欲… Ⅱ . ①张… Ⅲ . ①欲望 Ⅳ . ① B848.4

中国版本图书馆 CIP 数据核字（2017）第 015019 号

责任编辑：朱丽丽

中国商业出版社出版发行

010-63180647 www.c-cbook.com

（100053 北京广安门内报国寺 1 号）

新华书店经销

北京洲际印刷有限公司印刷

*

710 × 1000 毫米 16 开 15 印张 220 千字

2017 年 5 月第 1 版 2017 年 5 月第 1 次印刷

定价：39.80 元

* * * *

（如有印装质量问题可更换）

致 谢

一直以来，我们似乎都被一个共性的问题所困扰：快乐与烦恼总是频繁交替地出现在我们的生活中，几乎每一天都在搅扰着我们的心灵难得安宁。小时候，我们哭着哭着就笑了；长大后，我们笑着笑着就哭了。那么请问，有谁知道我们的心情为什么总是处于如此这般的波动起伏之中呢？我们的心灵天空为什么总是一会阴一会晴呢？

后来，再后来，我终于找到了问题的根源所在，那就是，我们每个人自打出生之日起，便都不可避免地坠入了欲望的世界里。巡睃着眼花缭乱的人间万象，我们心神摇荡，迷离惝恍，不知所从。无论我们怎样努力，似乎也摆脱不掉欲望之魔的蛊惑与纠缠。我们因此而惊惶失措地意识到，如果不能解决好欲望问题，如果不能把欲望解释清楚，我们将永无解脱之日，永无释怀之时。于是，为了寻求人生的解脱与心灵的安宁，我开始把关注的目光转向了欲望的世界，并将它作为专门的课题进行了长期的探索和研究。

然而随着研究的不断深入，我发现人类欲望问题几乎与宇宙中的一切事物和所有问题都交织在一起，很难给出一个明确的边界。为此，我陆续阅读了古今中外大量的哲学、心理学、物理学、认知神经科学等经典著作，从柏拉图、亚里士多德、笛卡尔、斯宾诺莎、康德、黑格尔、弗洛伊德，到牛顿、爱因斯坦、普朗克、麦克斯韦、薛定谔、德布罗意，再到达尔文、巴甫洛夫、詹姆斯、马斯洛、皮亚杰，等等，正是他们思想的璀璨光辉，将我心中的宇宙照亮，将人类欲望的世界照亮，并使我有条件援引和借鉴他们优秀的理论成果作为阐述本书系观点的强大支撑。我为此要特别感谢历史上这些学术巨人们的慷慨赐惠。我对他们充满了无限敬意！

而当今时代更是一个群英荟萃、大师辈出的时代！全世界各地的科学家以异乎寻常的力量，不断推出一个又一个惊人的发现，使现代基础科学的天空不断放射出奇光异彩，使人类的世界观不断发生巨大的改变！人类主客观两个世界在现代物理学所建构的统一理论模型中有可能正在合并为一个特殊的奇点，一旦将这个奇点揭秘出来，整个世界都将为之震撼！人类对于世界的解释可能由此发生一场天翻地覆的革命。新时代科学巨匠们的惊世发现和优秀理论成果，更为我研究欲望问题增添了新鲜的活力，提供了诸多非常直接的有益启示，我在此向这些伟大的科学家们表达深深的敬仰和谢意！

同时，我还要感谢本书系的文字校对、内文排版、封面设计等工作人员的辛勤努力，他们连续加班加点地工作，大大加快了本书系出版的进程，我对他们的热心和勤奋充满了感动。

我也要感谢一位未满 16 岁的绘画少女。她用她天才的绘画技能帮助我完成了内文中几幅人物漫画插图的绘制工作。

最后，我更要衷心感谢出版社的编辑们。他们为本书系的出版做了大量辛苦的审读工作，并提出了很多宝贵建议，使得本书系能够以如此精美的面貌呈现在读者面前。

正是得益于如此众多人的福赐与成全，才使得本书系的创作过程成为一种令人激动而愉悦的经历。我对所有支持我的人深表感激，当然也包括所有阅读本书系的读者。

作　者

2017 年 4 月于北京

目录
Contents

法国实证主义哲学的奠基人孔德当年提出了关于自我意识的内省法存在“自我证明的悖论”，即同一器官无法做到既是观察者的同时又是被观察者。

梦是自主神经活动的产物，是自主神经中枢在潜欲望驱动下的表象性激活与呈现。

人类的自我意识正是以一种整体性存在的方式而产生并发展起来的，任何一个部分的分解或割裂，都不是完整的自我意识形态，都不是纯粹的自我人格本身。

前言：一本解释世界并改变自我的书

本书系将欲望作为具有开端意义的学科门类进行研究，并以物理学为依托，以生理学为基础，以心理学为导向，以认知神经科学为介质，以欲望作为人类主观世界的第一推动力，借助欲望层次理论和自我质能结构理论模型，构筑了一个规模宏大、经纬万端、独出机杼的理论体系，藉此演绎并绘制了人类精神宇宙的巨幅画卷。从此，人类主观世界的大门在欲望力所指引的方向上被一脚踹开，虽是庭院深深，红尘滚滚，却是三观尽显，一览无余！

同时，我们借助主观世界不断闪烁的幽微的光芒，一路走去，甚至还惊异地发现了主客观两个世界所存在的奇点性契合与叠加，进而别具只眼地领略到了客观物质世界的发生与发展的神奇风貌和诡异踪迹。

欲望动力心理学是为了让人们更好地了解人类欲望与生理机能之间的关系、人类欲望对精神宇宙的形成和发展所具有的特殊驱动作用、人类欲望与心理的本质以及由此产生的行为与表现，从而更理性地把握自身言行、更准确地解读他人动机，并藉此恰到好处地处理社会关系和引导人类文明未来走向的一门新兴科学。

人类的所思所言，所作所为，无一不源于自身欲望的诱使和驱动，人类社会的一切现行状态、一切人文成果和客观面貌无一不掩映着欲望碾轧的辙痕，无一不是内心的欲望在外部世界绽开的魔幻之花。这是对于人类整体而言的。对于人类个体而言，也莫不如是。

任何人的所思所想，所言所行，无不串掇着无形的欲望的丝线，无不是自身内在欲望的展露与体现。表面上的成功或失败，平凡或卓越，顺利或坎坷，平安或灾难，吉凶或福祸，等等，无一不是源于内心欲望的蛊惑、诱使、感召和驱动而造成的一种客观现状和自我感受。

社会要求每个人都要把握好自己的言行，规范好自己的言行，其实从根本上说就是要求人们把握好和规范好自己的欲望以及对欲望的表达方式与表现分寸，从而更好地适应社会，适应自然，适应各种不断变化着的生存环境。

同理，如何把握好或规范好别人的言行，其实也是如何把握好和规范好别人的欲望的问题。特别是作为各行业、各领域的领导者或管理者而言，不但要善于把握好自己的欲望坐标，也要善于把握好别人的欲望曲线，从而才能更好地实现有效领导和科学管理。

欲望动力心理学不但能帮助你实现梦寐以求的夙愿和理想，让你的人生获得可期待的幸福和满足，而且还能有效地帮助你避开“欲壑难填、利欲熏心”的罪恶的渊薮；不但让你更全面和更深刻地认识和改造外部客观世界和人类主观世界，而且也能让你更准确和更现实地认识自己、改造自己、完善自己和提升自己；不但让你更有分寸地把握欲望底线，让欲望之手成为推动自己前进的动力，绝不让欲望的无底洞成为蛊惑自己抬脚踏空的人生陷阱，而且也可以让你在为人处世、职场交际、商场运营、员工管理、社会治安以及化解各类社会矛盾纠纷等过程中更好地揣摩和洞察别人的欲望脉搏，让欲望之衡成为丈量别人品德与意志的尺度，让欲望之力成为引导和激发别人产生特定行动的精神号角。

可以说，欲望动力心理学就像一剂良药，既能养生又能健体，既能治病又能防疾，不但可以使自己的人生功德圆满，而且也可以对别人的七情六欲洞幽烛微，并施以恰当的指教、规范、训诲与管理。

当然，研究欲望动力心理学的功用还远不止于此。按照法国哲学家德勒兹与精神分析学家伽塔利的观点，欲望者同时还是一台创造和生产世界人文万物的“机器”，在西方被广泛描述为“欲望机器”，即在宇宙系统与社会伦理关系中，有一种普遍存在的对偶或对称关系。此即对立者或对应者的永恒轮回，永恒重复。它是因主体向往获得某物或达到某种目的而自行运转、产生能量、并经由零件与要素组成的一种特殊装置。

我认为这台特殊装置不但可以将客观世界映照、投射、拼接、组合、演绎为主观世界，而且也能将主观世界辐射、描摹、仿造、复制、落实为客观世界。正像人类看到飞鸟便会产生飞的想法，而后便能制造出飞机；看到美的景观便会产生美的蓝图，而后便能创造出丹青；看到野兽奔跑便会产生追赶的念头，而后便能制造出汽车；看到好的人物便会产生爱的欲望，而后便能施与爱的情感，如此等等，皆可理解为欲望机器在工作，在运转，在生产，在创造。通过这台机器，客观的现实似乎都可以变幻为主观的梦想，而主观的梦想似乎也都可以演变为客观的现实。

欲望作为一种“对缺乏者的抱憾”，蕴藉了愿望、想往、要求、欲求、物欲、性欲、肉欲等所想要的东西，与此同时排斥其反义领域的诸如疼痛、苦闷、轻蔑、冷漠、惰性、恐慌、忧虑、厌恶、不安、无视等不想要的东西。机器作为一种创造工具或研发器械，也涵盖了具有机械装置或类似器械装置的诸如工具、器物、火车头、计算机、机器人、动物机体、身体器官、机构、机关、文学创作、绘画作品、雕刻作品、影视作品，以及人、东西、地球、宇宙、基本粒子等可以实现人类意图的一切事物。“欲望机器”把技术、技艺、力量、观念、理想、精神、计算、缝纫、打印、复制、传输、虚拟处理、翻译、战争、航海、交通、舞台、人、动物、政治、社会、经济、艺术、世界等统统融入其中，并试图像变戏法一样将这些东西一一研发和制造出来。

这就是说，人类的一切文明成果和不文明成果，无一不是欲望生产和制造出来的，这也许就是“欲望机器”之概念被提出来的重要意义。

因此，研究欲望动力心理学不仅可以造福于个人，也可以造福于社会，不仅可以解读内在的主观世界，也可以解读外在的客观世界，不仅可以解读自然景观的形成之妙，还可以解读人文景观的形成原理。

就简单的社会个体意义而言，人在自我认识与自我保护方面（内部力量）要寻求最大限度的满足，有赖于得到他者力量（外部力量）的呼应、支持与配合，也正是在内部力量与外部力量的相互合作、竞争、交融的共同作用下，作为人的自我才能不断成就自身、满足欲求、净化心灵、提高素质，从而达到改善环境、美化生活、实现幸福的目的。

欲望在帮助你成功把握前进方向的同时，还能帮助你有效地洞穿和驾驭他人的欲望，使他人的欲望目标与自己的欲望相契合，然后借势而动，借力而行，轻松而高效地达成自己的目标。这一点，对于领导者来说尤其重要，它同时还是一种有效管理下属、带动下属和激发下属工作积极性的高明的管理手段。

欲望如火。生活中我们知道，只有用适当的火苗才能为自己烹食煮饭，保暖护身；火苗太大，不但可能会烧着自己，也可能会烧着别人；而别人的欲望之火太大，在烧着他自己的同时，也要小心烧着你、烧着其他人。所以，欲望之于人、之于社会都是一种不可小觑和利害攸关的事件。

同时，我们还会认识到，人们的一切活动都是为了寻求欲望的满足，为其喜，为其忧，为其忙，为其休，人生的每一种感受，比如喜怒哀乐忧思惧等等，都是由欲望决定并创生的。欲望就是串连人生一切心理和行为的不可见的细线。印度20世纪哲学家、心灵导师克里希那穆提也曾说过："对欲望不理解，人就永远不能从桎梏和恐惧中解脱出来。如果你摧毁了你的欲望，可能你也摧毁了你的生活。如果你扭曲它，压制它，你摧毁的可能是非凡之美。"

欲望并非人类所特有，一切生物都不同程度地具有诸如生命欲、生长欲、生存欲、生理欲等不同的欲望表现形式，特别是动物，同人类一样也具有食欲、性欲、安全欲、自由欲以及与生存群体或地域环境等相关的情感欲或归属欲。人类是高级动物，不仅智力发育的水平高，改造自然的能力强，谋求生存的本领大，而且欲望水平和敏感度也比其他一切生物或动物都要高级很多，无论在欲望的数量上还是在欲望的质量上、层次上，人类的欲望都是其他生物或动物所无可比拟的。

具体来说，欲望动力心理学所研究的内容，不但包括人作为动物的本能需求及其反应，还包括人作为社会成员的物质需求和精神需求及其反应。

关于这一点，马斯洛的需求层次论已做了较为详细的论述。这使欲望动力心理学兼具了生物学和社会学的性质。同时，欲望动力心理学所研究的是关于欲望形成的心路历程，即人从欲望发起至产生动作行为的整个心理活动和满足过程，这使欲望动力心理学与行为动机理论有了交集的内涵。欲望有着相当强的自利性，欲望的过度贪婪必然要冒犯到道德和法律的界限，因而欲望动力心理学又与道德学、法制学和管理学牵扯到一起。

再详细点说，欲望动力心理学既要研究人的生存、繁衍的本性，又要研究人的性格、意志、思维、意识、爱好、情感、理性、信仰、精神、品质等特性，以及由此而形成的人生观、世界观、价值观，还要研究人与人之间的关系，人与社会、团体、组织之间的关系，研究人因欲望而形成的善恶念头及行为准则，研究人因欲望而对社会产生的积极作用和消极作用，研究人看得见摸得着的显性的物质需求，研究人看不见摸不着的隐性的精神需求。

同时，欲望与需求两者既有联系又有本质上的差别。

①欲望诞生于需求与要求的裂缝中。拉康曾经指出："在有关欲望方面，我们觉得不可归结为要求的理由，也同样使它不等同于需求。"拉康将欲望、要求、需求区分开来，认为需求是指人机体的需要，隶属于生理学的范畴；要求是指对爱的要求，它涉及的是一种人际互动；而欲望则是诞生于需求和要求的裂缝中，"在要求和需求分离的边缘中欲望开始形成"。

②欲望"内核于需求而存在"，需求"外缘于欲望而产生"。欲望是产生需求的根本动因，需求是欲望产生之后的递进反应；就是说，先有欲望然后才有需求。对人类自身来说，需求的本质是欲望，欲望的本质是人性，人性的本质是生理，生理的本质是生命。

应该说，欲望动力心理学是一门横跨哲学、生物学、生理学、人类学、医学、解剖学、脑科学、认知神经科学、社会学、道德学、政治学、经济学、行为学、法制学、犯罪学、精神现象学、宗教学等多学科的人学，是对人性深层最本质的透视学。

它的研究对象是人，核心内容是研究人的生理功能及其产生的意志反应，并将人的肉体和精神辩证统一，以物质性的肉体生理为基础，藉此推导出人的心理、情绪、情感、意识、理性、思想和精神等形成的轨迹和管道。它面向个体和世界，反思自我并提升自身，管理别人并规范自己。它关注人的心灵世界，追寻生命的意义，并为个体找到最合适的存在方式，为群体找到最合适的相处方式。它是研究关于人对于欲望追求的本质、行为、现象及其产生、运动、发展、变化规律的新兴科学。

因而，欲望动力心理学对人生、对社会、对整个人类文明都有着极其广泛、深刻的指导作用。

欲望是来自于人类的精神世界还是来自于人类的物质世界？这个问题似乎也有着许多令人困惑的模糊边界。因为人类除了与生理有关的欲望之外，还有许多心理欲望或精神欲望。心理的东西或精神的东西一直以它与物质世界相对应的姿态二元于人类的观念中，并成为哲学家们争论不休的永恒话题。

随着科学的高速发展，人类对物质世界各种规律的认识已日臻清晰，而对于精神世界的认识却依然踯躅不前。有关于欲望、心理、心灵、情绪、意识、灵魂、观念等精神内容一直散发着诱人的魅力，并吸引着无数哲人志士为此苦思冥想，上下求索。但遗憾的是，人们对这个神秘王国的上层建筑和物质基础，似乎始终不得要领，不得路径而登堂入室，一睹芳容，只能凭借自身有限的表征、以及与其他动物的类比或自造的仪器介质以自证或他证的方式而猜想臆度，于是在大量的关于人类心理世界和精神世界及其来源的讨论中，正确与谬误常常混杂在一起，令人眼花缭乱，不知所宗。

作为人类精神的载体，人心到底什么样，没有人能够探进头去看个究竟，甚至在很长一段时间里，包括中国人在内的很多文明都把“心脏”作为灵魂、心灵、意识“中枢”所在，主宰着人的精神世界。直到笛卡尔的出现，才找到了心灵的真正居所——大脑。笛卡尔认为大脑才是人类心灵起源或发动的中枢。从此，人类洞察心理问题和精神问题的视角开始向“神经问题”的物质层面转身。

在西方哲学史上被公认为第一位哲学家的泰利斯首先提出了“什么是世界本原”的问题，并试图借助经验观察和理性思维来解释世界。亚里士多德认为，“所有的人都主张，研究最初原因和本原才可称为智慧”“智慧是关于某些本原和原因的科学”。[1]我同样也坚定地认为，任何一种学说，都需要有一个开端。“一个哲学的本原，当然也表现了一种开端，但并非主观的，而是客观的，即一切事物的开端”“但是，关于开端问题，近代的仓皇失措，则由于另外一种需要而来，有些人不认识这种需要，他们独断地以为这是有关本原的证明”“开端是逻辑的，因为它应当是在自由地、自为地有的思维原素中，在纯粹的知中造成的。于是开端又是间接的，因为纯知是意识的最后的、绝对的真理”。（以上三段话均引自黑格尔《逻辑学》第一篇，有论。）

我们在这里不但要厘清欲望动力心理学的开端，而且还要找到欲望本身的开端，更要通过欲望找到人类心理世界或精神世界的开端，包括智能、知识、意识、思想、情感、智慧、理性、信仰、心灵、灵感、灵魂等起源问题和本原问题，这类问题可以统统称作端问题，而将这些端问题作为研究对象的学问，我们可以称之为端学。端学是研究事物本原或终结的科学，甚至可以不限于精神世界，也包括物质世界的本原问题和终结问题。那么，我在这里所要讨论的欲望动力心理学便是端学研究的正式开端。而欲望则是人们研究一切学科和一切问题的开端。

1 亚里士多德《形而上学》，中国人民大学出版社，2003年12月第一版，第一卷3-4页。

哲学家尼采在论及欲望时曾遇到了无法突破的思维瓶颈，他认为欲望乃一人之本能与目的之结合，其功利性勿能视，不可见，因此得出了“欲望之论难以尽善人意”的结论。

而本书系试图破解尼采的认识瓶颈，利用理论与现象互证、抽象与形象互补，从多个角度揭开了人类欲望迷离的面纱，洞穿了其深邃的本质特征和诸多表现形式，破解了在欲望驱动下徐徐展开的人类主观精神世界的整体风貌，力图使读者在阅读本书系之后，能对人生产生深刻的感悟和启示，能给自己的欲望在“清心寡欲”和“欲壑难填”之间找到一种最佳的生存位置和自处坐标，并在生活、学习、工作、处世以及改造自我、改造社会、改造自然等实践中获得有益的帮助。

另外，特别值得一提的是，本书系最初冠名为《欲望学》，后来考虑到其中大部分内容属于心理学范畴，遂更名为《欲望心理学》，而这个书名经查证发现被一位美国学者用过了，尽管与我的创作意图和基本观点没有本质的联系，但我还是决定避让一下书名的雷同关系，于是定名为《欲望动力心理学》。

后来随着研究的深入，逐渐发现本书系所阐述的内容与哲学、物理学、宇宙学等学科竟然也存在着特殊的渊源关系，遂以“欲望动力心理学书系”作为总冠名，以“欲望的世界”来界定本书系所涵盖的基本内核，然后再向下细分为若干个专题，每个专题即以一个单行本出版。

我最初的计划是推出八个专题，分别为《欲望与认知心理学》《欲望与意识心理学》《欲望与精神心理学》《欲望与人格心理学》《欲望与行为心理学》《欲望与场域心理学》《欲望与舒适心理学》《欲望与情绪心理学》。

除此之外，我甚至还设想以上述八个专题为基础，进一步创作并出版《欲望与政治心理学》《欲望与经济心理学》《欲望与文化心理学》《欲望与道德心理学》《欲望与法制心理学》《欲望与犯罪心理学》等多部作品。但由于时间所限，未能如愿。

全书系写到 2016 年的时候，前五本便基本完成了，后面三个专题由于时间关系，仅仅写出了主要观点，未能展开铺陈，不免有些遗憾，但我自觉确实有些倦了，便临时决定把欲望与舒适、欲望与情绪这两个专题全部合并到欲望与场域心理学之中，因为欲望与舒适、欲望与情绪问题虽然未能展开论述和独立成书，但细究起来，它们皆在我创设的欲望场理论的统摄范围之内，也是完全可以自圆其说的，更何况这样安排也并不妨碍这两大课题可以自成体系的特点。

这样，我的《欲望动力心理学书系——欲望的世界》至此算是正式完成了，八个专题合成六本书出版，共计一百多万字，也算是一个不小的工程。如果将来兴致再起，或许有机会可以对后面的诸多专题深研细究，展开论述，以补遗憾，也是可能的。

这里还需要特别说明的是，本书系缘起于现代量子物理学对于哲学和心理学产生的巨大影响，特别是近年来出现的一些惊人的理论成果，更给作者带来了强烈的思想震撼。本书系借用美国著名粒子物理学家和诺贝尔物理学奖得主利昂·莱德曼在《上帝粒子》一书中提出的“上帝粒子”概念，试图借助量子物理学最前沿而奇妙的理论模型，为现代哲学和心理学寻找一种更独特而有趣的逻辑推演方法和证明路径。所以，本书系在探索世界本原问题上，以《圣经·创世纪》中上帝的概念开始说起，最后落实到莱德曼所提出的著名的“上帝粒子”的概念，整个讨论过程富有缜密而生动的逻辑推演机趣。我们高兴地看到，为了回答亚里士多德时期既已提出的关于“宇宙第一推动力”的千古疑问，量子物理学家们以其高妙的证明手段，正在逐层剥去套在人们心灵中的宗教外衣和神话色彩，进而为人们确立科学的世界观提供最基本的理论依据。

我在本书系中对于人类欲望的分析和阐述，借鉴了经典物理学和量子物理学大量的研究成果和成熟的理论范式，以独成体系的论证方法，对宇宙演化、物质结构、生命起源、大脑认知等事关人类终极之问的基本问题提供了别开生面的观照视角，开创了一个全新的用以解读人类欲望心理、行为动机、人格品质、自我意识和精神宇宙的理论模型，试图对人类各种心理现象和行为动机做出更精准的数学解释。

鉴于我对于经典物理学特别是量子物理学的理论造诣和理解深度所限，在逻辑架构上和观点阐释上难免存在一些浅见、偏颇、甚至谬误之处，敬请各界专家学者提出宝贵意见，以利本书系在进一步修订和再版时参考和借鉴。

作　者

2017 年 4 月于北京

第一章　我是宇宙的，宇宙也是我的
——我从哪里来，要到哪里去

人类在探索宇宙的道路上，永远突不破自我意识瓶颈的闭锁性制约，主客观两个世界必然要在自我这个点位上交汇。讨论自我，就绕不开自我欲望的内在驱动力量；讨论宇宙，就绕不开作为第一推动力存在的谜团。

遗憾的是，自从人类出现以后，宇宙第一推动力发生的原点便成为遥远的过去时，我们所能看到的世界，仅仅是这个初始作用力给出的结果，而其原因却只能留待我们去不断摸索和推想，在原因与结果之间，不过是宇宙存在的过程性展示。

一、自我认知的“蜗牛困境”

人类站在这个世界上，只能眼睁睁地看到各种光怪陆离的现象，却不能直接洞悉其间隐藏的原因、规律、奥妙和机理。或许对于人类而言，探索宇宙的奥秘无过乎是一种不自量力的悲怜尝试。宇宙宛若一个十分浩瀚而复杂的迷宫，我们人类或许就生活在这个迷宫之中而不自知。

这就像我们将一群蜗牛置于一座庞大的建筑迷宫中的情景一样。假如让这些蜗牛都具有不亚于人类的智慧，而它们要想研究这个建筑体的结构和来源，就会陷入难得其解的困境。

因为这些蜗牛凭借其一生的能力也无法走出这个奇大无比的建筑迷宫，无法实现自我超越。即便借助科学仪器或乘坐超速飞行器走出了这个建筑体，也根本再无法看到当初那些建筑工人的影子了。

原因很简单，蜗牛与建筑工人的时空交叉点已发生了历史性的错位，建筑迷宫原来的空间位置依旧，但原来的时间点位却移动了；或者建筑工人建完这座建筑之后早就离开了，意味着其空间位置也发生了错动，而蜗牛的空间位置还仍然处在最初的建筑点上。即便此刻爬到建筑体外面，也无法再看到建筑工人的影子。

这说明我们人类的任何活动都不过像蜗牛一样，总是被置于茫茫宇宙某个特定的时空交叉点上，由于这个交叉点每时每瞬都在发生着变化，因此我们人类对于宇宙的研究始终都被限囿于“蜗牛困境”之中，无法实现认识的超越。

但我们中的绝大多数人更倾向于把眼前的物质世界看作真实的世界。眼见为实、冥想为虚的观念早已深入人心。然而我们沿着思维所特有的逻辑脉络，却总能推论出一个完全相反的结论。眼见终究为主观感觉的一种官能，冥想亦无过乎主观意识的一种形式。所谓真实的物质世界最终总要演变为主观的感知世界才具有人类认识意义。

物质与精神在人类神经所特有的功能中汇聚为一点，让人类永远对此纠缠不清。物理学家研究物质世界的终极目标是试图找到世界的开端，这个开端从上帝粒子、中微子、弦理论、大爆炸、引力波等各种各样的理论猜想中开始涅槃，但直到今天依然未能得出令人满意和信服的结论。

其实物理学家们所研究的物质问题，从一开始便遭遇了人类自身认知的蜗牛困境。物质是质与能的结合体，具有不可分割的一体性。任何一个物体，既具有可视可感的质结构形式，也具有不可视不可触摸的能结构形式。质结构形式使物体具有了可视性的刚体空间形式，从而使物质世界具有了可测量、可计算的确定性特征，正是这种确定性才导致物质世界呈现为物理性维度特征，也正是这种确定性才为我们人类对某种物质的质结构形式进行观察和计算赋予了可驾驭、可操作的条件，可以代表我们人类认可于对某种物质之所有。

而能结构则具有不可视的、无形的、弥散的虚体空间形式，从而使物质世界具有了多维度交织和跨时空弥散的不确定性特征。正是这种不确定性才为我们人类对某种能量进行观察、计算、占有和利用留下了测不准的障碍和麻烦。我们只能通过对物质世界的质结构的观察、计算、占有和利用而完成对于其能结构的基本把握和认知。

这就意味着，这个世界是由具有确定性的质结构和具有不确定性的能结构相互转化和相互耦合而成的，对于质结构的认知和把握可以是直接的。而对于能结构的认知和把握只能是间接的，只能通过质结构的转化过程、流变过程来考察和测量能结构的基本特征。

同时，质结构的确定性必然导致物质形式具有固着性和封闭性，能结构的不确定性也必然导致物质形式具有流变性和挥发性。当其能量积累足够大时，就会冲破某个固着的封闭的物理空间形式而膨胀开来，迸发出来，并使质结构发生爆裂和变形。但它可以为我们利用或改变某种物质的质结构形式创造可能性条件，可以代表我们人类认可于对某种物质之所用。

当我们说某种物质有用或无用时，就是指这个物质的能量、能力、功能或效能而言的，物质含有怎样的能，便具有怎样的用途。

我们购买一个商品，并非购买其形，而是购买其能。

即便购买一幅画，也并非购买画家所画的图形或颜色，而是由图形和颜色组合而成的独特的审美功能。

这就意味着，从人类认识论的整体视角上说，物质世界的一切属性、特征、用途等等都是人类对于物质世界的主观评价，都是人类按照欲望的属性做出的主观归纳、分类和总结。

评价有用或无用的唯一标准就是人类所特有的欲望性。

离开了欲望，人类对物质世界的一切所谓属性、特征的归纳都是没有意义的。

有用或无用的唯一界定标准便是人的欲望。凡是欲望的，都是有用的，凡是非欲望的，都是无用的。凡是引起负欲望的，都是有害的；凡是引起正欲望的，都是有益的。

而有用或无用的根本归依不在于物质的质结构上，而在于物质的能结构上。

人类的先天性内容来自于非自我性的先在性意志驱动，来自于整体性自我出现之前的时空运行序列和质能转化程序。

当自我看到并审视自我的躯体时，原有使其成为特定躯体的时空运行序列和质能转化程序已经成为过去时。后来的自我只能看到既成的躯体，只能感受到自我所具有的基本功能，却无法看到其最初的形成过程，这个最初的形成过程即属于人类先天性的内容。

就像一台电脑，制造它的人付出的力量、使用的方法、设计的程序、制造的过程等等内容，对于既成的电脑来说，它本身是看不到的，也是不能自知的。因此在其正式成为电脑之前的包括有人曾经付出的力量、使用的方法、设计的程序、制造的过程等等，便都成为这台电脑的先天性内容。

这个先天性内容既包括力量、方法、程序、过程，也包括制造者事先设计的意志、智慧、能力，更包括所使用的质料的能量、功能、属性等等。这一切有目的的集成，不但构成了电脑所特有的形状，也赋予了电脑所特有的功能，这个属于电脑所特有的功能就是电脑的“灵魂”。

电脑既不知道自己是怎么来的，也不知道自己的“灵魂”到底藏在哪里，它唯一能够看到和能够知道的就是现在的样子。

休谟坚信从一切现实结果中可以推测出其形成的原因，他说：“诸位已经承认，神圣（我毫不怀疑这一层）的主要论据或唯一论据是由自然的秩序推出来的，而且诸位以为在分明有标记来表示出智慧和设计的地方，要把它的原因归之于机会，或盲目而没有指导的物质势力，那是妄诞的。诸位承认，这是由结果到原因的一种论证。根据作品的秩序，诸位就推断说，工人一定有设计和预想。如果诸位不能阐明这一点，则诸位承认，诸位的结论是错误的。”[1]

其实人类自身构造远比电脑还要高级得多，我们中的一些人可能不大相信大自然经过数万亿年漫长的演绎过程，会碰巧演绎出一台电脑来。但对达尔文的自然进化、自然选择、自然演绎理论却笃信不疑。

如果把我们人类权作一台高级电脑的话，我们应该想到在我们出现之前，必有一种先天性的力量、方法、程序、过程或智慧把我们生产出来。这个东西一定是先于我们自身存在的能、能量、能力、功能、作用。我在本书系中称之为功能体。

这个功能体聚合了宇宙中的万全属性、万全功能、万全智慧，隐于一切有形物质的背后，并无时无刻不在其背后发挥着支撑其存在、驱动其运行、促使其转化的能量性作用。

1 见于休谟著《人类理解论研究》，p120，商务印书馆，1957年10月第1版。

我们表面上看到的是一个有形世界，在其背后承载这个有形世界的，则是一个无形世界。这个有形世界便是质结构世界，一个可以被人类感知的有形体、有影像的质结构世界；而这个无形世界则是能结构世界，一个不为人类所能感知的看不见、摸不着的能结构世界。

有形物质世界不单单是“漂浮”在这个无形的功能体世界之上，而且也被这个功能体世界所支撑、所驱动、所建构、所创造、所转化、所内化、所演绎和所成就。

二、宇宙质能结构组合原理

宇宙中所有的物质都是能的特定表现形式，质全部来自于能，不同的质来自于不同的能，或者说来自于不同温度条件制衡下的能。温度条件对于能的存在形式而言是至关重要的，是能以其特定结构形式得以存在的特殊维度。不同的能或不同的能结构总是存在于不同的温度阈限之中，即特定的能或特定的能结构必须在特定的温度维度中才会显现出来。

温度变了，能结构也会发生改变，质结构也因此要发生改变（这就意味着在人类感知范围内，物质存在和人类生活的维度不限于爱因斯坦所提出的四度空间，其中温度一维也对物质的存在和运动显示出独特的作用）。

能来自于物质中所包含的能子的运动，来自于微粒子在其运动方向上产生的力。力的大小决定了能量的大小，也决定了质量的大小，甚至决定了质结构的硬度或密度的大小。力大者表现在质结构上则更硬，更坚挺，力小者表现在质结构上则更软，更松弛。

温度变化导致运动变化，也必然导致力的大小发生变化，导致能量发生膨胀或聚缩的变化，因此物质硬度和密度也必然发生变化。

质者可化为形，能者可化为力。力在客观世界中可化为有方向的客观意志力，在主观世界中则可化为主观意志力。

不管是客观意志力还是主观意志力，作为能的一种倾向性表示，决定了它最终必然转化成特定的质结构形式。

这就意味着，有什么样的能便必然会转化为什么样的力，便必然会转化为什么样的质，便必然会转化为什么样的形。相反也是如此，有什么样的形便可转化为什么样的质，便可转化为什么样的力，便可转化为什么样的能，我们将这一原理称之为宇宙质能结构组合原理。

图 1-1 是冰窗花图。借此图用以说明水在特定温度下和特定附着物条件下所发生的质能结构变化。

图 1-1 冰窗花图

尽管我们知道一切生物都离不开水，但水对于生物形态也具有决定性作用，却尚未成为我们世界观的组成部分。

地球上的一切植物都具有广泛的相似性，而且与我们在图 1-1 中展示出来的非生物性质的冰窗花竟也存在着惊人的相似。这种相似绝不是上天偶然的造化，而是宇宙质能结构组合原理演绎的必然。水的能结构在特定温度及附着环境的作用下必然发生改变，而能结构的改变也必然使其质结构发生改变，并且这种改变具有特定的客观意志倾向性或能量转化规定性，这种特定的倾向性和规定性决定了其所造作出来的形状必然遵循着特有的定式和规则。

世界上温度、土壤等条件相似的地方为什么很多植物如此相似（同一物种的生物尤其如此），看来水是知道答案的。

这说明，任何物质在特定温度阈限和特定条件阈限内，由能和能所具有的力产生的客观意志在冥冥中决定了物质的形式或物质的造型。

能是物质世界的本质，也是主观世界的归依。能既是支撑物质世界得以存在和得以运行的根本力量，也是推动主观世界得以发生、发展和流变的基本依托。

如是，我们有理由认为，人类自我人格的确立也是一种特殊的质能结构组合形式，没有质的存在，人便没有血肉之躯，便不能成其为人；没有能的存在，人便一无所能，也同样不能成其为人。

人与人之间所存在的任何相同或不同，都无一例外地体现为质能条件和质能结构组合的相同或不同。所以，人之躯体是最基本的质结构形式，是最显在的客观形象；人之所能是最基本的能结构形式，是最根本的人性。

我们将人类自我人格中所具有的这种特殊的质能结构组合关系称之为人类自我质能结构组合原理。

特定的自我能结构必然蕴藉于特定的自我质结构之中，或者说，自我能结构与自我质结构是同一理论框架下的两种存在形式，质能结构组合原理也决定了这两种结构的转化倾向、转化途径和转化形式。

欲望首先表现为一种特定的能结构方式，然后又必然地派生出特定的与之耦合的质结构方式。这就是说，欲望作为一种特定的能结构形式必然决定并驱动出与之相对应的特定的质结构模型。

欲望的能结构由匮欠属性、匮欠特点、匮欠驱力以及目标属性、目标导向、目标特点和目标引力等决定欲望必然朝着特定质结构的属性、方式、形状和特点转化。

一方面，特定的欲望驱力总是朝着特定的质结构形状、属性、特点发生作用，或推动出特定的质结构形状外在地呈现于客观世界之中。

另一方面，特定的质结构内容和形状总是对应于特定的欲望，并对欲望主体产生排斥力或吸引力。

这就意味着，欲望的能结构必然决定着欲望的质结构，欲望能量的转化必然以特定的质结构形式为基本倾向和基本归依。

我们将特定的欲望能量总是朝着特定相态转化并物化的对应关系，称之为欲能物化造型原理。

这一原理不但符合中国古代“相由心生”的观点，也符合维纳的控制论观点。按照这一原理，大千世界中的一切物质形式、形态、形体、形象均由其内在的客观性意志（欲望性能量）决定并造化的，心与形具有对应性转化关系。所以，此原理也可以被称为心形互应互成原理。

这一点，亚里士多德通过对生物学和胚胎学的研究也有过类似的发现。

他认为：“一切事物都是由内在的、自我发展的愿望推动的。事物既是形式又是实质，形式来自实质，并能产生更高形式的实质。因此，成人是形式的话，孩子就是实质；孩子是形式的话，胚胎就是实质；胚胎是形式的话，则卵子就是实质。由此类推，直到实质的概念变得模糊不清，成了似乎没有形式的东西。但没有形式的东西是不存在的，因为任何事物都有其形式。因此，从广义上说，实质只是形式的可能性。形式是实质完成了的本体。实质具有阻碍性，形式具有构建性。形式作为事物的外形，其内部必有一种使其成为此种外形的力量，这种力量是惟一形成事物的力量，是内在的必然性，是与生俱来的推动力。它可以将单纯的原料塑造成特定的外形，这就使实体潜能得以外在地实现，它是事物内部力量的总和。”[1]

我认为，亚里士多德所提出来的这种属于内在愿望性的推动力量或事物的实质，其实就是我们在本书系中提出的客观意志或客观力量，它是隐藏在事物形式之内部的一种潜在能量。

亚里士多德同时还说道：“一切事物都在朝着具体目标运动，都由内在的本质和规律引导，向着一定的方向运动。在鸡蛋内部的本质早已注定它要变成小鸡，而不是小鸭，橡树也是如此，而只会长成橡树，而不是柳树……但这并不表示有一种外在的旨意在控制着事物，事物发展的倾向是内在的，是由事物的种类和功能产生的。所谓天命，与自然因果关系是完全一致的。”[2]

根据欲能物化造型原理，欲望的能结构总是朝着特定的质结构转化，总是朝着特定的物质的特定属性、结构、方式、形状进行转化。

比如男人凸出来的生殖器所蕴藉的能结构，必然朝着女性凹进去的生殖器所蕴藉的质结构方向寻求释放和寻求转化；同理，女性凹进去的生殖器的能结构也必然地朝着男性凸出来的生殖器的质结构寻求释放和转化。女性生殖器的质结构外形对于性欲臌胀的男性来说，具有难以抗拒的吸引力和诱惑力；同样，男性生殖器的质结构外形对于春情洋溢的女性而言也具有难以抵挡的吸引作用和诱惑作用。

两种完全相反的生殖器外形，一者凹，一者凸，凹者如同匮欠，凸者如同填充性目标物，这或许正是欲望结构的最好模型和欲望系统质能结构转化关系的最好注疏。

不止于男人与女人的形体或形态差异缘自于欲能物化造型原理，其他包括人、动物、植物等不同物种在形体或形态上的相同或不同，也都是欲

1 维尔·杜兰特著．哲学的故事，2013.4.p55，中国妇女出版社。
2 维尔·杜兰特著．哲学的故事，2013.4.p55，中国妇女出版社。

望能量与物质形态之间所存在的对应性转化关系决定的，也都毫无例外地要遵循欲能物化造型原理，否则便会发生形体变异。

我们发现，大千世界的所有物质都各自具有特定的质结构，金木水火土的结构形态各有不同，原因就在于作为特定能结构在特定环境条件下（包括温度、湿度等）所产生的客观意志在向质结构转化过程中，必然遵循着欲能物化造型原理（客观意志即是物质反应性所必然表现的特殊匮欠形式，其与动物所具有的欲望形式相类似）。

在特定温度、湿度和物质条件作用下，花有花的客观意志，草有草的客观意志，树有树的客观意志。这种客观意志也是一种先在性的能量反应形式，不同的能量反应形式必然造化出不同的物质形态、物种形态或形体来，这就是我们看到大千世界不同物质和不同物种的形态和形体各具千秋的原因。

达尔文在物种起源中也提到："在十分不同的生物中，由于适应不同的功能，生物某个部分和器官之间会出现惊人的相似……这种相似只局限于一般外表。"[1] 同时他在"形态学"一节中还指出："同形构造与我分类的同功变化或同功类似是一样的，不过我的方法很不完备。它们的形成可以归因于不同生物的各部分或同一生物的不同部分曾以相似的方式进行变异；并且归因于部分相似的变异，为了同一目的或功能而被保存下来。"[2] 这说明，达尔文也注意到了功能（功能在这里含有能量、客观意志或欲望倾向等基本属性）对于物种形态、形状具有一定的对应关系或决定关系。

在人类个体自我所特有的欲望场之内，当看到衣食住行用等各种对自己有益的物体时，总是感到顺眼和顺心的。

比如食欲发生时必然使主体对食物的属性、外形、结构充满好感，怎么看都觉得好看，怎么闻都觉得好闻，怎么尝都觉得好吃。

而当看到与衣食住行用等各种对自己产生不利之功能的物体时，则怎么看都觉得不顺眼，不顺心。

比如看到蛇、蝎等对人有危害的动物时，主体对它们的外形、属性、结构、特点会产生惊恐感和厌恶感，以致后来发现与蛇蝎外形相似的绳子或影子也会产生相类似的惊恐感和厌恶感。

民间早就有"一朝遭蛇咬，十年怕井绳"的俗谚，说的就是欲望在能

1　物种起源，达尔文，北京大学出版社 2005 年 10 月，p255 页。

2　物种起源，达尔文，北京大学出版社 2005 年 10 月，p262 页。

结构与质结构之间所存在着的“能”与“质”或“用”与“形”的特殊对应关系。

我们相信一个人的福报都自有其必然的原因，就像“得”来自于“舍”，尊贵的气质来自于谦恭的品行一样，美丽的容颜也常常来自于温柔善良的性情。

特别是在人到中年以后，更显现出由其性格影响以及其内心情感波动所致的面相了。宽厚慈爱的人多半一脸福相，心胸狭窄的人常常青筋暴露，仁义善良的人往往面容舒展，性情粗暴的人大多面露凶相。

心情好则使人容光焕发，心情坏则令人愁眉苦脸。生活中我们有时会看到一些品行不好、刻薄阴毒的中老年妇女，其面部肌肉常常发生某种程度的扭曲与变形，貌似相书中所谓的“薄命相”或“克夫相”。

这说明人的相貌并非天生就是一成不变的，后来形成的相貌容颜饱含着人生旅途的艰辛与风霜、沧桑与磨难，不但是长期的性格、品行、情感、情绪与心理的修炼在面部的积淀与投影，而且也预示着未来的命运走向与人生遭遇。

一般地，有爱心的人，往往从内而外散发出一种令人倾慕的光华，让人越看越顺眼，并喜欢与其接触和相处，其人缘也会越来越好；而过于自私、阴暗、狡猾、计较的人大多很不耐看，甚至会变得越来越丑陋，即便侥幸生得一副姣好的面容，也会逐渐在脸上显现出不讨人喜欢的气色和神情。

所以，一个人，特别是后半生美丽与否，很大程度上是从其内心里生出来的，所谓“相由心生”、“情人眼里出西施”说的就是这个道理，这也是欲能物化造型原理在现实生活感应中的特殊体现。

宇宙用能来改变形式，人类用形式来改变能。比如一切物质都是以特定的形式而存在，而人类看不见能的存在，只能借助物质形式而感知能的存在性和干预能的变化性，只能借助和通过改变物质形式而改变物质的能。如汽车、电脑、望远镜等都是借助改变物质形式而改变了物质所具有的能（汽车有提速之能、电脑有计算之能、望远镜有放大之能）。

当然，我们所能看到的人的躯体亦即人的质结构是人体学、解剖学等学科重点研究的内容，而人的能结构则是心理学、认知科学、精神现象学等学科重点研究的内容。将人体质结构和能结构合并在一起进行研究则属于生理学、医学、脑科学和认知神经科学等学科重点研究的内容。本书将侧重讨论的是构成人类个体自我人格的质能结构理论。

人的躯体活在客观世界中，人的灵魂则活在感觉世界中，并由感觉的正舒适或负舒适决定并建立了带有特定方向性的自我欲望系统。因此，作为由特定躯体承载着特定灵魂的人类个体自我而言，人既是活在感觉世界中的欲望体，也是活在欲望世界中的精神体。

正是作为人类智能性的感觉最终决定并确立了人的欲望倾向、意识活动、情感关系以及思维方式、行为动机和行为目标，并由此塑造了集感觉、欲望、思维、意识、情感、精神和行为等于一体的、浮出于自然界物质层次和社会事务关系层次之上的自我形态。

没有人能够否认欲望对于人的内在驱动作用，这与物理学意义的力的作用性特征和方向性特征是异曲同工的。

由于欲望来自于感觉并与感觉共轭并行，这就意味着感觉也同样具有力的作用性特征和方向性特征。而人的心理世界、意识世界、主观世界、精神世界和行为世界正是在感觉与欲望共轭并行的力的作用下而产生的特定结果和特定形态。如果有谁真的朝着无欲无求的境界修炼自己，在本质上讲，就是把自己修炼到无感觉的境界。

正如药师咒经中那句“没感觉、没感觉”的歌词所启示的那样，人们只有在修炼到没感觉的程度，才能达到超越感觉并超越欲望的人生境界，这种境界才是佛家所推崇的至高至纯至真的梵我一如的境界。

因为我们生活在尘世之中，那些乱我心者和令我烦忧者，正是感觉和欲望在作怪。只有进入无觉无欲的状态，才能把自己站成超凡脱俗的旁观者，才能站在梵的视角上居高临下地审视自我并回归自身。

三、人类自我结构的联通、互动与循环

人类以其依赖于宇宙造化（自然演化）的生物性特征，决定了其自我存在形式始终处于内在环境与外在环境循环互动的交叉点上。并在这个点上实现内外两种环境的能量交换与转化、能力较量与消长、功能组合与替代、效能互通与互动。这就证明人类自我意识其实是以一种特殊的“能”的形式存在着的、支撑着的、架构着的和运动着的。

如果你认真地观察一株树或者任何一株植物，就会发现它与外在世界中的空气、阳光、水、土壤、养料等物质及其能量显而易见地存在着紧密相连、息息相通、不可分割的内外循环关系。而且这些外在的东西后天地决定了它的长势、形状、色泽以及存在现状，甚至决定它的生死。植物如此，动物如此，人也莫不如此。

外在环境与人的内在环境显而易见地存在着紧密相连、息息相通、不可分割的内外循环关系。正是外在的水、阳光、空气、养料等物质成分后天地决定了这个人的身材、长相、面目，甚至后天地决定了这个人的智商、情商、德商、逆商、心商。

这说明，不限于人的肉体内容，也包括人的意识内容，都显而易见地与外在环境及其影像存在着紧密相连、息息相通、不可分割的内外循环关系。外在事物的影像后天地决定了人的意识走向、意识目标、意识层次、意识格局、意识轨迹和意识特点。

这就是说，人类个体自我是一种特殊的和绝对的内外包围结构，或称为内外互包结构，或内外互通结构、内外循环结构。

一方面被外在环境严丝合缝地包围着，被空气、阳光、水、土地、天空以及各种颜色各种形状各种特征的物质包围着。

另一方面外在环境也被自我包围着，以水分、空气、食物、营养、残渣等形式被包围在自我的肠胃里、血管里、呼吸道里、细胞里以及五脏六腑之中。

个体自我内外之间通过口腔、鼻腔、尿道、肛门以及眼睛、耳朵、皮肤等器官联通，就像若干管道在内外之间构成了互感互应、互联互通、互交互动、互承互载、有进有出的内外循环运动系统，构成了你中有我、我中有你、内外互包、进出有序的自我结构形式。

我就是自然，自然就是我，我是自然的一部分，自然也是我的一部分，这就是天人合一、樊我一如的真实境界。

于是包括粪便、汗液、眼屎、耳残、唾液等物质，都是被自我包围着的物质在内外互动过程中溢出的残渣。不止于此，经眼耳鼻舌身等感官而捕获的包括外在事物的色彩、形状、声音等影像信息后天地进入主体自我大脑之后，也会通过自我表达的形式溢出自我之外，并施加于外在对象性他者。

这就在自我内外之间不止存在物质循环，也存在信息循环、意志循环、思想循环或精神循环关系。

我装着大自然，并成为大自然的一部分，大自然装着我，并成为我的一部分；我装着社会，并成为社会的一部分，社会也装着我，并成为我的一部分；我装着我自己，并成为我自己的一部分，我自己也装着我，并成为我的一部分。

可以说，作为生物体的自我实为宇宙中所有“能”的存在形式和转换形式的聚合体和微缩版。自我之内的小宇宙与自我之外的大宇宙不仅互通互动，而且功能如一，集物理能、化学能、磁能、电能、场能、光能、热能等一切宇宙之“能”于一身。

个体自我位置恰在内外两个宇宙的交汇处，自我意识的出现不啻于主客观两个世界在临界状态下凭借各自所具有的“能”而擦出的经验火花和意志光芒。

就像人的手指与琴键碰撞后而产生的音符，音符本身不是物质，但离开了手指与琴键的物质性碰撞和能量性转换，便不会产生音符。同理，人类欲望则是自我质结构和自我能结构在特定的时空交叉点上对立统一的必然产物，是自我躯体内部各种质条件和能条件与外部环境中的各种质条件和能条件相互冲突、相互交换和相互转化的必然产物。

一般地，在自我所处的特定的内外质结构条件下，欲望作为能量转化过程中的意志倾向必然对自我人格结构产生气质性造作和情绪化影响。

第二章 人类自我人格的质能结构模型
——自我十能结构理论的创立与解读

人类个体自我质结构中到底蕴藏着多少种能结构？我们观察一下人体中所蕴含的一些奇妙的数字或许会有所感悟。

比如，我们每个人都有十指或十趾，这两个“十”数或许不是偶然的巧合，它以有形隐喻无形，以上面十指对应下面十趾，仿佛昭示着在我们躯体之内有十种神秘的柱撑力量，从而使个体自我质结构得到平稳站立并获得平衡发展。其中足下之十，可以确保自我质结构获得平稳站立；手上之十，可以有效保证自我能结构与外在环境中的能结构呈现为一种对称性和呼应性索取关系，从而使得个体自我质结构与能结构实现机巧而完美的整合。

脚下之“十”代表立与稳，手上之“十”代表应与取，恰合于我们在本书中所归纳的个体自我质结构中所蕴藉的十种能结构。将这十趾（指）与十能对应起来在一般人看来或许有些牵强附会的意味，但这种意外的巧合也不啻一种通向圆满和完美的表达与注定。

我们将人类自我质结构中所蕴藉的十种能结构分为：形下器能、外应物能、生理机能、神经智能、鉴知官能、心理势能、行为动能、自我意能、外应神能，语言联能，简称十能。

在自我十能结构中，其中任何一种能的萎缩或增强、衰变或盛行、退化或进益、转化和消失都会严重影响主体自我的生存、生活和生命。人的一生从小到大、从年轻到年老的过程也是自我之能从弱到强、从盛到衰、从衰到亡的过程。比如人老了，各种“能”逐渐退化了，衰败了，以致只能借助于拐杖、老花镜、助听器、假牙、心脏搭桥或支架等其他附加器械之功能来支撑自己的立世之能、生存之能、运动之能和生活之能。

我们面对的社会，可谓千人千面，各具其能，每一个人从里到外既有相同点也有不同点。为什么会产生不同点，就在于十能结构通过各种偶然的组合不可避免地产生各种各样的个体性差异。

按照数学概论来计算，这十种能可以组合成90亿个不完全一样的人，或者说在90亿人中通常不会出现两个完全一样的人。倘若再按照每一种能所具有的个性差异来统算，那么，这种耦合的概率就会降低到几乎为零的地步。

所以，正是十能结构的独特组合构成了人与人之间的万般差异。此人与彼人的不同，不仅仅体现在质结构的不同上，更多的时候则主要体现在能结构组合的不同上。我们在生活中也会经常看到，两个长相非常相似的人，其所表现出来的气质、秉性、能力、才智、品德等方面的人格特征却相去甚远，不可同日而语。

人类一切欲望形式都是个体自我结构内部能条件在发生转换过程中的必然产物。十能的存在和运行必然表现为十种征象，简称十征。

下面，我就对十能和十征做一下详细的解说。我认为十能概念的提出和划分具有哲学、心理学和生理学史上的里程碑意义，不但可以破解人类个体自我人格结构的基本面，而且更能够通过十能洞察人类自我人格结构内在的本质属性，以及与自然、社会和宇宙万物之间的根本联系。

一、形下器能：形而下者为之器中隐含的能量形态

形下器能的“形”“下”“器”三个字的含义取自《易经·系辞》中“形而上者谓之道，形而下者谓之器”的后半句，指的是人类个体自我内在纯物质性的形而下的器物中所蕴含着的能量、能力、功能和效能。

欲望动力心理学认为，人类个体自我首先是以一个“形而下”的器物形式呈现出来的。这是个体自我结构中无法超越的基础性层次，也是人类个体自我永远无法脱离物质性存在方式的铁证和根源。

生理学研究报告显示，人体是由众多物质成分组成的，包括水、蛋白质、脂类、糖类和无机盐以及维生素等。其中，人体中的无机盐又称矿物质，包含 40 多种，计有钠、钾、钙、铁、碘、硒等。水和无机盐为无机物，而蛋白质、脂类和糖类则为有机物。构成人体的这些物质都含有碳、氢、氧三种元素。

人体各种物质组成有一定的比例：其中水、蛋白质、脂类、糖类、无机盐等都分别在人体中占有不同的比例。这些物质在新陈代谢中还能合成许多其他重要物质，其结构相当复杂，而且每个人在物质组成方面还会存在一些个体差异。正是这种差异导致了人与人之间必然存在着一些身肌体能与神经智能等先天禀赋方面的不同。

正是由众多不同的微小物质按照特定比例组成了有血有肉的人体这个形而下的“器”，从而赋予人体这个“器”以独特的能量、能力、功能和效能。并以这些独特的能结构形式构成了人类所特有的客观意志倾向、人格气质状态、体能大小和智能高低等先天性特征。

其实，这些众多的不同的微小物质又何尝不是一个个微小的“器”呢？这些微小的“器”中又何尝不蕴藉着一波波微小的“能”呢？

我们且不必说构成人体的数十种器官组织，也不必说构成这些器官组织数以亿计的细胞，更不必说组成细胞器的内质网、线粒体、高尔基体、核糖体、溶酶体、中心体，单就说组成这些网体物质的分子、原子、原子核、质子、夸克等微小粒子，也不能不被看作是用来转化或缔结形下器能的物质形式。

粒子之小器构成了宇宙之大器，构成了人体、万物之中器。物物皆为器，器器皆有能。大器有能，其能无限；小器有能，其能隐微。

能蕴于器之中，器现于能之外。能是无形的，器是有形的。能者为内容，器者为形式；能与器，相交相合，互依互存，能借有形之器而施功，器凭无形之能而生变。能不能凭无形之器而创生，也不能凭有形之器而消灭，它只能从一种有形之器中转化到另一种有形之器中，或者从一种形式转化为另一种形式，此推理恰合于迈尔的能量守恒与转化定律。

器之形态无数，能之属性一如。但能的名称各异，曰光能、曰热能、曰电能、曰磁能、曰场能、曰势能、曰动能、曰机械能、曰化学能，然其本质皆为构成宇宙运动之本能。

草木成长一生，宇宙光能热能蕴藉其中，燃之，则将原来吸纳的光能热能全部等量等值等效地释放出来，转化为如当初之空间辐射之形，无过乎完成了轮回还原的过程，或亦可转化成电能，其所化者，也全部是宇宙最初所施光热之本能。

这可谓是“怎么吃进去的还得怎么吐出来，怎么从对方那里拿过来的，还得怎么给对方归还回去”。说明能量总是按照因果轮回的既有线路和特定模式进行转化的，或者说能量的转化及其转化方式具有固定不变的线路模型和运行规律，即每一种能量或功能都有其特定的成因、特定的转化线路和特定的转化规律。我们将这一原理称之为器能成因及转化定理。

依据这个定理可以认定，任何一种能都毫无例外地蕴藉在一种特定的有形之器中，任何一种有形之器都在成因的线路上蕴入了特定的能。只要找出器的成因和过程，就能判定其能的属性、特点、释放方式和释放效能；同样的，只要认识到器中所蕴之能的属性、特点、释放方式和释放效能，就能推断这个有形之器可能的成因、来路和形成过程，并且也一定能够按照当初的来路、过程、成因和形式将这个有形之器中的能转化回去，还原回去。

这是一个通过现状寻找其前身或前生，或通过现状推导其后身或后世的器能转化理论模型。

这样，我们对于任何一种有形之器，只要发现存在着某种能，便可以分析其蕴入的原因、过程和形式，从而确定其转化的线路图。并按照这个线路图，把这种能转化为原有的形式或原有形式的对象中去，以使它在对象的有形之器中发挥作用。

这一观点，我认为是对迈尔的能量守恒与转化定律所做出的非常必要也是非常重要的补充。

宇宙中所有的能皆可赋予形器之上，所有形器之中皆蕴藉着可以实现互通互动的能。换句话说，任何能都可以寄身于特定的有形之器当中，未蕴于有形之器中的能是人类不可观测的，也是在现有世界观中暂时无法理解的。

宇宙是一个永恒运动的庞大无边的平衡结构，这种平衡不但体现在有与有之间、无与无之间存在着的平衡关系，而且在有与无之间、实与虚之间、在与空之间也存在着平衡关系。

在宇宙既有空间条件下，有、实、在是有形之器，无、虚、空其本质也是有形之器，也都蕴藉着特定的能。

比如一只空碗，内中为空无，而碗既有形，内中空无之所又何尝无形？

高山有形，高山之外空无之所又何尝无形？大地有形，天空又何尝无形？宇宙中如果没有无、虚、空，便不会产生弱引力，便不会产生气压的上升和空气的流动。

无，貌似无用，实则有用，它是有的对立性存在形式，反面存在形式，与有同样存在着对立与统一的关系，它更是运动得以展开的宽余和通道，没有它就没有科学意义上的物理运动，佛理把它说成是“无境之境，无台之台”。

从这个意义上说，时间不过是人主观设定的虚拟概念，一种为表示物质运动空间的宽裕性、延伸性和持存性而形成的观念，其本质不过是空间的展开形式和延伸维度，或者干脆说时间的本质就是空间本身的特定维度。

空间的无限性与时间的无限性是完全一致的，不可分的。空间本来没有数量，有关于空间大小的数量是由人们主观赋予其上的；时间本身也没有数量，有关于时间长短的数量也是人们为了解释物质运动过程而主观地赋予其上的。

人们计量时间，实际上计量的并非是时间，而是物质运动的空间延展。准确点说，时间即为空间，即为运动着的空间形式。

比如时间沙漏所计量的不过是沙子不断运动的空间性延伸值，钟表计量的也不过是表针运动的空间性延伸值，计算的本质内容是空间，离开了物质运动，离开了主观考察和空间参照，时间观念将彻底消失。

所以时间的本质不过是物质运动在广延性上的另一种空间形式，主观上的时间在客观上是不存在的。运动是时空纠缠的运动，运动的伸缩性、流动性、发散性、辐射性、交换性、往复性、永恒性，是运动的本质，时间不过是物质运动的伸缩过程本身，只是具有主观性的人给这种伸缩的存在性和过程的阶段性赋予了一种新的解释而已。

而正是无这种东西为有这种东西备份了运动的可能性空间，人类为连续不断或循环往复的物质运动所迷糊，在物质运动不断伸展的空间方向上方才产生了主观上的时间观念。

如果这个宇宙到处都被实有之物所充斥，那么实有之物则会表现为无边无界，无体无形。因为没有无的存在，人类也全无空间观念可言，连夸克或中微子也无运动的空间可言了。

这就是说，宇宙全为实有或全为空无，都是不可想象的，二者只能以对立而统一的形式存在着。没有对立，便没有统一。包括物理学在内的几乎所有自然科学，一直以来都理所当然地把对实有和存在的研究当成了不二的选择，而对于无、虚、空及其所蕴含的能，却未能引起足够的重视和关注。其实这是自然科学所失去的半壁天下，这一点仅有哲学上的探讨显然是远远不够的。

宇宙的平衡必然来自于一种对称关系，有与无、实与虚、在与空的对称是构成宇宙平衡的绝对模型。

在整个宇宙中，凡是能够有的形态、能量、能力、功能、效能、属性、层次、系统，都会有与之相应的对称性对象的存在。

有大就必定有小，而且小中有大（小是大的缩影），大中有小（大是小的扩充），小与大以器相形，以能相通；有雄就必定有雌，而且雌中有雄，雄中有雌，雌与雄互补而合，相交而生；有正就必定有负，而且负中有正（在我者为负时在他者为正），正中有负（在我者为正时在他者为负），正与负相欠而动，相抵而静；有实就必定有虚，而且虚中有实（虚在之形必有实在之能），实中有虚（实在之形必有虚在之性），虚与实相衬而显，相悬而倾；有在就必定有空，而且空中有在（空中有空的本性存在，也有空的功能存在），在中有空（在存在之中，在者并非是完全和绝对占满，在并非是存在之中唯一不变的属性，其中也包含着空的内容，并且也具有向空变迁与转换的功能），在与空因移相替，因变互换；有有就必定有无，而且无中有有（无中有无的本性存在也有无的功能存在），有中有无（在有之中，有并非是唯一不变的属性，其中包含着无的内容，并且也具有向无转化的功能）。

荀子提出的“形具而神生”的思想与我们在这里所讨论的“器能合一”理论如出一辙。

就是说，能有寄身，形之为器；器有不同，能有所殊；能有不同，器有所异。

如一块石头与另一块石头，其形器不同，功能也有不同，大者可以为山，小者可以为沙，面平可以为桌，棱尖可以为刺，含金者可以为矿，含钻者可以为宝；再譬如土壤，其中蕴藉着渗水分、吸热量并足以使种子发芽生长的能，其微粒内部也具有分子、原子、原子核或质子等运转的能，与大宇宙运转的能一脉相承，遥相呼应、感应、反应，体现为大小互形、功能相通的属性。

对立、对称、统一是宇宙保持平衡运动的标准模型，在两厢对立而且对称的中间地带，还必定有一个相互抵消的零位值。零位也同样可以被认定为有形之器，也同样具有特定的能量、能力、功能、效能。正所谓大道至简，宇宙中的任何存在都是对立性、对称性和统一性的存在，而且是永恒不灭的存在。

所谓消失的，不过是有形之器在时间上的消失，空间上能的属性的消失是不存在的，只能是一种存在形式上的转化，是从一种有形之器上转化到了另一种有形之器上去了。我们将这个原理称之为宇宙全息对称守恒转化定律。

宇宙存在的对立性，对称性，不但包括内容的对立和对称，也包括形式的对立和对称。对立和对称关系无处不在。

比如有形世界与无形世界、正物质与反物质、显物质与暗物质，都是绝对的对立、对称和全息统一的。

我们甚至由生物存在的雌雄二象性，或许可以大胆地推断粒子的二象性也是雌雄属性的翻版，甚至可以推断大尺度宇宙也存在着类似的二象性。

以此类推，一切都可以按照小现象推出大现象，或者按照大现象推出小现象，甚至于人的主观功能所感知和所认识到的一切，都可以在宇宙中找到相同的、相对的、相应的、对称的属性、结构、制式、机理、功能，这些内容只是存在的形式不同，只是隐藏在不同的有形之器中，只是一时半会让我们人类不能一眼望穿罢了。

这说明，只要人类能够想得出来，就一定能够在宇宙中找得出来、发明出来或创造出来，因为主客观两个世界不但是对立的、对称的，也是统一的和相通的，能是绝对的，形是相对的，能相通，形相异，能可以转化，形可以消失，主观之能与客观之能也同样是可以在奇点位置相互转化的。

虽然这一观点没有在物理学、心理学或认知神经科学方面获得明确的验证，但我们依据宇宙全息对称守恒转化定律，完全有理由推导出这样的结论来。

形下器能一般可体现在三个层面：

第一个层面是外在形能，是个体自我外在形貌特征所表现出来的形象性能量，即由其形貌信息所传递出来的能量形式，可以通过身材、身高、皮肤、毛发、面容、五官、四肢、指纹等外在体征表现出来，是对社会中不同的人进行有效识别或对个体自我特定长相和模样做出差异性判断的依据。任何人都可以借助外在形能所释放的能量性信息而做出此人是此人、彼人是彼人的鉴别。

第二个层面是内在器能，是个体自我内在微形态或微结构关系所表现出来的机体组织性能量，即由其躯体内部所包含的物质、元素或细胞等特定结构关系和组合机理所呈现出来的能量形式，可以通过体液、体气、细胞、DNA、基因组等微元素、微形态、微结构和微关系以及其他内在特征表现出来。

第三个层面是身肌体能，是由个体自我内在肌体或组织的弹力、抗力、柱撑力、支配力等所表现出来的能量形式，相当于我们通常所说的体力，可以通过肌肉、筋骨等肌体力量形式表现出来。身肌体能作为蕴藉于肌体之中的柱撑力、支配力、抵抗力，在与其他外力较量过程中，可用来进行物理效验和理论检测的标准，是自我体能与外界物质能量对接和互动时所能产生或所能做出的对抗性能力体现。

一个膀大腰圆、肌肉发达的人，比起一个发育不良、体质羸弱的人，其身肌体能必然具有明显的差别，面对外界事物产生的干预力或对抗力，其内心所产生的心理活动也必将是迥然有异的。前者大多会表现得无所畏惧，随时有信心将对象性事物控制于股掌之间；后者则大多表现得胆怯懦弱，生恐自己力不从心而受到对方的伤害或控制。

体能不同，在充满合作与竞争的复杂社会关系中所形成的自我意识也必然是有所不同的。鉴于身肌体能对于个体自我的极端重要性，我们甚至可以在不同的语境中将身肌体能单列出来，视为与其他几种能结构具有同等地位的并列关系来看待也未为不可。

但由于身肌体能最终总要通过特定的行为表现出来，所以，我将身肌体能与后文将要讨论的行为动能合并在一起，并进行更深入的阐释。

形下器能也可被简称为形能、器能。它的最大特点是其所具有的先天性特征。一个人长什么样、其内部各组织器官的物质成分组合及其比例关系如何、以及个人体质的强弱和体能的大小等等，既离不开先天造化的基础，也离不开后天养育的保障。

形下器能结构下的自我表现出来的征象，不仅包括身材、身高、皮肤、毛发、面容、五官、四肢、指纹等外在视觉性特征，也包括心脏、血管、腺体、经络、体液、体气、细胞、DNA 等内在结构性特征，还包括肌肉、筋骨等内在力量性特征。

个体自我的形下器能所表现出来的形态总是有特定的高低、长短、粗细、大小、多少、轻重、软硬、强弱等可观测的外部特征。

任何一个社会都或多或少地存在着一些“以貌取人”“以相识人”或“以力服人”的处世观念，并对个人的成长和发展产生特定的影响。

比如天生一副浓眉大眼、敦厚老成之长相的人，所表现出来的形下器能常常带给人一种成熟、温厚、稳重、踏实和赤城的感觉，很容易获得他人的信任或认同，而那些獐头鼠目者即便付出再大的努力，也很难达到相同的效果。

古代相面术之所以能够流传至今，并在世人心目中产生深刻的影响，就在于形下器能的先天性特征所具有的特殊能量，必然对人的后天命运产生特定的作用。

其他诸如演员、空姐、模特、警察、军人等社会性职业，对人的形貌体征都具有独特的要求。尤其在婚配方面，形下器能的特殊作用更具有异乎寻常的表现。

形下器能的先天性特征在很大程度上决定了一个人的后天成长、发展甚至整个人生的基本走向。同时，自我结构中其他九能都隐藏在形下器能之内，并成为其他九能的物性载体和御用工具。

形下器能所表现出来的自我形式，可以被称作形我、器我、或体我。这样，器我便成为其他自我形式赖以存在的躯壳、居所、护身或支撑，同时也成为其他自我形式任意支配和利用的受动体。

从器我所具有的相貌特征上来看，人们在社会上辨认一个人与在硝烟散尽的战场上辨认一具尸首有时也并没有什么两样，所依据的都无外乎这个人所表现出来的物质性体貌特征而非其生理特征或智能特征，更非其当初所具有的思想意识或精神信仰。

这说明，器我是个体自我的纯粹物质性存在形式，也是脱尽智能、脱尽欲望、脱尽意识、脱尽思想的自我形态。但这并不意味着所有人的器我结构都是一样的，每个人以其各自所具有的形下器能特征总会表现出不同的器我来，并以此区分这一个是这一个，那一个是那一个，是标志特定自我的唯一外在可辨识性符号。

比如我们在茫茫人海中通过体貌特征辨识人，在法律断案时依靠指纹辨识人，在医学上依靠DNA辨识人，在体力劳动或体力抗争方面辨识人等等，都是针对个体自我结构中的器我层次而做出的比较性选择和认知。这说明，器我是自我结构中绝对不可或缺的组件，是自我结构的物理性存在基础，离开了这个基础，一切都无从谈起。正是这一结构形式，使整个自我的存在形式具有了物质实体性、客观空间性、形体可视性以及体质可触性、可测性和可辨性。

自古而今，世界各地似乎都曾发生过诸如奸尸案、恋尸癖等事件，其所奸、所恋者，仅仅是对象性他者之"自我结构"中的器我，这个对象性的"我"（即"她"）只有形有体，而无生理活动、智能活动、欲望活动、意识活动、行为活动，是一具灭归于物质层面上的形体，与人体塑像、充气玩偶没有什么两样，纯粹是一个形而下的自我。

我们在现实生活中根据一个人的画像、照片来判断这个人是谁，其所考察的视角即是这个人的器我层次。这说明，器我是真实地存在着的可视可感的自我结构形式。

器我是构成自我全部人格结构的物质性基础，基于形而下的器我之上才会有机能、智能、功能、禀赋、性格、气质、心理、情感、理性、思想、观念、信念、意志、精神、心灵等其他形而上的自我结构形态的出现和发生。没有形而下的自我形式的存在，其他自我结构便没有了根基，没有了依托，没有了载体，没有了赖以存在和运转的空间形式。

正所谓"天地有正气，杂然赋流形"[1]，文天祥的所谓正气不过是一种刚正的品格或气质。品格和气质这些形而上的东西，其实都是被赋予在形器之中的。此间不止于"正气"，包括其他"邪气"或"中和之气"，也都蕴藉于形而下的器我结构之中。

大凡体现在自我人格结构之上的包括开朗、忧郁、热情、冷淡、憨直、柔婉、冲动、平静、豪爽、小气、外向、内向等性格特点，几乎都与形而下的自我结构及其组合成分的比例存在着不可置疑的条件性因果关系。这一点，已经在很多学者的相关研究中得到证实。

比如英国学者艾森克（Eysenck）认为，大脑中存在的网状结构—丘脑—皮层通路，是构成人格内向或外向特征的生理基础。20世纪后半叶出现的

1 文天祥《正气歌》。

功能性核磁共振成像（fMRI）、核磁共振成像（MRI）、正电子放射断层扫瞄（PET）等脑成像技术大量用于探测人类心理活动的实践，用以确定人格品质的形成原因和运行原理。

认知神经科学研究发现，大脑中前扣带回是额叶中部内侧的一个组织，它在注意选择、行为控制、调节自动化的情感行为等方面具有重要作用，并将其作为调整人类行为、适应环境的重要脑区。随后，一项研究利用PET技术，对静息状态下的内向者或外向者的脑血流进行测量发现，内向者在前额叶（包括前扣带回）的脑血流显著高于外向者。

近年来中国学者徐世勇等人利用无损伤的磁共振氢谱技术，对人格形成与物质组合之间的关系进行了卓有成效的研究，他们选取正常内、外型个体各8名，考察了他们脑内Cho、NAA等四种神经化学物质的浓度差异。

结果发现，内、外型被试者有三种化学物质在前扣带回存在显著差别，内向者在前扣带回的Cho、α－Glx、mI三种神经化学物质水平显著高于外向者。

这一结果给出了前扣带回与人格特质有关的新证据，并在一定程度上支持了英国学者艾森克“内向者的唤醒水平高于外向者”的假设，同时也为人格与心理的生物理论提供了神经化学方面的物质性依据。随着科学研究的不断深入，人类必将越来越多地找到影响和导致特定人格品质形成的物质性原因和基础。

仅仅在器我层面，人格结构并不是完备的，对这个层面的自我可以理解为还不具有生理属性、智能属性、心理属性、行为属性，虽然不具有能动性的欲望属性，但它却是其他一切欲望形式得以产生的基础。在欲望结构层次中只代表客观物质基础性的先置性存在形式，也是低级的物质反应性存在形式。

人与人之间的区别，首先表现在器我层面上。有的人为男，有的人为女；有的人身材魁梧，虎背熊腰，力壮如牛，有的人身材矮小，干瘪如柴，力难缚鸡；有的人天庭饱满、地阁方圆、浓眉大眼、鼻直口方，有的人尖脸猴腮，面黄肌瘦，眼小眉秃，瘪嘴薄唇。或漂亮，或丑陋，或高大，或矮小，都是形下器能的表现形式。

人与人之间，只要从外表一看，就能分辨出各自的不同特征，这就是器我所起到的社会辨识作用和颜值评价作用。长得漂亮的人多有自豪感，长得丑陋的人常有自卑感，其所感者，皆为器能之所系。

二、外应物能：外在目标对应物中隐含的能量形态

外应物能指的是个体自我在欲望的驱动下对外部世界的物质对立性、供给性、填补性和依托性的能量、能力、功能和效能，是自我结构中唯一辐射于对象性他者中并可供自我补给的外置之能，简称外能，或物能，也可称为自我外能，或自我物能。

下文将要讨论到的行为动能、鉴知官能、语言联能和外应神能这四种能结构则为内外环境的连接之能，简称内外连能，或自我连能。其他包括形下器能、生理机能、神经智能、心理势能、自我意能则是自我结构中的内置之能，简称内能，或自我内能。

外能与内能在自我存在的范围内构成相映相衬、相鉴相照、相分相合、相对相依、互感互应、互联互通、互动互补的对立统一关系，这种关系的达成是依靠内外连能来实现的。

外应物能是我的食物、饮料、衣裳、工具、空间居所，是我的补充，是我的依托，是我的背景，是反衬自我现实存在性的坐标、参照和镜子，也是成全自我延伸存在性的补给、依赖和条件。

自我外能（即外应物能）既是激发自我内能的活火，也是自我内能施加作用的对象。前者对后者发生作用力，后者对前者具有反作用力，这两种力相交相合需要借助内外连能来实现。那么，外应物能是怎样介入自我结构和自我意识之中的呢?

外应物能所表现出来的外在事物是衡量自我客观存在性的一把对象性鉴照尺度，没有这样一把尺子，我们便无法意识到自己的存在，我们就无法知道自己是谁，自己属于谁，自己在哪里，要到哪里去。它确证我们来，也确证我们去，确证我们存在的客观性坐标位置，并在这个坐标中架构起我们的主观世界。

没有这个客观性坐标，我们的主观性是不存在的，我们的主观意识、我们的自我、我们的自我意识便不可能产生和形成。我们就是依靠这把客观尺子而确证了自我的存在性以及自我意识的存在性和成长性。

因此，我们的自我意识嵌入了客观的外在的他者这把尺子，它离开我们就跟我们离开它的结果是一样的，我中有它——不限于肉体，也包括意识；它中有我——它作为客观的真实和真理，我属于它的真实和真理的一部分。自我意识本身不等于真实和真理，而是外在客观事物用真实和真理这把尺子丈量了我，规定了我，融化了我，使我的意识中确认了它的真实性和真理性。它就是一种能。

最初的自我呱呱坠地时只是一张白纸，是它印刷了我，武装了我，成就了我，支撑了我，弹奏了我、嵌入了我，合成了我，用一大堆真实的物象勾勒出了我的自我形式和自我意识，从而让我知，让我思，让我懂，让我欢喜，让我忧惧，让我行动，让我得之于它，让我失之于它，让我自己确认了我的存在形式和存在属性。

没有这把尺子，我们就只能是最初的那张白纸，就根本发现不了自我的存在，就根本谈不上“我思故我在”的自我意识形成的可能性。试想，在你压根不能思的情况下，上哪儿知道“我在”的呢?

黑格尔在《精神现象学》中认为自我意识是个体自我通过对意识的逻辑进程的分析而逐步达到的特定环节和层次。他把人类智能层次中的感觉及其所达成的知觉也完全作为意识活动的一部分，指出在自我意识形成之前的感性确定性、知觉以及知性诸阶段中，意识的根本特点就是向外寻求认识的对象，企图把变化不定的外界现象在意识中确定和保持下来。

因此真理也就被认为是认识与外在对象的符合。黑格尔所说的这部分意识过程实际上属于我在欲望动力心理学中所界定的智能反应过程，其实还没有真正地和完全地上升到意识范畴。

那么，意识是如何发展成自我意识的呢？黑格尔说：“自我意识是从感性世界和知觉世界的存在而来的反思，并且本质上是从他在中的回归。”[1]他认为：“意识的真理是自我意识，而后者是前者的根据，所以在实存中一切对于一个别的对象的意识就都是自我意识；我知道对象是我的对象（它是我的表象），因而我在对象里知道我。”[2]

实际上，自我意识并不是和意识不同的另外一种意识，而就是对象性意识的本质，在对象性意识中就已经隐含着自我意识了，只是还未展露出

1　黑格尔《精神现象学》。

2　黑格尔《精神哲学》。

来而已。但展露出来是必然的，只是需要经历一个过程。这个过程表面上似乎是向外扩展，本质上却是向内深入。

我认为，这种深入的过程本身不过是自我依靠神经智能把外部世界的真实影像、客观规律、真理属性，以自我能够理解的形式进行编码，转换成一种可以被自己理解的语言表达而获取的必然结果。意识在本质上是一个转换的过程，是一个从外像转为内像、从外部客观实体及其关系的影像性语言转换成内部可以被自我赋予特定欲望意义的符号编码语言而具备的表达性，便是意识和自我意识了。

意识只有从外在世界的知性规律做出区别又扬弃区别的本质中，或者说从对立性联系着的双方相互映现、相互区别又统一的循环往复中，才能发现其自身的无限性，“规律的单纯本质就是无限性或必然性”[1]。而当意识把握到规律的无限性这个概念时，也就意味着意识本身获得了做出区别并扬弃区别的无限性，这样意识就提升到了自我意识，因为只有自我意识才能做出区别又消融一切区别于自身中，即认识到一切区别都是在自我意识之内的区别，并按照特定的欲望标准而统一于自我意识，“我在物中认识了自己……在无限性中发现了它自己的无限性”，正如康德所说的“我所有的表象都是我的表象”。

这时智能层次在此前各阶段向外寻求与对象的符合就转变成了自我意识层次与其自身所区别出的对象的符合。

对意识来说，过程的起点是智能层次所完成的“感性确定性”。而对于作为旁观者的“我们”来说，其实真正的起点是自我意识，感性确定性不过是开始向这个起点的回溯。

胡塞尔曾在黑格尔之前提出了“意识如何能切中超越于自身的外在之物”的疑问，胡塞尔认为在认识没有获得确定的明见性之前，都要对它们进行悬置，以便获得一个最终明见的基底。

对所有外在超越之物悬搁之后所剩下来的就是纯粹意识自身，纯粹意识的根本特点是具有意向性，这个意向性的本质就是欲望性，即总是意向着和欲望着某物，在爱中某物被爱着，在恨中某物被恨着，在欲望中某物被渴望着。在纯粹意识的欲望性中一方面构造起了作为意识主体的自我，这个自我是贯穿于一切纯粹意识现象的载体，可以说自我就是纯粹意识，

1 黑格尔《精神现象学》。

或者称为先验自我；另一方面构造起了作为意识对象的超越之物，但这里的超越之物已经不是自然思维态度中外在的超越之物，而是由意识内部所构造起来的欲望相关物，因此可以说是一种内在的超越之物。

以此为出发点，胡塞尔把外在的符合论的真理拉回到了意识自身，将其转变为内在构造着的真理。

黑格尔的自我意识是在获得对外物的认识之后“而出现的乃是内在世界对于内在世界的直观”。在黑格尔那里，自我意识作为欲望要否定对象的独存，这样对象在欲望的满足中就不断变为虚无。

自我意识并不是通过消灭欲望而获得进展的，恰恰是欲望自身的一种超越，即欲望针对的已经不仅仅是自然的对象，而是具有意识的对象的欲望，或者说是对欲望的欲望。欲望另一个意识的欲望，这就表现为欲望被另一个意识的欲望所承认。而欲望被另一个欲望所承认，就首先要承认另一个是具有欲望的意识主体。

这样，对象就不是自然实体意义上可以不断被自我意识的欲望虚无化的东西，而是“必须在其全部的‘他物虚无化’之中仍然不停止其存在”。

在自我进入社会关系层面，自我意识必须把自己分裂为对象，然后从对象的扬弃中返回自身，所以只有当另一个自我意识作为对象时，意识才真正在对象上看到了自己，即自我意识的对象就是自我意识本身。

因此，“自我意识只有在另一个别的自我意识里才获得它的满足”，或者说，“自我意识之成为自我意识，只在于我从别的自我意识那里获得承认并给予别的自我意识以承认”。这时的社会性自我意识就如同黑格尔所说的“我就是我们，而我们就是我”。[1] 表明在自我意识中，真理就是现实自身，而不是意识之外的感官对象或者超感官不可知的自在之物。

对于社会性自我意识，胡塞尔认为，自我在本质上只能从直观到的方面以共现的方式来充实对他人的理解和认识。

他人对于自我意识来说永远只能被构造为一个对立性的陌生者，永远是一种外在于自我本己性领域并同时具有其自身的本己性领域的他者。而他人既然是和我属于同类的主体，就当然可以彼此感应对方的意识领域，并领会彼此的各种欲望性或意向性观念，从而在一定程度上达成相互理解和共识，进而建立起外在于自我的客观化的世界。

1　以上引文见于黑格尔《精神现象学》。

但自我意识要做到这一点就必须投入于历史性和实践性的有意向的生活中，只有在与他人关联的现实生活中，自我才能在不断地获得充实，获得完善，也才能不断地获得对他人的明见性和真理性。这也同时意味着，他人的存在对社会性自我意识的产生是绝对不可缺少的。

我想宇宙中一切事物都是相互联系的观点早已为大多数人所接受。联系的本质就是事物之间的交互作用，并由此构成一种相互依托、相互转换、相互制约的存在情境。这意味着人类个体自我既是情境的一部分，情境也是个体自我的一部分。

法国哲学家萨特认为，我们作为天生具有主观感知能力和意识能力的人类“首先是情境中的生物”，“因为情境塑造了我们，决定我们未来的许多可能性，我们便不可能独立于它而存在”。情境不但包括自然情境，也包括社会情境，还包括我们自身的生理情境、心理情境、智力情景和观念情境。我们在情境中观察，并作出对情境的反应，而且我们的反应又总是无可避免地受到前人或同辈人思想的影响。

作为情境的纯客观的外在事物，一方面为我们的生理世界源源不断地提供丰富浩繁的物质性能量资源，供我们塑造可视可摸的有形之器，从而成就了我们的身体；另一方面为我们的智能世界源源不断地提供多姿多彩的信息性符号资料，供我们塑造不可触摸的无形之道，成就了我们的主观意识。

在整个宇宙中既存在着具有特定结构维度形式的可见可摸可量化的内容，也存在着没有任何结构维度形式的不可见不可摸不可量化的内容，后者在老子则称之为道，在佛门则谓之为梵，在物理学中则名之为能，在精神学中则呼之为欲，在心理学中则唤之为爱。

虽然物理学试图借助公式对能的多少或大小加以量化，但这种量化不过是在特定情境中的特定系统针对特定物理现象和特定作用目标而做出的特定的效应性描述，能是完全没有结构的存在，以其特有的瞬息万变的发散性特性和流动性特性，不可能做出完全准确的数据性界定。

这就是说，我们看得见的世界，并不是宇宙存在的本质内容，而是宇宙存在的特定形式。只有能，才代表着宇宙的本质属性，是宇宙的真实内容，但这个真实的内容却是我们无法看见的。我们人类只不过是宇宙能量在发散和流动过程中转化的一种形式，就像热能在煤炭中存在的形式转化为电能在电导体中存在的形式一样。

从这个意义上看，达尔文的进化论离开了能的转化定律就失去了可靠的理论基础。

人类及其一切物质形态，特别是生物种群形态并不能从达尔文的自然演化或进化论观点中获得实质性的科学解释，而借助我们在这里提出的质能结构转化理论模型来解释宇宙中一切物质现象和生物现象却会使问题变得异常简单且遵循严谨的科学逻辑。

任何能结构之中都蕴含着一种具有特定发展倾向和反应形式的客观意志，自然选择本身就意味着客观意志的选择，意味着客观意志在特定温度、湿度等环境条件下必然发挥自主作用，从而决定了物种必须成为某种环境条件或质能条件下独立生存的“适者”。用这个理论模型可以直接推论出宇宙中一切物质现象和生物现象都是依靠能的转化而来的。不同的物质或不同的生物体都不过是不同的能量通过转化而变异出来的特定物质形式和特定存在状态。

我们知道，世界上不同地区包括阳光、温度、水、空气、土壤以及整体环境中的各种质能条件关系和质能结构组合大都是相同或相近的，只有一少部分存在着这样或那样的差异。这就使得各地生物种群的形成与发展在整体上存在着更多的共性特征，显而易见这是由于各地的质能条件配置与质能结构组合所存在着的共性特征决定的。

至于其间产生的各种差异，则源自于质能条件配置与质能结构组合所存在的差异性特征决定的。相同或相似的质能条件、质能配置、质能结构、质能组合遵循着相同或相似的质能转化原理，因而构成了不同的物质形式和生物形式。

同理，不同的质能条件、质能配置、质能结构和质能组合构成了不同的物质形式和生物形式，一旦转化成功便会在一定时限内保持相对稳定性。而且，也正是由于质能条件配置与质能结构组合的不断变化，才导致了世间一切生物的产生、发展、变异和灭绝，才构成了色彩纷呈、光怪陆离和气象万千的客观世界。

比如，养殖蘑菇时，必须施加特定的质能条件、质能配置，除了借助特定的土壤或木材之外，还要施加特定的温度、湿度等能量条件，这样才能构成适宜蘑菇生长的质能结构、质能组合，从而为蘑菇的生物性能量转化创造条件。而长成的蘑菇，每一个又都存在着个别差异，这是由于质能条件配置和质能结构组合过程中所存在的微小差异决定的，这不啻为质能转化理论或器能转化理论的实验性证据。

除此，在季节性变化比较明显的地区，我们表面上看到了春夏秋冬花开花落等各种生物现象的变化，其实质则源自于不同季节中的质能条件、质能配置、质能结构、质能组合的变化，从而导致质能转化方式的变化。其他包括人种、物种之间的差异以及同物种之间的差异，也都遵循相同的质能配置原理或质能转化原理。其中只要有一个关键性质条件或能条件发生改变，都会使这个物种发生某种变异，甚至导致灭绝。

依据质能结构转化理论模型或简称器能转化理论模型，可以做出如下推论：

1. 要想改变人，包括改变人的体貌以及改变对人的神经反应能力和思维意识能力起决定作用的脑器官，就必须首先改变与之有关的能条件、能配置和能量转化方式。

2. 要想改变生物，就必须改变与之相关的能条件、能配置、能结构和能组合，从而获取不同的质能转化形式。

3. 要想改变世界，包括改变世界存在面貌或运行方式，就必须改变与之有关的能条件、能配置和质能转化方式。

我们看不见能的真面目，但我们却不能否定它们的真实存在，就像光能、热能、电能、场能，我们都可以体验到。能是永恒不灭的，当发散到一定程度或遇到合适的机会便会自动发生转化，但转化的不是内容，而仅仅是形式，从原来寄身的有形之器（有形世界）上转化到另一种新的有形之器上，这就使原来寄身的有形之器不复存在了。这就意味着，人死了，其实也不过是形式死了，内容并没有死。至于作为内容的能是不是灵魂，这一点，自古而今都一直是人们争论不休的话题，我在这里暂时就不再展开论述了。

人类欲望其实是一种对能的需求和释放，是自我内能与自我外能在交换与消长、较量与转化、互通与互动、胶着与纠缠、失衡与平衡、作用与反作用、对立与统一过程中的产物。

在外应物能结构下的自我所表现出来的征象为对象性存在感和需求性依赖感，包括对食物、饮水、衣物、居所、车辆、工具的依赖和依恋，以及外在事物对自我所产生的形状、色彩、声音、味道、软硬光滑等感觉冲击，还包括自我对于外在事物之间的关系所产生的心理感受和精神感应等。

以外应物能确立的自我形式，可以简称物我，或外我。物我是自我的他在性体现，是从与外应物能的依托中、对立中和统一中体现出来的自我形态。

当我们说某人住在何处、穿什么衣服、戴什么帽子、开什么车、经常走哪条路线，或者提到这个人喜欢吃什么、玩什么、用什么，喜欢什么时候起床什么时候睡觉，或者说他受谁的管辖，等等，所指的即是这个特定的外我的存在形式。

外应物能虽为自我的身外之能，却是自我存在之所托，直接与自我相关联，是证明特定个体自我的对立性存在的托儿。

根据外我的存在形式和特点，我们可以找到这个特定个体自我的基本坐标位置。

个体自我首先表现为一种存在，这世界自从有了我，便出现了我在和他在。我在和他在构成了这个世界的全部。我在来自于他在，依托于他在，迷惑于他在，对立于他在，统一于他在，最后灭归于他在之中。没有我在便无所谓他在，他在或不在对于一个不在的我已没有任何意义。没有他在当然也不会有我在，我在既无出现的原由，也无发生的根基，更无存在的依托。没有他在，便没有我的存在之由、存在之所、存在之托、存在之济，外应物能成全自我的存在性，补给自我之所缺。

因为没有依托没有来由的自我是不存在的。所以，外应物能即是成全我者，也是迷乱我者，既是对立我者，也是统一我者。作为成全我的能，可以补给我之所缺，让我从失衡走向平衡；作为迷乱我的能，可以搅乱我的心，让我由平衡变为失衡，从相对的静态转为绝对的动态；作为对立我的能，可以成为我的支撑、我的镜鉴、我的干扰；作为统一我的能，可以成为我的交换，我的需求，我的皈依。

即是说，外应物能是他在的实有，有如镜子一样照见了我的存在，不惟如此，还补给和成全着我在的实有，使我处于不灭，使我于迷乱和倾斜中处于奔波状态。正如李白诗云："弃我去者，昨日之日不可留；乱我心者，今日之日多烦忧。"说的即是外应物能对于个体自我所产生的补给作用、迷乱作用和干扰作用。

人类个体在自我器能相对稳固的情况下，会竭尽所能地寻求外应物能的支持、辅助和成全，利用外应物能来武装自己、壮大自己、提升自己和炫耀自己。

比如两人争斗，持有武器的人在通常情况下更容易战胜赤手空拳的对手，双方器能的对抗，在更多情况下通常总是以有效借助外应物能者胜出。人们生活在社会上，人格是平等的，但衣食住行的物质条件却是不平等的，有的人吃佳肴、穿华衣、用名牌、住美庐、开豪车，社会地位明显高过他人。但表面上我们看到的其所高者，皆高在外应物能上，其本人的臭皮囊未必比别人有什么优越之处。

有些人在社会上神气活现，牛气哄哄，自以为很有能耐、很有本事，但其能耐或本事不过是有效地借助了外应物能的有力支撑。

比如有钱人自以为比没钱人尊贵，不在于其形下器能有什么超拔之处，而在于其所掌握的外应物能高人一等，所以令人羡慕。其实呢，人们所羡慕的对象并不是他本人，而是他的外在的东西。

再比如有权势的人，其形下器能未必超强，但权势的政治意义的背后则是暴力机器的物理强制性意义，是一种特殊的外应物能的转化形式。我们看到某人有地位，有身份，掌握着某种权力，身边有一帮随从甚至打手，令人畏惧，这绝非他的形下器能在起作用，而是他借助其可操控的外应物能这样一种特殊的工具在起作用。

所以，在通常情况下，外应物能决定了一个人的社会地位、社会本领以及社会评价。同样的，一个国家就像一个人一样，有多强大的政治力量、经济力量、文化力量或军事力量，便意味着其有多强大的外应物能，便在世界上有多高的国际地位。所以，不管是对于个人也好，对于组织也好，对于企业也好，对于国家也好，外应物能是决定其地位的最基本的和不可或缺的能量或力量。

这里我额外增加一点讨论内容，貌似画蛇添足，实为别具洞天。这就是由外应物能而想到的另一种特殊的能，可称之为梵我统能。这个能，并不在自我结构中发生主体性作用，但在哲学上却经常成为人们讨论自我和讨论宇宙的玄之又玄的话题。我也有兴趣参加这样的讨论，或许对我们更好地理解自我意识具有别开生面的启发意义。

我们知道，自我内能以我在的形式而存在，自我外能以他在的形式而存在。两者统合在一起构成整个宇宙，亦即全能的宇宙。

我在这里借用古印度哲学中梵的含义把宇宙全能称之为梵我统能，简称梵能或统能，即统而为一的能，统贯一切的能，无处不在的能，主宰一切的能。梵我统能包括宇宙中所蕴藉着的物理能、化学能、生物能、信息能、智能、意识能、精神能等一切能的内容和能的形式。

对于这种至高无上的能，基督教称之为上帝的万能，伊斯兰教称之为真主的全能，佛教称之为佛祖的无所不能。人类面对浩瀚的宇宙和复杂的自我谜团产生的寻根心理，在只见其果而不见其因的旷古困惑中，不得不在自我之上设定了一种超自然超现象超人力的存在，以便于沿着因果逻辑关系获取解释宇宙和自我由来的答案。这一点在世界各地几乎都能找到相同或相似的人类思维发展的轨迹。

古今中外关于人的哲学和关于自我的哲学基本上都研究到了这个终极位置上，这个位置几乎可以算是哲学的金字塔顶端，再往上看，便是浩瀚璀璨的苍穹了。

古印度人把世界的本源、生命的根本以及所有事物产生的原因名之为梵。梵书时期的哲学家们通过对“我”的观察开始思考我的存在，他们把吠陀时代仅仅作为人称代词的“我”的模糊含义加以具体的说明，把“我”解释为人体的主要器官。比如在《百道梵书》中把“我”解释为皮、血、骨、肉、心或与器官有关的气息等。这种解释还未能脱离开“形下器能”的纯物质层面。

但到了森林书时期，随着对梵的解释的进一步明确，自我概念也开始蕴藉了更多的内容，《鹧鸪森林书》中说：“万物从梵而产生，依梵而存在，在毁灭时又归于梵。”并因而认定“宇宙万有和人生自我都是梵所具有的”。

这时期对“我”的解释已不再局限于人的各种器官或气息，而是开始把我抽象化，从肉体的“我”中超越出来，认为“我”（阿特曼）已不同于肉体的我，能够渗入于一切事物之中，是万物创造的原理（象灵魂一类的东西）。

这就使我的含义逐渐丰富起来，开始有了真我与命我、大我和小我之分。大我是指“渗入于万有之中的自在之体”，小我是指“包摄于万有的大我之中”。即梵包含了我（思维、感觉器官和气息活动）的特性在内，同时我也统摄了梵(是万物的创造原理，渗入到一切事物之中)的功能在内。

后来到了奥义书时期，“梵我一如”的思想开始正式成形，认为梵既是世界的本源，也是生命的根本和所有事物产生的原因。

比如《广森林奥义书》这样写道：“梵的形相有二：一为有形体的；另为无形体的。一为有生灭的；另为无生灭的。一为静持的；另为游动的。一为此有的；另为彼有的。”

从这里可以看出梵是具有两面性相对特征，用任何一面表述它都是不完整的，因为梵是超越了人的经验感受的。所以，哲学家们用肯定和否定两种互补方式来描述梵的品格。如在《广森林奥义书》中几乎完全用否定形式的“遮诠法”来表述梵的真实存在性：

“这就是婆罗门所称不灭者（梵）。它非粗非细、不长不短、不象火红、不象水湿、没有阴影、没有黑暗、不是风、不是空、不粘着、没有味、没有嗅、没有眼睛、没有耳朵、没有语言、没有感觉、没有生力、没有气息、没有口、没有量度、没有内、没有外，它不消灭什么东西，也不被什么东西所消灭。”

这是对梵的两种形相之一的“无形体、无生灭”所做的描述，是全盘否定梵的形体、生灭和表在的可视性。其目的是希望藉此能使人们在这一切生灭形象之外，去领悟梵的真实意义和本来面目。

《歌者奥义书》说：“它（阿特曼）是我的灵魂，处于我心中，小于米粒或麦粒，或芥子，或黍，或黍子核，这个我心中的我（阿特曼），大于天，大于地，大于空，大于万有世界。”这里把阿特曼（我）理解为灵魂，是小而无内，大而无外的东西，非但是形而上的神秘之存在，同时又是万物创造的原理。

《广森林奥义书》中说：“离开阿特曼要（我）想知道世界的一切事物是不可能的。”这个阿特曼（我）“就是世界、诸神、被造物，这个阿特曼是全宇宙”。

奥义书中的“五藏说”，更把阿特曼（我）由粗到细分为五层结构：第一层是食味所成阿特曼（肉体、生理活动）；第二层是生气所成阿特曼（呼息、生命延续的特征）；第三层是现识所成阿特曼（思维、精神活动）；第四层是认识所成阿特曼（潜意识、深层的思维活动）；第五层是妙乐所成阿特曼（我的最高点，不受现实世界的一切束缚，是完全自在喜乐的真我、最高我）。

前四层是人们在现实世界中可以理解、感觉得到的，而第五层才是奥义书要赋予的阿特曼（我）的全新的含义，是可以通过各种方法去“证悟”

的，能证悟到这“最高的我”，便能证得解脱的境界了。可见，奥义书时期即开始将自我按照一定的层次结构进行分析和解释了。

《广森林奥义书》中说“此我实是彼梵”，又说“我是梵”。

因为，梵就是宇宙的本源、生命的根本、所有事物存在的原因，又是超越经验、无法用语言概念来表达的一种存在，是宇宙人生的本体；没有形态的，但一切形态都离不开梵。

同时，我既是肉体的生命个体；又是统一宇宙的根本皈依，并且也是无形无相的、不能形容的一种存在，这种存在是有情生命的根源，也是相通于一切事物之本质的。

所以《歌者奥义书》说：“是涵括一切业、一切欲、一切香、一切味，涵括万事万物而无言，静然是定者，是吾内心之‘我’者，大梵是也。而吾身蜕之后，将归于彼焉。诚然，有于此无疑者，将归于彼梵焉。”

这就阐述了梵不但是我由来的根本，又是我归属的去处，因为一切事物从梵而生，灭归于梵。是梵创造了世界的一切，而人（或者说我）这个小宇宙与梵所创造的大宇宙是互联互通的，我与宇宙在表面上虽然千差万别，但在内在的本质上却是完全一致的。

按照现代宇宙认识论观点来看，这个完全一致的东西其实就是主客观两个世界的奇点。只有在奇点位置上才能达成一致，因为奇点是主观世界与客观世界两者共轭的本质。

除此之外，奥义书还提出了“四位说”，把我划分成四位，即四种形态，是醒位、梦位、熟睡位和大觉位（又称死位）。到大觉位的我不但完全不受外在客观环境的影响与束缚，而且还抛弃了形下器能的臭皮囊，达到真正自由解脱的境界。从而与梵合而为一，这是自我最高的归宿和最大的永恒。

另外，印度佛教还用“缘生”的观点来解释人是由五蕴和合而成的。五蕴即色（有形色的自然现象）、受（感受）、想（观念）、行（人的造作）、识（意识）五种形态，这五种形态其实也是对自我结构的一种简单而朴素的认知和拆解。

有人将“天人合一”理论与现代全息理论相对接，提出了宇宙全息论和生物全息论。认为宇宙是各部分之间全息关联的统一整体，任何事物都具有部分是整体之缩影的规律。按照这一规律，可以认为人和各种生物都具有宇宙的全部信息、全部功能。

这与“梵我一如”的哲学思想具有惊人的吻合。只不过前者打着现代科学的旗号，而后者则只能续弹着传统哲学的老调。梵我统能点燃了整个宇宙，正如赫拉克里特所说“宇宙是永恒的活火”，每一个巨大的、或者微小的事物，每一个自我或者自我结构中的每一个层次都蕴含着宇宙之火发散的光和热。

在梵我统能结构下的自我所表现出来的征象为宇宙混沌相，宇宙即是我，我即是宇宙，二者是合而为一的，不分你我他，不分上中下，不分先现后。在此状态下，只有宇宙，没有我。

梵我统能结构确立的自我形式，简称梵我，或统我。梵我不存在对立性，只存在统一性。因而，梵我是无欲无求的，是与宇宙统而为一的自我，这样的自我形式也当然不产生任何欲望，因此是无欲无求的。同时，梵我虽然与其他自我结构息息相关，却不具有自我结构的个性特征。因为这时的个体自我结构已全部弥散在整个宇宙之中了，与其他自我形式之间没有什么差别，所以我未将梵我列入自我十能结构之内进行讨论，而是放在这里聊备一格，作为自我人格质能结构理论思想的补充。

梵我隐藏着人类的终极向往，这种向往是建立“梵我一如”的顶层结构之上的境界，也是与梵合而为一的境界，与道合而为一的境界，与宇宙合二为一的境界。

梵是无所不在的，道是无所不在的。而我们人类前进的方向也必然是要朝着无所不在的高度和境界去奋发。

迄今为止，我们人类经过千万年的努力，已经越来越接近了梵的高度、道的高度和上帝的高度。

人类认识宇宙有两个方向：一是窥探微观宇宙，二是洞察宏观宇宙。两个方向都不可避免地存在着认知极限，时下最微观的量子世界已经有海森堡的“测不准原理”成为物理学家们进出实验室难以跨越的门槛；而宏观天文观测对光的不可替代的依赖也注定使人类逃不出坐井观天的偏狭，因为光会偏转，会弯曲，会折射和反射，会被遮挡，即使能直达我们生活的地球也需要经过漫长的虚空旅行。

这说明宇宙之光给我们讲述的已经是“很久以前”的老故事，依靠光而认识的宇宙已经不再新鲜，已经不是最现实和最真实的景象。

但这并不是说，我们人类的认识不能继续前进。要知道，人类追求的终极目标是使外应物能与自我意能完全符合一致，是使客观世界与主观世界完全符合一致，这个符合一致的位置在本质上说来其实就是主客观两个世界的奇点。人类自我正是在这个奇点位置，发生了美好的、奇妙的、惬意的奇点效应。

此时的客观世界已完全遂了我的心意，即外在的人、事、物完全迎合、契合、符合了我的心意，完全符合了我的想法、意志、观念、愿望、情感、心理，凡是符合的，便是奇点的。

只有发生了奇点效应，主观自我的欲望才能得到了真正的满足。而在此之前，在临近奇点之前，我们人类面对庞大的客观世界，难免经历无数的挫折、坎坷和痛苦，这种时候人类自我只能被动地和委曲求全地让自我意能与外应物能符合一致，仿佛自我命运全部由外在事物控制着或主宰着，“使我不得欢心颜”。

为了找到进入奇点位置的路线、规律和方法，我们不得不绞尽脑汁，通过不断地学习、发明或创造，试图接近、切中和证实奇点位置，从而有效实现主客观两个世界的完美契合与统一。

奇点效应是人类主观世界与客观世界实现良好契合的效应性体验，活着的时候，我们不断追逐着奇点效应，死了的时候，我们便会被动地跌落或坍缩到了奇点位置，并在那一刻，关于自我的主客观两个世界实现了最后一次对接与契合，也许那是人生获得的最后一次快乐之所。

现代科学技术的高速发展，已经让我们看到了更多的希望，人类主客观两个世界之间发生的奇点效应越来越多。

比如，我们通过发明汽车、高铁、飞机、电话、电视、网络，业已实现了大尺度空间的超越和旅行，不仅可以游历和观赏世界各地的风土人情、自然面貌，还可以看到月球、金星、土星、彗星等天体上的景观影像，以一种特殊的形式达到了“可上九天揽月，可下九洋捉鳖”的“无所不在”的美好境界。

进入20世纪以后，科学家甚至还在进一步研究如何超越第一宇宙速度，跨越时空，遨游宇宙，一睹外空宇宙的芳容。仰看宏观世界如此，俯瞰微观世界也莫不如此，科学家从分子、原子、电子、原子核、中子、质子、夸克，以及上帝粒子之间进行别有情趣的微观旅行和游览。从大到小，从小到大，从过去到现在，从现在到未来，或者折回去，从未来到现在，从现在到过去，人类尽可以通吃矣，尽可以随意经历，随意观赏，随意体验。届时，人类每一个自我个体可能真的获得了无所不在之能，抵达了无所不在的境界，这个境界当然也是“梵我一如”的惬意境界。

三、生理机能：人体生理组织结构中隐含的能量形态

生理机能是指人体在新陈代谢作用下，各器官系统的正常工作能力和有机协调能力，其常见的衡量指标包括人体各器官系统发育是否良好、功能是否健全、运转是否自如，脉搏、血压、肺活量等是否正常。

所以，从严格的意义上说，生理机能的本质是生命体按照天赋的、特定的原理和机理进行运动所产生的能。生理的“生”，指的是生命；“理”，指的是生命运动的机理或原理。

生理机能是生物体自我结构所具有的物理性运动之能，是对形下器能的激活、启动和运行，是对外应物能的加工、代谢和生化，是对梵我统能的融汇、循环与合成。没有生理机能，其他一切能条件便无法在自我结构中实现有机匹配与协调，便无法保障自我结构的生物性存在和生命性延续。

换句话说，生理机能的出现是无机物质变有机生命的自然演绎的破天荒事件，是物理能、化学能变生物能的革命性事件，是客观世界向主观世界过度的里程碑性事件。

造物主赋予每个人的生理机能并不是完全相等的，虽然不同的人的各器官系统的物理结构基本相同，但其大小、品质、物质成分组合的比例关系、运转频率和功能效应却存在着诸多细微的差别，这就意味着不同个体的生理机能也必然会存在着程度不同的个体差异。

体现在人类个体自我的所有运动形式，包括肌体细胞运动、肢体行为运动、大脑思维运动、精神观念运动、心理情绪运动，等等，无一不是基于自身的生理机能而发生。

所以，一切关于智能问题、欲望问题、心理问题、意识问题、精神现象问题最终都会九九归一，不但发轫于生理机能，而且最终也要归附于生理机能。这一点在生理心理学方面的理论中已经得到了有力的佐证。

生理心理学的研究最早始于《生理心理学纲要》(1874) 的作者、实验

心理学的创始人W．冯特，他的研究在对象上不但可以针对人本身，而且也可以扩大到动物身上，从而为研究心理行为活动的生理学机制提供了崭新的路径和方法。

随着心理科学、生物学、神经科学和新技术的发展，生理心理学超越了传统生理心理学的视野和方法，越来越明显地表现出自身多学科交叉的发展特点和趋势。

科学家们延伸了这个领域，给这个领域起了很多名称，如生物心理学、行为神经科学、行为脑科学等等，这些学科都试图从不同的环节或目标上揭示出行为的特定生理机制或运行原理。这就使生理心理学与解剖学、生物化学、内分泌学、神经学、精神病学、遗传学、动物学以及哲学等都建立起了相互交叉、相互补充和相互验证的关系。

但人们无一不承认生理平台对于人的自我意识的形成所具有的基础性和根本性作用。在人类欲望系统中，生理性欲望几乎占有决定性优势，对于人类一切心理活动、意识活动、精神活动具有不可替代的驱动作用和制衡作用。

在生理机能结构下的自我所表现出来的征象为人体的生物性、肉体的代谢性、组织的机理性、肌体的运动性和神经反应性。包括各器官系统的运动状态、吃喝拉撒睡的功能体现、眼耳鼻舌身的协调情况等等，都属于生理机能的表现形态。

生理机能需要外应物能提供养料和能源补充，并利用外部感官（鉴知官能）辐射外应物能，利用四肢、唇舌、牙齿等器官作用于外应物能，从而将外应物能啮入自己的机体，实现消化、吸收、分泌、代谢等过程，最终使生理机能获得正常运转的能量交换性保障。

以生理机能确立的自我形式，简称机我，或生我，代表的是生物性的自我、生命性的自我、生理性的自我存在形式。机我表明自我是一部自然演绎的生物机器，是一部事关物质能量实现内外交换与循环的生化加工系统，是一部保证自我存在的生命运动系统。

没有这样一个系统，自我就不会延续，就不会存活，就会灭归于天地之间。所以，这个自我结构具有存在的真实性和必要性。

一个人的自我意识常常受到机我的暗中驱动、诱使、怂恿和操纵，使得整个自我的整体面目呈现出动物性本能的幼稚、简单、盲动和粗鲁。

我们在生活中发现大多数人通常表现出来的智商水平、德商水平或理性水平不相上下，但令人惊讶的情况却也时有发生，其中一些人竟会暴露出与动物智商毫无差别的野蛮本性，使其人格一落千丈。

比如强奸犯就是在其机我层次的性欲导致的整体人格的分裂，在机我的驱动和诱导下，整个自我的人格结构大厦发生地震性坍塌，使一个本来有尊严、有体面、有德操、有理性、有智慧的正常人身败名裂，斯文扫地。这其间的原因就在于机我在整个自我结构组织中跳出来而过度发生作用的结果。

机我的过度暴露和表现必须得到其他更高级的自我形式的有效制约，才能保证整体人格的和谐与稳定。当我们说到某个人健康状况如何、饭量如何、酒量如何、婚否，或者运动能力如何、脉搏、血压、血脂、血糖、肺活量、性激素水平等检测数据如何，身体有什么疾病，免疫力如何，等等，其言所指就是机我这一存在形态。

四、神经智能：人体神经系统中隐含的能量形态

神经智能及其本质一直是古今中外哲学家、心理学家、生理学家和脑科学家未能彻底破解的科学谜团，以致将神经智能的发生与物质的本质、宇宙的起源、生命的本质一起被列为自然界四大奥秘。

但迄今为止比较一致的意见是神经智能来自于神经反应，这一点，虽然说起来很笼统，但几乎没有太大的分歧。尽管科学家对大脑的结构和功能的研究已经获得了很大的突破和进展，但对整个神经系统的内部结构和作用机制，特别是脑的功能原理还没有完全认识清楚。因此，很难对神经智能给出一个边界确切的定义。

欲望动力心理学认为，神经智能是个体自我借助感知神经对内外环境及其万千事物信息的反应能力、传导能力、记忆能力、协调能力的总和。我在这里所说的记忆能力等同于存储能力。“忆”的含义被忽略，而另以“存储”替代之。

这里值得一提的是，记忆能力与表象能力不同，大部分记忆性事件都具有被动性和受动性反应过程，是外物通过对感知神经的刺激之后而形成

的印象性和信息性存储事件。即便是主动地去记住一个东西，也必须以神经主体接受刺激的方式来完成，并由神经智能传递到大脑中去。但表象能力就不同了，表象能力是主体大脑对已然存储其中的信息资料的再现，必须经由主体大脑的主动性和能动性过程才能实现。

在这里，我将记忆能力归为神经智能范畴，而将表象能力归属到自我意能范畴中。具体涉及到智能与意能之间的差别问题，我将在自我意能一节中还会给出更加严谨的边界限定。

根据霍华德·加德纳的多元智能理论，将智能概念泛化，既包括神经智能，也包括自我意能，他认为人类的智能可以分成七个方面：

一是语言智能，即读、写与词语交流的能力，这一能力在作家、诗人身上得到高度发展。

二是逻辑智能，即我们的计算与推理能力，这在科学家、数学家、律师和法官身上得到极大发展。

三是音乐智能，在作曲家、指挥家和一流的音乐家身上有明显地发展。

四是空间智能，则表现在建筑师、雕塑家、画家、航海家和飞行员身上。

五是运动智能，在运动员、舞蹈家、体操运动员身上有很好地体现。

六是人际智能，即与他人相处的能力，是营销员、鼓动家、外交家应有的能力。

七是内省智能，即洞察能力和了解自己的能力。

很显然，加德纳的智能概念是将智能与意能两个概念合并在一起的笼统性表述，也是这两个概念未划分界限之前的产物。

加德纳的智能理论仅仅是根据社会各方面人才的不同表现而总结归纳的一家之言，并不能解释智能的本质及其发生和运行原理。

我在本书系中关于智能的解释散见于不同的章节，主要观点是神经智能一方面来自于先天的神经功能性条件，一方面来自于后天的信息累积性作用。

神经系统是一部集受动与能动、集主动与被动、集映射、存储、表象、分析、抽象等功能于一体的信息传导与信息加工机器，简称神经机器。神经机器功能必须先天足备，而客观事物信息也必须量足品优，这样神经机器才能拍摄到更多、更优的影像性材料。当这些影像性材料受到欲望驱力的冲击，便会在自我大脑中发生纠缠和振荡，从而源源不断地加工出意识产品来。

神经智能结构下的自我所表现出来的征象或聪或愚，各有不同。有的人天生聪颖，有的人天生愚钝，聪明的人学习能力强，包括反应能力、传导能力、记忆能力、接收能力、协调能力等都表现优良，而愚钝的人则正好相反，其反应能力、传导能力、记忆能力、接收能力和自我协调都比较差。

一个人能否更好地适应自然环境和社会环境，能否更好地改造自然、改造社会，进而成就事业，成就自己，其神经智能是先天基础。

没有一个良好的先天性智能基础，后天的学习就难有长进，学无所成，业无所立，说话笨口拙腮，做事不得要领，处世不知分寸，决策优柔寡断。

相反，一个天生聪颖的人，往往表现为精明强干，巧捷万端，说话伶牙俐齿，切中要害，办事机敏灵活，八面玲珑。我们通过观察一个人的智愚表现，就可以断定这个人的先天素质、社会价值和未来发展前景。

以神经智能确立的自我结构形式，简称智我，代表的是自我智能程度、聪明程度、机智程度以及最基本的反应能力和学习能力等。

神经智能首先是为生理机能所产生的各种欲望服务的，为保障生理机能的正常运转，保证生命的健康存续，而提供有效的信息支持，是生存能力在先天智能方面的重要体现。

隋嘉祥吉藏法师法华经疏有云："慧门鉴空，智门照有"。智我借助外部感官和神经传导功能，将机我内外环境中与欲望有关的信息进行映射、传导和存储，并按照欲望方向选择目标线索，将外应物能纳入自己的智能机器之中，然后驱动自我产生行动，将目标物摄入到机我的体内，从而为机我的内外环境信息循环创造新的平衡关系。

智我是神经智能充分发挥作用下的自我存在形式。当我们说某个人聪明或愚钝，思维是否敏捷，反应能力如何、学习能力如何、智商水平如何，其言所指即是智我这一存在形式。

五、鉴知官能：自我外部感觉中隐含的能量形态

鉴知官能是个体自我借助外部感觉而对于外在对象性他者的感知能力，简称官能，或知能。

人自打一出生开始便携带着眼耳鼻舌身等诸般感知性武器降临到这个世界上的。个体自我身外一切事物的形状、色彩、声音、气味、冷热、软硬、滑涩，以及高低、大小、长短、曲直、多少等万般征象，皆通过鉴知官能而被映射、采集、传递并反应到自我大脑之中的。

这时的自我便成了映射宇宙万物的一面镜子。

这面镜子与神经智能相连，并通过神经智能传递给大脑，进而转化为自我意能。

自我意能从自我对客观事物影像信息的表象开始发轫，每一个表象都会沿着欲望力的方向演绎出特定的含义。

所以，大脑对客观事物影像信息的表象是人类个体自我产生意识活动的基本材料。离开了影像信息，离开了表象过程，人类意识便成了无源之水，无本之木。

所以，没有影像信息，没有对影像信息的表象过程，便不会有意识产生。

而影像信息或表象信息被个体自我所赋予的意义便是欲望意义。

没有欲望意义的影像信息或表象信息只能是过眼云烟，很难在记忆的存储器中形成特定的编码符号。

个体自我对各类影像信息进行表象的过程，就是形象思维活动过程。

只有当影像信息或表象信息与内部感觉或内觉性欲望实现呼应和对接的时候，才能转换为具有特定欲望意义的抽象思维活动。

所以，抽象的意识活动必然要以形象的意识活动作为接应和回馈，而形象的意识活动必然首先借助鉴知官能获取外在事物的影像，而后与内部感觉或内觉性欲望所形成的抽象意义相互接应才能形成。

这就是说，自我意能的形成必以内部感觉或内觉性欲望的先期存在为内在诱因，必以鉴知官能对外部影像信息发挥采集作用为外在呼应。没有内外两个方面的互感互应，便不会产生意识活动；而没有意识活动则更不会产生对自我的认知。

鉴知官能是由视能、听能、嗅能、味能和触能等各自独立的五种能形式聚合而成的。而且这五种能形式可以实现相互替换和相互转化。

比如当你看到一个白色的晶体，不识为何物，你可能会不自觉地转换能形式而改用鼻子嗅一嗅；当没有嗅出任何气味时，你可能还会接着改换能形式而用舌头尝一尝；如果感到味道很咸，你就会得出这个白色结晶体是盐的结论；如果感到味道很甜，你就会得出这个白色结晶体是糖的结论。

在现实生活中，我们发现不同的人，其视听嗅闻触等感官能力并不是等值等效的。有的人视力不佳，有的人听力不济，有的人嗅觉不灵，有的人味觉不敏，有的人触觉迟钝，这就使得不同的人对于事物的感知能力也存在着这样或那样的个体差异。这些个体差异必然导致不同个体对客观世界中万千事物的认知效果产生影响。

天生失明的人，头脑中无法形成事物形状和色彩的影像和表象；天生失聪的人，头脑中不会形成声音的影像和表象。这就必然地导致他们的意识活动存在着天然的缺陷，他们面对世界所形成的世界观也无法与正常人同日而语。

同时，对于我们这些正常人而言，上苍赋予每个人的五种官能又总是被局限于一定的阈值范围之内，比如视觉能承受的可见光的亮度区间一般在 $10cd/m^2-106cd/m^2$ 之间，人类一般可以听到的声音频率为 $20H_Z-20000H_Z$，但对于 $1000-2000H_Z$ 声音的感受性最好，$20H_Z$ 以下和 $20000H_Z$ 以上的振动强度再大，人耳不能感受，不会产生听觉。

其他包括嗅觉、味觉、触觉等能力都具有特定的阈限，超过这个阈限的事物特征便很难被自我所感知，除非借助人造的仪器。

这就使得我们人类虽然分散地居住在不同的地域，虽然操持着不同的语言，但因为所面对的是同一个地球、同一个太阳和同一个天空，所以最终形成的世界观也总是大同小异的。问题很简单，一方面源自于人类所具有的鉴知官能是相近的，一方面源自于客观事物影像也是相同或相似的，所以，最后所形成的意识活动也大多是相近或相似的。

有鉴于此，我对荣格的所谓集体无意识观点持有否定的见解。在不同时空中生存的人类产生了相同或相似的观念或意识，并非来自于所谓人类“重复了亿万次的那些典型经验的积淀与浓缩”的演绎性遗传，而是来自于人类自身借助相同或相似的鉴知官能，面对相同或相似的外部世界，而必然要产生相同或相似的神经反应、智能反应和意识反应，并由此形成相同或相似的观念或意识。

荣格曾列举地球上各地区的人都普遍对黑暗和蛇产生畏惧感的例子来证明集体无意识理论的可信性。其实这样的例子并不能帮助荣格成就这方面的理论建树。

按照我的欲望动力心理学理论来解读，可以这样认为，绝大多数人对黑暗、蛇等产生恐惧的原因是绝大多数人所具有的相同或相似的鉴知官能均发挥着相同或相似作用的结果。

黑暗代表了未知性的隐藏形式，与一切凶险者的隐藏形式相类似，因此可以使人产生相类似的联想或想象；而蛇则是人类视觉所见过的最异乎寻常的动物，无足，无肢，细长，曲卧，爬行，来无声，去无踪，在人类对于动物世界所形成的基本观念中是最令人惊奇和意外的。其细长而盘曲的模样让人联想的缠绕捆缚人的绳索，其无声无息的特点让人联想到暗中袭击。这些视觉效果和听觉效果在不同的人中所产生的联想都是相同或相似的，所以产生的恐惧感当然也是相同或相似的。

这说明，鉴知官能的相似性、外应物能的相似性、神经智能的相似性、表象思维的相似性、自我意能的相似性是造成人类产生相同或相似观念的根本原因。

假如，我们拥有鹰一样的视能，蝙蝠一样的听能，狗一样的嗅能，那么，世界万事万物在我们头脑中所形成的影像便会产生明显的不同，而由这些影像所决定的世界观也会发生相应的改变。

这就意味着，不同的鉴知官能会形成不同的自我意识和自我形式。换句话说，鉴知官能是自我意能得以形成的决定性因素之一。

图 2−1 是鉴知官能推动自我意识形成图（一）。中间粗壮的黑线代表生理机能，心形图代表的是心理感受，简称受能，也称为心能，或情能。其下五个小椭圆分别代表视听嗅闻触等五种官能，说明鉴知官能可以被分解为五能结构。

由这五官之能所组合的鉴知官能对于外在事物对象所产生的知性，必然通过神经智能传导给大脑并形成特定的影像信息，进而通过表象产生意识活动，并最终形成自我意识。

当然，人类五种官能来自于上七窍（即眼二、鼻二、耳二、口一）及皮肤，除此还有三种官能来自于下三窍，即小便觉、大便觉、性觉，按照能结构而言则分别为大便能、小便能、性能。鉴于我提出的这后三种官能形式尚未得到学界的普遍认可，所以我在图 2−1 中未将这三种鉴知官能列示其中。如果列示进去，便可得到图 2−2。

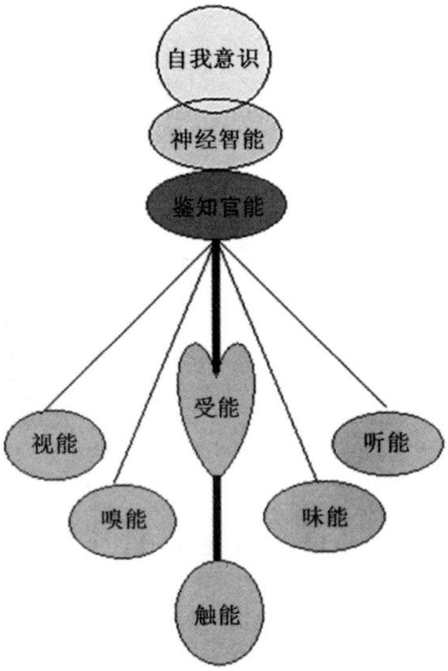

图 2-1　鉴知官能推动自我意识形成图（一）

图 2-2 是鉴知官能推动自我意识形成图（二）。此图是在图 2-1 的基础上增加了下三窍的官能，即大便能、小便能和性能。

鉴知官能在对外在事物对象发挥作用过程中也必然通过内部感觉和内觉性欲望而反馈到人的心理世界，并产生特定的内心感受，这便是受能、心能或情能。官能所鉴，内心所感，内对于外必然产生一种受动关系。

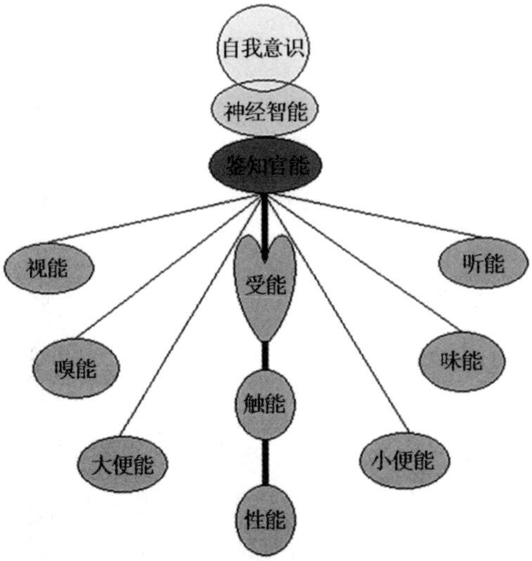

图 2-2　鉴知官能推动自我意识形成图（二）

我们看到一个好东西便舒适，便欣喜，便快乐，听到一个坏消息便郁闷，便纠结，便不快，说明鉴知官能不但可以转化为自我意识，而且还能引起心理内受性反应。这种心理内受性反应最终多半会体现在情绪的波动上。当然，受能并非鉴知官能的组件，之所以将它放置在鉴知官能的图解中，就在于它与鉴知官能具有非常密切的连带关系。

没有鉴知官能，人类个体自我便无法感知到他者的存在，相应地，作为他者的对立性存在的自我也不会被感知。他者作为客观性存在的无视将必然地导致自我作为主观性存在的迷失。

鉴知官能不但能够鉴知他者，更需要通过鉴知他者而鉴知自我。自我处身于大千世界的存在感正是由鉴知官能鉴别出来的。

鉴知官能结构下的自我所表现出来的征象为外在他者以对象性存在的知性，并通过对他者的知性而唤起自我意识的觉醒。

我们之所以知道我们处身于有形、有色、有声、有味、有温度、有软硬、有滑涩的物质世界当中，就是因为鉴知官能在发挥着天赋的作用。

没有鉴知官能的存在，我们对外部物质世界将一无所感，一无所知，也因此更无法确认自我的存在性，无法通过外在参照物而构建自我存在性的坐标系。

假如，我们具备的鉴知官能超过眼耳鼻舌身心性便等八能结构而具备十能、二十能或者七十二能、九九八十一能，再或者我们具备的眼耳鼻舌身之能超越现有的基本阈限，那么，我们所能感知的世界将会与我们借助现有官能所感知的世界大相径庭。

而由超阈限的鉴知官能所推动的意识活动以及由这种意识活动所形成的世界观更将呈现出异乎寻常的面貌，如果果真那样的话，我们每个人都是凌驾于当今现有世界的超人。

鉴知官能表面上是在鉴识外在万般事物，实质上则是通过外在万般事物而鉴识自我存在的时空坐标，在万物皆备于我的观念中确立自我的中心位置。

同时，鉴知官能对于外在事物的鉴知总要以自我欲望所指向的目标为归依，对于事物之间关系的捋顺也自然要以自我欲望为中心，在发现问题、分析问题和解决问题的三部曲中，主要承担着发现问题的鉴知职能。

同时，我们还可以看到，鉴知官能通过眼耳鼻舌身所获取的影像或音像等信息资料，通过神经智能传导给大脑之后，即形成第一级主观意识（实为智能反应）。

而后沿着主体自我欲望的方向自动进行编码，并与外在欲望目标辐射下的其他事物对象相联系而形成第二级主观意识（逐渐脱开智能反应）。

再之后，主体自我将针对欲望的满足活动而主动的和能动的拿出具体应对方案、办法，用以指导行动，这是第三级主观意识。

此后，主体自我在寻求欲望满足过程中不可能一帆风顺，当遇到各种麻烦和困难时，便会从以往的经验中提取相关内容，或者从众多他人的经验总结中（比如书本经验、他人的说教经验）选择与自我意识相契合的内容进行整合与加工，以求找到解难化疑的路径，从而形成第四级主观意识。

假如依然解不开自我意识中的谜团，依然无法实现欲望的满足，个体自我便会自动产生一种无可奈何的命运感，并在冥冥中迎合了一种神意的安排，神意与自我意识合二为一时便形成了第五级主观意识。

如是可以看出，鉴知官能是形成自我意识的基本前提，而人的自我意识在与外在他者的互动中呈现出一种逐层上升的过程和逻辑。

以鉴知官能确立的自我结构形式，简称官我，或知我，代表的是自我对于万事万物的知性，并通过鉴知世界而鉴知自我。

以世界之大，人际之繁，关系之隐微，一个人不可能做到全知全能。更何况你的鉴知官能本身就天造地设地具有一定的阈限。

这就意味着你对于世界的感知范围总是有限的，你头脑中形成的关于世界的影像信息总是有限的，由这些有限的影像信息所形成的自我意识也必然是有限的。

正因为自我意识的有限性才决定了人类置身于茫茫宇宙中产生了微不足道的渺小感和无奈感以及对浩瀚星空的敬畏感和神秘感。

这就是说，任何一个自我形式都被局限为一个特定的阈限性存在，你鉴知到的便是你的自我意识中的内容，你没有鉴知到的便不会成为你的自我意识中的内容。你与我、与他的差别由此被分辨出来，被体现出来。

你的鉴知官能在一定程度上决定了你的独特性，决定了你是这一个而不会是那一个。

你想的事情和他想的事情有时之所以会出现相同或相似之处，源自于你的鉴知官能与他的鉴知官能及其所遭遇的事物具有相同或相似的特征。

而你想的事情与他想的事情有时之所以出现不同之处，则源自于你的鉴知官能与他的鉴知官能及其所遭遇的事物存在着这样或那样的差异所致。

所以，鉴知官能决定自我意识的形成，因此也决定着自我人格结构的组合方式和基本特征。作为鉴知官能确立的官我形式，其知性体现了他的存在性。

当我们说到某人见识宽狭，知识多寡，感觉是否敏感，认知能力是否存在障碍，视力、听力如何，是否知道某件事或不知道某件事，通常指的就是知我这一层面的自我存在形式。

六、心理势能：自我心理感受中隐含的能量形态

鉴于欲望不仅发生在人的生理层面，有时也会萦怀于人的心理层面，我在此借用物理学“势能”的现成概念，用以描述心理层面所发生的能的转换或流变事件。

我认为，人的任何心理活动都是在欲望方向上，通过纵向和横向比较而产生的落差性和倾斜性事件，而引起的自我感受性反应、认知评价性反应和情绪波动性反应，并对整个自我结构产生深刻的影响。

居于落差的上游而引起的优越感，就像阳光一样普照到自我结构中的所有部位，令整个人产生兴奋、昂扬、快乐的情绪反应；居于落差下游而引起的失落感，就像阴影一样遮蔽了整个自我结构的所有角落，令整个人产生阴郁、烦闷、纠结的情绪反应。居于上游类似于阳光的优越感或居于下游类似于阴影的失落感必然对整个自我产生一种能量、能力、功能或效能性作用。

我将这种由比较性落差而造成的自我倾斜所引起的能量、能力、功能或效能称之为心理势能，简称为心能，或受能、情能。

心理势能具有欲望方向性、评价失衡性、情绪冲动性、意志被动性等特点。

心理势能的被动性来自于内脏运动神经系统反应的不可控性，说明人体内脏运动神经与心理情绪之间具有密不可分的隐秘的联动关系和相互干扰的自激关系或应激关系。

在精神分析心理学中，弗洛伊德把“性的本能”或“生的本能”作为个体自我的根本支撑力量，认为这些本能力量表现的方式如同物理学中的能量，因此可以用能量的模式来研究。

这是心理学领域中首次提出的心理能量模型。在弗洛伊德之后，荣格则反对把这个心理能量看作仅仅是性的能量，而提出应把它看作是一种更基本的生命力的体现“里比多”，也可以直接说成是“心理能量”。

但弗洛伊德也好，荣格也罢，他们其实仅仅注意到了来自人体内部的生物性能量，并没有把人在与自然和社会环境冲突中所产生的心理问题而导致的影响思想和行为的能量作为考察对象。

心理势能既来自于个体自我内部结构中生物性成长的矛盾性压力，也来自于自我结构与外应物能结构不调和的冲突性压力，或者是这两种压力的总和。

不同的人其个体自我内部结构中生物性成长矛盾存在着一些先天的和后天的程度性差异，主要体现在内在物质性组织结构的微形态出入及其不同物质组成比例的高低，从而造成人格禀赋的个体差异性。正因为这种差异，使得不同个体面对来自于外部世界的相同或相似的压力而表现出不同的人格反应和人格特点。

心理势能不以物理的外在他感性而存在，不以被考察的对象性身份而存在，而只能以心理的内在自感性而存在，只能以考察者本身的自我感知形式而存在。

心理势能作用于自我作为受体所产生的的自感性具有自我体验性、情绪性、冲动性、意志性和精神性。

在自我占有优势的顺境中，其心理势能表现为激动、兴奋、欢乐、活跃、惬意、舒坦和轻松，这其中蕴含着一种积极乐观的力量。在自我居于劣势的逆境中，则体现为一种失落感、委屈感、沉溺感、抵触感、抗拒感，这其中蕴含着一种消极悲观的力量，或者完全相反地体现为一种越挫越勇、百折不挠、不甘后人的顽强的毅力、斗志、决心和勇往直前的精神，这其中也同样蕴含着一种完全内在的被压抑的进取的力量。

不管是哪一种力量，都属于心理势能发生作用的结果。其中不同主体所表现的心理势能的发作程度具有明显的个体差异性。

心理势能产生后，必然需要找到释放的途径、渠道或对象。如果没有这样一个合适的释放途径、渠道或对象，就会导致这种能量在自我结构内部越积越多，越积越重，形成巨大的欲望压抑、情绪压抑、思想压抑、精神压抑，甚至会给自我内部结构带来破坏力量，导致精神崩溃、心理扭曲或人格分裂。

按照生理—心理互通互动转化原理，这种破坏力量可能会影响到生理层面上的自我结构，引起某种生理性疾病状态。所以，心理势能积压到一定程度，一旦发作，不管是积极的还是消极的，都必然要严格遵循能量转化定律，既然它不会凭空产生，当然也不会凭空消失，它只能从一种形式转化为另一种形式，或者从一个物体转移到另一个物体，在转化或转移过程中其总量保持不变。

这就意味着，心理势能释放的方式只有两种：一是可以在内部自我结构中互相转化，比如可以转化为生理机能、行为动能、自我意能、精神超能、外应神能等其他自我存在形式，通过冥想、沉睡、休息、放松、自言自语、自拍巴掌、自拍大腿、自扇耳光等方式进行内部转化和消解；二是可以在内外结构中转移到另一个其他对象上，比如可以找到一个合适的宣泄对象，通过表达、倾诉、抱怨、解释、攻击、破坏、谩骂、发泄、放任、缠绵、嬉笑、劳累、放松等方式施加并转化到一个特定的对象上去。

这说明心理势能的释放不能在本层结构中自行消解，而必须转化为其他层次的自我结构中或转移到其他对象中去，我们可以把这一原理称之为心理势能转化原理。

这一原理同时也可以适用于心理抑郁、情绪冲动、脾气暴躁等人格障碍性疾病患者的治疗。

不同的人依据不同的经历、经验，必然产生程度不同和属类不同的欲望形式。在与不同的外应物能的互动过程中也必然会遭遇不同的欲望事件，并产生不同的落差反应。优越感和失落感始终在牵动和掣肘着自我内部结构的心理势能的产生，依据不同程度的心理势能可以界定不同的个体自我结构性差异。

心理势能结构下的自我表现出来的征象为处世的积极与消极、表情的乐观与悲观、态度的友善与凶恶，行为的勤勉与懈怠，脾气的和顺与暴躁，言辞的感激与抱怨等等。

可以说，人的喜怒哀乐忧思惧、仁义礼智信孝悌、忠勇刚正勤慎廉、节恕温良恭俭让、贵贱尊卑谦傲怜，等等，都是自我结构中的心理势能在不同环境中的外在征象。

以心理势能确立的自我结构形式，简称心我，或受我，或情我。心我始终处于从倾斜到平衡、再由平衡到倾斜的不断否定与不断肯定的矛盾对立与统一中，始终处于不平衡的目标要求与自我存在状态的落差性刺激和感受中。

这说明心我始终无法处于完全和谐的静止状态，有时感觉优越、有时感觉失落、有时感觉平衡，有时感觉失衡，以自我不同的欲望方向针对不同的外应物能的呼应程度和互动方式，心我是不安的、不静的、不平的，倾斜与失衡则是心我自处的常态。

当我们说到某个人上进心如何、攀比心如何、嫉妒心如何、心情如何、心态如何、态度如何、性格如何、性情如何、情绪如何、情感如何、心理状态如何，或者说到某人是否爱发牢骚、是否喜欢抱怨、是否爱发脾气，等等，其言所指就是自我结构中的心我层次。

心我、智我、机我、物我、器我之间存在着互通互动的严谨精微的内在结构关系。按照我在“形下器能”一节中所阐述的观点，器我是其他自我结构或人格结构赖以存在的基础。作为形而上的人格结构，其集中了包括认知、心理、情绪和行为等诸多流变性组元，其组织结构更趋复杂多变。它在赋予个体自我生活的倾向与模式的同时，还对其他外在事物特别是社会关系产生重要影响。

依据器我结构的物质性特征决定其他自我结构的人格性特征这一原则，特别是内在物质结构组合及其组合成分比例关系的不同所导致的人格结构上的个体差异，可以确定特定器我之上的其他自我人格结构中的机能、智能、心能等品质及其特点。

这一原则，可以为社会工作者在个性甄别、病态人格的预防、临床诊断、治疗乃至人员选拔和人员管理等方面提供有效的科学依据。

一些学者还提出了血型与人的心理、性格之间可能存在的某种对应关系，虽然这一说法未见获得足够科学依据的支持，但因其将人格结构中的形而下的物质性因素与人格结构中的形而上的非物质性因素直接构建成一对一的因果对应关系，其宏观的哲学意义远远超过了其微观的科学含量，所以这一说法一经提出，便引起了社会各界人士的广泛关注和研究兴趣。

心我、智我、机我、物我等内在自我结构的人格性变化，更多地来自于器我内在结构中的物质组合关系的变化。虽然作为器我的内在物质性结构变化是一种形而下的变化，是一种内在微形态的变化，却可以直接导致人格、品质、心理、情绪、精神等形而上自我人格结构的改变。

这一点不仅在科学家有针对性的研究报告中得到证实，而且我们在现实生活中也获得了不同方式和不同程度的类似经验。我们经常看到通过对酒精、药物、毒品、激素等物质的摄入而导致一个人的心理、意识、情绪、态度、性格、气质、意志、精神等方面所发生的异常改变。

人的身体在受到萎缩性、破损性的伤害时，其精神世界就会灰蒙蒙的，就会使心态、心情、心理、意识、精神等人格结构发生非常态性改变。而且这种改变在冥冥中也遵循着物理学的作用与反作用原理，即反过来也是一样，一个人心理、情绪、意志、精神等方面发生人格性改变，也会使器我内在结构中的物质形态和组合成分的比例关系发生相应的分泌性、代谢性和生物性改变，从而在心理变化与生理变化之间形成一种互联互通、互促互动关系。我将这一关系称之为生理—心理互通互动转化原理。

这里的生理一词是一个更宽泛的概念，既包含着形下器能的内容，也包含着生理机能的内容；这里的心理的概念也是如此，既包含着情绪变化的内容，也包含着意识活动的内容，甚至包含着性格、气质、态度、胸襟、观念、信念、意志、精神等全部形而上的内容。

中国古代有“七情致病”和“五劳证治”的说法，《三因极一病证方论·三因论》说：“七情人之常性，动之则先自脏腑郁发，外形于肢体。”又说：“五劳者，皆用意施为，过伤五脏，使五神（即神、魂、魄、意、志）不宁而为病，故曰五劳。以其尽力谋虑则肝劳，曲运神机则心劳，意外致思则脾劳，预事而忧则肺劳，矜持志节则肾劳。是皆不量禀赋，临事过差，遂伤五脏。”

我们姑且不论古代人提出的这种情志与五脏逐一对应的说法是否科学，但起码证明古代人既已认识到人格品质中包括心理、情绪等精神性内容与身体器质性健康存在着某种特定的连带关系。现代医学在临床诊断和治疗方面也逐渐认识到了心理、情绪、精力等人格反应与高血压、心脏病、消化不良、厌食症、胃病、结肠炎、偏头痛、神经性皮炎、癌症、糖尿病、内分泌系统疾病、哮喘等很多疾病存在着一定的因果关系。

这说明对特定人格结构形成原因的考察和追溯，最终都可以将视角调整到器我的物质结构中去。人与人的不同、人与人之间所存在的个体差异都可以还原到其自我结构的器我层次中进行解剖和分析。

这同时也就意味着很多心理疾病、精神疾病、智能障碍都可以在器我层次找到最后的依据和诱因，很多生理性疾病和人体素质偏差也都可以在心理层次、精神层次或智能层次找到最初的依据和诱因。

所以，我们有充分的理由认为物质性的器我、机我结构与自我人格结构存在着相互联系、相互依存、相互转化和相互改变的关系。

可以说，生理—心理互通互动转化原理也是对人类生理与心理之间的关系所作出的科学归纳与总结。

七、行为动能：自我肢体行为中隐含的能量形态

人首先是个物，首先具有形下器能，因为会动，所以叫动物。

按照物理学原理，只要物体发生运动便必然产生能，物体由于运动而产生的能叫动能，它的大小是运动物体的质量和速度平方乘积的二分之一。而且物体的速度越大，质量越大，具有的动能也就越多。同理，人类个体自我在欲望驱动下而发出动作行为时，也必然要产生动能。

一个特定的个体自我处在特定的环境下，必然产生特定的欲望，特定的欲望驱动特定的行为，特定的行为能否完成并导致特定的结果，在欲望主体心目中最初只能体现为一种预设的期待，行为的得力或不力也必然会在意能层面做出满意或不满意的应答反应。

就是说，任何特定的行为总会蕴藉并产生特定的能量、能力、功能或效能，这就是行为动能，简称动能或行能。

行为动能是由身肌体能转化而来的。身肌体能就是身体肌肉、筋骨、体魄中所蕴含的能量、能力、功能和效能。行为动能的施展必须借助于身肌体能来完成，没有身肌体能，行为动能便会无能可施，无能可为。有了身肌体能才能使行为动能的施展成为可能。

鉴于行为动能最终总要由身肌体能转化而来，并成为身肌体能的外化形式和效应性存在形式，其与身肌体能存在着正比例量值关系，有多大的身肌体能，便会蕴含着多大的行为动能。因此自我行能与自我体能具有一

定的可以自由转换和代换的关系。

行为动能总会产生特定的效果，这就是行为效能。欲望主体借助身肌体能所施加的特定行为是否能够产生足够的效能，直接关系到自我所预期的特定结果能否顺利达成。

自我结构中的行为动能与佛门的业力有着异曲同工之妙。业力是指个人过去、现在或将来的行为所引发的结果的集合。

在梵语中，业有三种含义：一为造作；二为行动；三为做事。在佛陀尚未出世之前的古印度时期，人们对业的解释为“做事情”。

他们认为，人因为有欲向，所以就会产生意念，就会产生意志与方向，因为有欲向就会造业，有造业就有果报。

佛教用语中的“业”有特别“造作”之意。我们起心动念，对于外境与烦恼，起种种心去做种种行为。

行为可分为身，口，意。用身体去做，用口去讲，用心去想，这些都是行动，都被称为造作，也称为业。

这样的一个造作过程，就会招感到将来的果报，从果报来看它的原因，就有所谓业的因；从业的因到业的果报，就有所谓业的力，即是说由业力与外缘配合形成果报，就是所谓的业力。

这就意味着我们造作的行为会形成一股极尽幽微的特殊力量，将来会使我们承受各种果报。

比如说我们骂人一分钟，这一行为（业因）一分钟后就已消失，但它有力量存在着，到将来有因缘时，它就形成果报，此称为业力。

业力本身没有控制者，没有主宰者，是行为本身形成的力量。

比如说天下雨，大地自然被它淋湿，它本身即含有一股令草木旺盛的力量存在着；我们造作各种行为之后，也自然会形成一股力量，将来我们就得要承受各种“业力”带来的果报，此为自然界的现象。

简单说来，佛教的业力就是因果论的一种表达方式。有了业因，就会形成业力，但是不一定产生业果。

佛经中有说：“若经千百劫，所作业不亡，因缘会聚时，果报还自受。”这是佛教中一个很著名的偈语，它的意思是：我们所做的行为（业因），形成了业力，它需要众缘来引发，才会形成果报。若业因没有形成果报，它的势力可延续到千百劫之久，等到因缘际遇成熟时，我们必定要承受那个果报。

因果业报，如影随形。由身口意所造的业，分为善业、恶业、无记。各人所造的善、恶诸业，往后必招感相应的苦、乐果报。众生除非不造业因，否则善恶种子永留八识田中，一旦遇缘，必起现行，而且“善恶不相抵消”，已种恶因，必受其报，不能以做些好事来抵消应得的恶报。除非多做善事，多聚善缘，可使恶报由重转轻；或善缘增多，善力加强，令善果速疾成熟，使恶缘逐渐减弱。

譬如一杯盐水，表示恶因，若多加以善因的淡水，则可冲淡恶果的咸味，转为甘美。因此，多行善因，多聚善缘，极为重要。

与佛教业力的含义相似，人类个体自我结构中的行为动能施展后和转化后的结果会主导现在及将来的经历，会改变自我结构、自我人格、自我面貌和自我命运走向。

所以，个人的生命经历及他人的遭遇均会因某种机缘而受自我结构中的行为动能所影响。因此，个体自我结构中的行为动能始终承担着为自己生命负责的可能性以及责任。

佛教认为业力同时也是主导轮回的因，所以业力不单是现世的结果，还会生生不息地延伸至来世。我们姑且不计来世，起码也要估计到自己的儿孙后代，个体自我结构中的行为动能也必然会荫及或影响到他们的人生与命运。

按照行为动能所施展的业力原理，人的祸福穷通都是自身的业力所感，所谓“欲知前世因，今生受者是；欲知未来果，今生作者是”。造什么因，就会得什么果，善恶果报终由自己承担。

我们每个人都具有自己的行为动能，而且整个施动过程都由自我结构中的智我或更高级的自我结构形式来决定的。这就意味着，每个人都有能力掌握自己的命运，开创自己的人生，成为自己命运的主人。

但不同的人由于存在着不同的个体差异，特别是欲望性差异和体质性差异，其所施加的行为总是各行其是，各循其理，各有套路，各有打法。因此也都各逞其能，各显其威，各得其用，各收其效。这就是说不同的人总是具有不同的行为动能，而不同的行为动能在这个特定的结构层次上也就标示了不同的自我形态。

行为动能结构下的自我所表现出来的征象为动作感，力量感，速度感，功效感，自我果报感，自我价值感，自我成就感，以及针对于外应物能所施加的干预作用与影响。行为动能以生理机能为基础，以身肌体能为依傍，由自我意能支配，经神经智能协同，受心理势能激励，行为方向直指外应物能，激励方向直指终极欲望。

以行为动能确立的自我结构形式，简称动我或行我。行我接受大脑（意能）的指挥和驱策，也接受心我（或称情我）的鼓舞与教唆，一旦发生欲望性事件便接受其派遣和驱役，心甘情愿地为实现机我的平衡、智我的舒适和心我的慰藉而披挂上阵，策马扬鞭，甚至于赴汤蹈火而在所不辞。

行我没有主动权，只充当为其他自我形式服务和效劳的角色，受其他各层次自我形式的掣肘和制衡。

但不同的人，其行我特点也存在着这样或那样的不同，有的散漫不羁，放浪形骸；有的我行我素，率性而为；有的不紧不慢，不慌不忙；有的畏首畏尾，踌躇不前；有的身手敏捷，健步如飞；有的力争上游，不甘示弱；有的闻鸡起舞，自强不息；有的劈风斩浪，攻坚克难；有的奋不顾身，勇往直前。这说明每个人自我结构中所释放出来的行为动能都会有不同的表现。

当我们评价某人力气大小、勤奋与否、动作麻利不麻利、执行力如何、干活功效如何，体能素质如何，或者这个人都干过什么，怎么干的，干到什么程度等等，其言所指就是行我这一结构形态。

八、自我意能：自我意识活动中隐含的能量形态

谈到自我意能当然首先就涉及到究竟什么是意识的问题。古今多有学人对此殚思竭虑，探幽烛微，既慧光屡现，又聚讼纷纭。但我遍查很多文献，竟没有找到一个关于意识的完美定义。不要说意识与心理的概念存在着模糊不清的交集，就是意识与智能的概念之间也没有人给出过泾渭分明的界线。

更何况还有不少学人趁着学界对意识概念尚未划清边界之际居然又提出了深意识、潜意识、无意识、下意识、前意识、显意识、意识潜能、意识过程、意识形态等各执一词、各说各话的概念，几近把意识这一片涝塘的积水搅混了。

这就迫使我们不得不赋予意识以更多的含义，既要让意识可以作名词

使用，也必须要让意识可以作动词使用。既可以包含有能量、能力、功能的意思，也可以包含有过程、形态的意思，既包含有智能的意思，也包含有认识的意思，既包含有心理、观念的意思，也包含有意志、精神的意思……究竟你想要用哪个意思？随你怎么想，随你怎么用，都不会有错。把一个概念搞得这么混乱，实在让心理学研究者们多少有一点汗颜。

当然，这也不能全怪我们的心理学家无能。人类对意识现象的认识经历了一个复杂的发展过程。早期人类曾把意识看作是一种独特的、寓于人的肉体之中并可以脱离肉体而存在的灵魂的活动。

柏拉图认为灵魂在进入肉体之前，曾居于理念世界，具有理念的知识。出现在中世纪的经院哲学认为，灵魂是一种单纯的精神实体，灵魂是不死的，可以脱离肉体而存在。

而古希腊的德谟克利特和伊壁鸠鲁都认为灵魂是由精细的原子构成的。

奥古斯丁认识到灵魂是无形的、精神性的，灵魂赋有理性并且不朽，同时认为灵魂不具有神圣本性，同万物一样是被造物。

在近代，笛卡尔提出意识与物质相互独立的二元论；巴克莱主张“存在就是被感知”，把意识作为世界的本原；霍布斯洛克则认为意识是物质的产物；狄德罗、拉美特里等则明确指出意识是大脑的机能和属性；德国古典唯心主义哲学家康德、费希特、谢林、黑格尔等人提出并以思辨的形式阐发了意识的能动性问题；费尔巴哈则不仅提出大脑是意识的生理基础，而且还初步涉及到意识的社会根源问题；

后来马克思和恩格斯在批判地继承前人认识成果的基础上对意识的起源、本质、作用做出了辩证唯物主义的阐释。认为意识是大脑的机能和属性，是社会的人对客观存在的主观映象。在强调物质对意识起决定作用的前提下同时也肯定意识对于物质具有能动的反作用，在意识活动中人们从感性经验抽象出事物的本质、规律形成理性认识，又运用这些认识指导自已有计划、有目的地改造客观世界。

不过大多数心理学家都一致认为，意识是一种精神活动。意，即是意思，意义；识，就是见识，认识。

欲望动力心理学认为，意识是在欲望驱动下，主客观两个世界奇点性对接、毗连、互通、纠缠、振荡和碰撞的产物。对个体而言，意识代表自我存在感以及与外在他者有所分辨、有所游离的自我独立性。意识，是人类大脑的一切活动及其结果，即作为具有自觉性的思维活动本身。

或者说，意识是自我主体利用大脑中枢组成物质所具有的独特思维功能，而对各种信息进行加工处理的过程及其加工处理后的结果。没有这样一个物质条件和功能条件就不可能产生意识。

思维作为意识的主要运行方式，是对信息进行能动操作和加工（如采集、传递、存储、提取、删除、对比、筛选、判别、排列、分类、变相、转形、整合、表达等等作业）的大脑活动过程。

意识的本质，是大脑思维功能与客观世界的对立与统一性矛盾，其最大的特点即表现为自我主动性、能动性和自觉性。

以上便是人类以不同的认识角度和理解层次而对意识的本质属性所做出的各种归纳和阐述，仁者见仁智者见智，究竟哪一种观点更接近真理，目前我们仍然不敢擅下结论。

法国神经学家弗卢朗早在1824年开始用切除部分脑区的方法，来研究脑的各部分结构与心理意识之间的对应性关系，得出的结论是：脑是由多个器官合成的，各器官的功能有所区别，丘脑是产生意识的核心器官，大脑是智力器官，小脑是协调运动的器官，延脑是维持生命的器官。而丘脑和大脑的性质是统一的，共同构成多个功能系统。知觉、意志和一切智力都在此两个器官中，而且彼此是不可分的。

德国医生和生理学家希齐希和弗里奇，试图用电流刺激狗的大脑皮层的不同区域来考察脑与肢体运动之间的关系，在1870年发表了他们的研究结果，确认刺激大脑皮层额叶的某些部位时可产生个别的肢体运动，这是大脑皮层功能定位说的最初实验根据。1876年费里尔将电刺激法应用于胡狼、猫、豚鼠、鸽、鱼和蛙等动物。结果确定了感觉和运动功能的脑定位原则。此后德国生理物理学家赫尔姆霍茨测量神经冲动传导的速率，探讨颜色视觉和听觉的原理。

20世纪初英国生物学家谢灵顿开始研究感觉与心理之间的关系。发现了肌肉的神经支配的兴奋和抑制的交互方式，以及神经元的兴奋和抑制的空间和时间的总和作用，总结认为人类意识具有独特的性质，不能将心理简化为脑功能。

这里，我对谢灵顿关于神经与肌肉之间关系的讨论更感兴趣。因为肌肉作为人体的重要组织机体，完全接受神经的支配，所以我认为肌肉是人的主观意志的最能动性体现。

人体中那些没有肌肉的机体只能被动地感知世界，不受意志的支配。

这同时可以证明人类一切意识活动只能通过肌肉运动的方式表达出来和释放出来，包括行为的、表情的、言语的外在表达都离不开肢体肌肉、面部肌肉、眼部肌肉和唇腮肌肉等的有效运动性支持。

著名生理学家巴甫洛夫认为动物有两种类型的反射活动：无条件反射，等同于物种的本能行为；条件反射，即学习的行为，两者都属于第一信号系统。人类除此还有第二信号系统，即语言符号系统。两种信号系统工作的原理是一致的，都服从于条件反射形成的一切规律。并由此认为人类的精神病发生于第二信号系统的障碍。

人类以下级别的动物只能患神经病，而不会有精神病。巴甫洛夫的条件反射实验方法和条件反射概念对后来的行为主义心理学影响深远。

我们不能凭空产生对事物的意识，自我与外界事物的关系以及外在事物之间的关系、规律、原理并不会自动跑到我们的脑子里。

我们刚出生时，几乎不能认识、理解任何外界事物。这是因为在我们的脑中没有任何表示外界事物的影像信息。而这些影像信息资料及其所包含的意义性符号才是我们意识大厦不可或缺的构建材料。这些材料的获取是由人类鉴知官能系统和神经智能系统通过对各种刺激的反应来实现的。

从鉴知官能映射的第一个反应开始，自我意识就紧跟着动起来了，运转起来了。人类意识总是首先知道刺激的意义，然后再做出恰当的反应。

新出生的婴儿在与客观事物的接触过程中会不断地探寻、摸索和学习，在脑中首先建立客观事物形状、颜色、声音、味道等物理性信息，然后才会逐步演变成与自我内在感觉、内在欲望有关的性能、用处等意义性符号作了，由最初的不知到知道一点，再到多知和全知。这样，一个关于该事物的观念就在他脑中形成了。这个观念性的东西就是意识活动的结果。

从整个过程上看，意识并不等于认识。认识是一个受动过程，即便主动去学习一样东西，也必须经由那个东西而使神经接受刺激。而意识完全是主动的和能动的反应，是对智能反应的反应，认识的认识，是在具备了一定的影像信息和意义符号之后做出的反馈性反应。所以，要比智能性反应（智能性认识）出现的稍晚一些，在反应结构或层次上也要比智能层次更高一些。而且居于更高层级的意识活动又总是包含着智能反应的成果，并将这一成果当作材料来使用。

我们通常所说的认识过程一般是指智能反应过程，而不是基于智能反应之后的意识过程。

进入 20 世纪以来，人们利用电、磁、波等高科技手段开始研究脑区功能及其定位，并取得了很多突破性进展。但遗憾的是，由于大脑的极端复杂性，人们对于意识活动的特定脑区并没给出明确的边界。

《黄帝内经》说："心为神脏，脑为神腑。"虽说这句话并没有确定心与脑到底谁是意识的主体，但起码告诉我们脑对于意识而言具有极为特殊的地位。欲望动力心理学的研究工作在勇猛向前推进的过程中居然不幸也遭遇了不得不给意识下定义的麻烦，但这个工作只能从欲望动力心理学的视角上来展开，或许与其他传统的意识概念有所不同或有所雷同，在此也就顾不得那么多了。

首先，我用"遮全法"来界定一下意识不是什么。意识不是物质本身，不是神经本身，不是智能本身，不是信息本身，不是自我本身。然后我再用定性法来肯定一下意识是什么，定义如下：

意识是指代表整个自我的特定脑区功能借助与之直接相连的神经智能对事物及其关系的反应，而做出的主动的和能动的意志性思维活动过程及其活动结果。

在此值得一提的是，研究意识就不得不研究大脑，人类脑科学关于脑功能定位理论的研究成果，为感知、运动、情感、学习、思维、直觉、自我意识等产生的脑区结构和功能运转过程、语言信息在脑神经网络中表达的机制，以及思想和智力之间的关系等问题试图给出物质结构性、物理运动性和功能原理性的解释。

虽然这项工作已经展开多年，但很多预设的目的和关键性问题并没有给出最后的万无一失的结论。比如意识的脑区至今未见有科学的定论，有人说是大脑，有人说是丘脑。为此，在没有确立意识产生的真正主体之前，给意识下定义，确实还有点为时尚早。

我在本书中没有采用现代脑科学或认知神经科学中经常使用的大脑、丘脑概念，而将主司意识活动的脑区含混地表述为特定脑区、意识脑区，我们暂时也可以设定为 A 脑区，或 A 脑。

A 的字形，最上面是个尖顶，足可以象征人类神经系统的最高端，这个最高端的思维活动位置就是 A 脑。藉此给意识认定一个未被脑科学明确界定的主体。

当然，即便我们确认了 A 脑的具体位置，也并不意味着我们真正揭开了意识活动的全部奥秘。因为 A 脑不过是思维的器官，并不是思维的源泉，也更不是意识本身。意识活动既要依靠特定的器官而存在，也要依靠对外在客观存在的反应而发生，既是对客观世界的反应过程，也是对那些从内外感觉通道输入的信息不断进行加工、制作、组合、推理的过程。

按照欲望动力心理学给出的定义，可以认定，凡是由A脑活动体现出来的主动性和能动性反应能力，包括表象能力、联想能力、想象能力、思维能力、加工能力、判断能力、推理能力、抽象能力、创造能力、谋划能力、决策能力和应对处置能力，等等，都应该属于意识范畴。

意识的定义具有如下一些边界设定：

第一，意识具有自我主体性，其他客体亦即其他人的意识不在自我主体意识范畴之中。比如张三作为主体对某一问题的思考是张三的意识，绝不是其他客体诸如李四的意识，即便李四所思所想与张三完全一致，李四的意识也不能取代张三的意识。

第二，意识是脑功能活动，而非简单的神经智能活动。我在这里把人类产生自我反应功能的内在物质条件分为两个系统：一个是神经智能系统，一个是 A 脑意能系统（或按照传统说法成为大脑意能系统）。这一点是以往哲学、生理学、心理学、认知神经科学等未曾加以划分的边界，我作为认知神经科学的非专业性外行人士提出这样一种异端学说，是否有点冒失，心里还不十分兜底。不过我自认为我提出这一观点所借助的如下理由还是蛮充分的。

①智能与意能（意识）在哲学界、心理学界和认知神经科学领域一直是两个经常被混用并且备受争议的概念，其意义在不同的语境中的指向并不十分明确，原因就在于二者之间存在着划界不清的困难。我在欲望动力心理学中斗胆来解决这个困难，有其现实必要性。这应该算是第一个理由。

②主掌意识的特定脑区活动与神经活动具有本质的不同。前者属于自我结构主体的指挥系统，具有主动性、能动性和自觉性反应功能，是人体整个反应系统中的司令部、导播室、抽象仪、分析器、导航针；后者属于

大脑指挥系统的下属单位，针对外在对象性他者而言属于受动者和被动者，是人体整个反应系统中的感应器、采集器、存储器、传导器和效应器。

这与传统生理学和神经科学对于神经系统的划分和归纳存在一定的出入，但我认为出入之处并不存在矛盾冲突。传统生理学和神经科学认为，神经系统由中枢部分及其外周部分所组成。中枢部分包括脑和脊髓，分别位于颅腔和椎管内，两者在结构和功能上紧密联系，组成中枢神经系统。外周部分包括 12 对脑神经和 31 对脊神经，它们组成外周神经系统。外周神经分布于全身，把脑和脊髓与全身其他器官联系起来，使中枢神经系统既能感受内外环境的变化（通过传入神经传输感觉信息），又能调节体内各种功能（通过传出神经传达调节指令），以保证人体的完整统一及其对环境的适应性。

我认为脊髓只具有支配和驱动身体运动的功能，而对其到底能否做出意识反应则持有怀疑态度。这一点显然需要做出更深入的研究。但我在这里权且将颅脑中主掌意识的脑区单独划分出来，明确界定为 A 脑意能系统，或 A 脑意识系统。这个系统是不是直接等同于中枢神经系统，是不是也包括脊髓部分？这一点，我还不敢擅下结论。不过欲望动力心理学将人体神经系统划分为 A 脑意能系统和神经智能系统两个部分，具有特殊的研究意义和科学指导意义。按照我的现行归纳，A 脑意能系统功能直接产生自我意识，或者说 A 脑意能的发挥即是自我意识本身，而神经智能系统只能被动地和受动地对外在事物刺激做出反应，不能直接产生主动的和能动的意识活动。

智能反应系统的被动性和受动性主要体现在两个方面，一是事物性信号对主体自我的刺激，迫使神经智能系统被动做出招架性反应，从而使神经智能系统只能成为刺激的受动体；二是 A 脑意能系统作为人体指挥中心发号施令时，神经智能系统只能充当被动的接受者和传导者，并按照 A 脑意能系统发出的旨意去执行。这就使得神经智能系统处在内外刺激信号与 A 脑意能系统发号施令的中间环节，属于“两头受动”的夹层。智能反应只属于觉性反应或知性反应，而不能归为意识反应。

A 脑意能系统的主动性和能动性还体现在意识反应的主体是自我，是对智能反应的反应。当智能对客观事物产生受动性反应并传递到 A 脑之后，A 脑就会反作用于客观事物在智能系统中产生的反应，然后借助既有的经验和理性能动地指挥和指导神经智能系统通过支配肌肉运动而对客观事物施加影响。这种主动性和能动性反应，既可以是即时的，也可以是事后的，既可以是针对过去的，也可以是针对未来的，是可以超越时空维度的。

这就是说，意识的主动性和能动性可以穿越时空，不受物理维度的限制，而神经智能反应只能是即时即事的反应，是在特定时空维度之内的反应，离开了具体的物理性情境，智能便不能发挥作用。

这就意味着，意识不但能够反映事物的外部现象，而且也能够超越时空维度反映事物的本质和规律。

所以，神经智能系统属于特定时空阈限之内的被动性和受动性反应系统，A 脑意能系统属于超越时空阈限的主动性和能动性反应系统，只有超越时空阈限的主动性和能动性的反应才是意识反应，而且也只有人类的大脑（A 脑）才具有代表整体自我的资格而做出主动性和能动性反应。

人类神经智能系统只具有对刺激直接做出反应、存储刺激信息、传导刺激信息和听任大脑指挥应对刺激信息的功能，其反应不但具有明显的被动性、受动性，也具有明显的躯体局部性和时空局限性。神经智能系统虽然不直接产生意识，但它为意识反应提供了信息支持，是大脑不可或缺的撒遍全身的捕获和传导信息之网。

③反应主体不同。意识反应的主体是自我，代表自我的大脑反应的本质即是自我的整体性反应；智能反应的主体是神经（泛指除大脑之外的周围神经系统），而不是大脑，不是自我，智能反应的本质是自我的局部性反应。

意识体现在“我想”上，想什么，怎么想，想出个什么结果，都是 A 脑意能在做功；智能体现在“我觉”上，觉什么，怎么觉，觉到什么程度，都是神经智能在做功。

当你感觉到自己肚子痛或脚丫子痛，这是神经智能反应活动，是智能神经在做功，不是 A 脑意能在做功。你根据自己的神经智能反应可以说“我肚子痛”或“我脚丫子痛”。你若说“我痛”就不准确，反应主体就会被你含混掉，你去医院看病时就很难让医生知道你真正的痛处，就没法给你诊病下药。

而当你想起过去经历的某一段情景，这是意识活动，是 A 脑意能在做功，不是神经智能在做功。你根据自己的意识反应可以说“我想”，或“我心想”，或“我头脑想”，你不能说“我肚子想”或“我脚丫子想”。

这就是说，A 脑意能可以表达自我整体反应，神经智能只能表达自我局部反应，前者反应的主体是代表自我整体性存在的特定脑区，后者反应的主体是代表自我局域性存在的特定神经。

④神经智能反应只限定在对刺激信号的感觉功能、存储功能、传导功能或自动协调功能上，不但具有被动性和受动性，还具有经验性和体验性。对于发生于内部刺激的感觉，包括正舒适和负舒适等内部感觉，通过感应性、存储性和传导性智能反应传递到大脑之后，因其不具有明显的形象维度性特征，一般很难形成足够具化的影像，而只能以经验意义性符号的方式激发意识活动。

但对于发生于外部刺激的感觉，包括视听味闻触等外部感觉，也都会通过感应性、存储性和传导性智能反应被传递到意识脑区中，因其大多具有比较明确的形象维度性特征，很容易形成足够具化的影像，并在事后也会经常在意识脑区中以表象形式呈现出来，这就是意识活动了。

在这个环节上其与智能的区别可以这样简单地界定：闭上眼睛所想是意能所为，睁开眼睛所见是智能所为。这里用“眼睛”权且代表内外所有感觉功能。

⑤神经智能主要体现在信息采集与传导上，A 脑意能主要体现在信息加工与发布上。神经智能就像遍布自我全身的带电的导线，信息就像分布于自我内外环境中的电讯号，A 脑意能就是一个讯号汇总台和转播台。

神经智能只负责两件事：一件是将分布于自我内外环境中与欲望相关的电讯号采集并传导到 A 脑意能的讯号台中，二是将 A 脑意能发射的电讯号传导到身体的相应效应器上。

对于自我而言，神经智能只起到信使的作用，一方面把客体的信息传进来，一方面把主体的信息传出去。

而信里写的是什么内容或什么意思，作为神经智能的信使是无权拆阅的。

A 脑意能主要负责两件事，第一件是阅读信息、分析信息和加工信息。即把神经智能的信使传进来的信件进行拆阅、分析和加工，把对方的意思与自我欲望性意思进行比较和融合，整理出一个基本意思。第二件是发布信息，即把自我整理出的基本意思，指令神经智能的信使传递出去，传递给身体的效应器及其欲望对象。所以，神经智能只能充当 A 脑意能的直接下属。

⑥人类自我反应系统在一般心理学著作中通常被描述为一连串的认知序列模型，整体上以“认识过程”加以界定，计有感觉、知觉、识别、注意、记忆、传输、表象、联想、想象、思维、判断、推理、领悟、自省、反思等环节或过程。

按照我在以上几个方面所界定的智能与意能（意识）的区别，我们可以把这一连串的“认识过程”分成智能和意能两个部分（或写为智识与意识两个部分），我划定的分界点就在记与忆之间，在存储与表象之间。其中感觉、存储、传输、协调功能均划分为智能反应范畴，而注意、表象、知觉、识别、联想、想象、思维、判断、推理、领悟、自省、反思等环节则划分为意识反应范畴。

其依据的标准不但在于反应的主动性与被动性、能动性与受动性上，而且也在于反应的时空维度性上，即智能反应具有时空维度阈限性、信息即时性特征，意识反应则经由表象、联想、想象、思维等方式而逐渐向无维度阈限的纯粹意义性特征过渡，逐渐脱去了时空维度的拘囿，进而以完全抽象的观念、思想、意见、见解、意志、精神、信念等形式呈现出来。意识在保留着影像性维度感之前，通常作动词使用，在脱尽影像性维度感之后，一般多作名词使用。

但在名词性意识形成之前，动词性意识是脱离受动性智能反应而向能动性意识反应过度和飞越的过程，也是由形象向抽象、由符号向意义的参悟性转化过程。

这个过程体现了内外两种感觉信息关系的接应与契合，即从外部感觉的形象性信息向内部感觉的抽象性信息的对接、交叠、纠缠、振荡与碰撞并产生智慧火花的过程。

我们知道，每个人的内部感觉信息包括饥、渴、晕、麻、痒、痛等内容，基本上相差不多，种类十分有限，而且是非影像性的，抽象的。

但外部感觉信息由于来自于包罗万象的外部大千世界，所以是丰富多彩的，各有千秋的，形态种类数量几近是无限的，而且明显具有视听嗅闻触的影像性或形象性特征，因此成为人类意识活动不可或缺的材料供应基地。

人类绝大部分意识活动都是以形象思维形式展开的。爱因斯坦就是以形象或画图进行思维活动的典型代表。他的科学思考，几乎全部是借助画图的方式来进行的，他的灵感就是从形象思维的影像碰撞中迸发出来的。

爱因斯坦认为，文字和数字根本就不在思考的过程中占有显著的位置。

他在给毛里斯 · 索罗文的信中写道："我思考问题时不使用语言，而是用生动有形的形象去进行，当这些形象形成一个完整的整体时，我再去花费颇多的努力去表达它。"

这说明，体现为意见、方法、规律、原理、观念、思想、信念、精神的抽象的名词性意识，基本上都是以影像形式而进行的动词性意识活动的结果。这种动词性意识活跃在智能性反应与名词性意识毗连的缝隙处，活跃在自我主体挣脱神经智能的受动性层次的束缚而向主体大脑意识的能动性层次进发的过程当中。

这样，由欲望动力心理学界定的人类认知过程模型如下：

内部感觉—外部感觉—注意—存储（记忆）—知觉—表象—联想—想象—情觉—思维—理觉—灵觉—反思—智慧。

这个顺序既体现了神经智能从低级向高级发展的一般规律，也体现了神经智能向主体意能转化的环节，以及主体意能（即意识）由低级向高级发展的规律。

值得注意的是，由于传统心理学将人类神经智能和自我主体意能混为一谈，不分轩轾，因此将神经智能运行过程和主体意能发生发展过程合而为一，统称为认识过程。我认为这是一个原则性错误，必须加以纠正。

欲望动力心理学认为，神经智能与主体意能具有本质的区别，前者体现为特定时空维度阈限内的局部反应，后者体现为特定时空维度阈限外的整体反应；前者是局部神经对于内在或外在刺激的被动性和受动性反应，后者是主体自我对于神经智能反应所做出的主动性和能动性反应，是代表自我整体的大脑对于代表自我局部的神经反应所做出的回应性反应，是反应的反应。

这样，我们就可以把上列认知过程模型分为两个层次或两个阶段来看待：

第一个层次是神经智能层次，即：内部感觉—外部感觉—传导—存储—协调。

第二个层次为主体意能层次，即：注意—表象—联想—想象—情觉——思维—理觉—悟觉—灵觉—反思—智慧。

神经智能层次体现为个体自我利用身体各部位的神经对客观事物所进

行的局部认知过程，主体意能层次体现为个体自我利用代表自我的大脑对客观事物所进行的整体意识过程。

那么，为什么从注意这个环节开始，神经智能便上升为主体的整体性意识活动了呢？这是因为注意这个环节是自我感觉从神经智能层面进入大脑意能层面的门扉，就像刺激的外来客通过感觉神经而进入大脑中枢的敲门声。

此时注意已不再是局部性的神经反应，而上升到了整个人的大脑反应了，而且已经具备了明显的主动性和能动性特征。非但如此，在自我整个意识链条上，注意始终起到对欲望目标和意识目标的指引作用和聚焦作用。一般地，从注意这个环节上进行表象的过程即是意识活动的开端。

当然，关于主动性和被动性、能动性和受动性也是相对而言的，特别是被动性向主动性或受动性向能动性跨越和转身的过程，常常呈现为一种交合性的临界态。

比如一种事物被感觉到之后便可能产生了注意，记忆环节有的是纯粹被动性的，也有的是近似主动性的，而且包括感觉和知觉也同样如此，有的感觉或知觉是完全被动的，有的感觉和知觉却来自于主体主动的驱动，但这种主动是主体自我的主动，而非局部神经或局部感官的主动，局部神经或局部感官只不过是受主体自我驱动而已，且在具体感知过程中仍然具有被动性和受动性。

这说明智能层次与意能层次并不是泾渭分明的一刀切的关系，而是经常处于你中有我、我中有你或你方下台我登场的交错互动关系。

我们只能从谁是主体谁是客体、谁是部分谁是整体、谁是现在时空发生或谁是超越现在时空发生的标准上来区分这两个层次之间的关系。

当神经智能是主体时，客观事物便是客体，在客观事物这一客体刺激下，神经智能做出受动性和被动性反应。

当自我大脑是主体时，神经智能便是客体，通过神经智能这一特殊的客体做出反应和信息传导，主体大脑根据其反应的正负方向而主动地和能动地再度做出反应，这就彻底改变了反应层次而进入主体自我意识层次了。

而且一切刺激及刺激所造成的神经反应最初总体现为局部的或部分的反应，而对这一局部或部分的反应再度做出的反应则必然是主体自我作为整个人发出的，是整体性反应，即自我主体性反应。

所以，只要是局部器官性或器质性的神经反应，便都属于智能层次；

只要是主体自我作为整个人的反应便都属于意识层次、主观层次和精神层次的反应，只要是针对于现在时空维度阈限之内的特定刺激而做出的反应便是神经智能反应，只要是超越现在时空维度阈限之外的表象刺激而做出的反应便是自我意能反应。

这样，不管二者怎样交错运行，只要掌握了这一标准，便可以界定哪一种反应是神经智能反应，哪一种反应属于主体意能（意识）反应。

但广义的和笼统的意识概念，却涵盖了一切神经活动的反应形式。即便连被动性“觉察”（觉察到某个东西的存在，觉察到自我的存在）也都被明确地列为意识概念之下。

但要知道，人类认识自我和认识世界必然要经历一个由被动到主动、由受动到能动、由特定时空维度到超越特定时空维度的转变过程，这个转变具有里程碑式的革命性意义。

人类自从在大脑中能够出现表象、联想、想象和思维以后，神经智能遭遇外部事物刺激的受动性反应的影子便逐渐褪去，A 脑意能主动性和能动性的思维活动开始逐渐占据上风。如果说，神经智能反应是由神经铺设的信息高速公路，那么 A 脑意能活动便是在这条高速公路上疾驰的跑车。

我的这一观点可能会引起以往一些学术著作中事关意识或智能概念的混乱，但这种划分的必要性和科学性或许在不久的将来会被派上更大的用场。

第三，意识是 A 脑意能借助神经智能的受动性反应而进行的主动性思维活动。这就意味着光有 A 脑意能还不够，还需要有神经智能提供感觉的信息支持才能使 A 脑产生意识活动。这里所谓的“思维活动”，具有超过狭义“思维”概念的非常宽泛的意义指向，包括利用表象、联想、想象、判断、推理、领悟、自省、反思等一切手段所进行的意识活动。

第四，意识要有反映对象，这个对象就是自我与事物及其关系，没有对象的反映，头脑只能是一片空白，不会有意识产生。

第五，意识是有方向性的，这个意识方向是由欲望决定的，意识是自我在欲望方向上做出的有意义的思维活动。

第六，意识既可以是一种活动过程，也可以是一种活动结果。作为活动过程时，意识可以作动词使用；作为活动结果时，意识可以当名词使用。

大脑意能、神经智能、反应对象是意识产生的三大物质性基础。至于意识本身或反应本身是不是一种物质性存在，还处于一种没有结果的争论状态。

如果意识或反应也是一种测不准的量子性的物质或能量的话，那么，意识的物质性意义就会促使人类的传统观念发生革命性的改变。

我通过对欲望动力心理学的研究发现，主客观两个世界的本质严格遵循三个奇点理论，即主观性自我与客观性他者之间相互毗连的奇点非止于一个，而是三个。

第一个奇点是先天肇始性的奇点，是主体自我处于胎儿孕育时期鸿蒙初辟的太初性的奇点，也是神经智能与形下器能之间建立的互联互通、契合一致的奇点。或者说是神经介体与生物肌体二者相互交合的奇点，即作为器质性的形而下的躯体与作为反应性的形而上的智能之间第一次通过生命孕育的形式相交并融合在了一起，在相交形式结构上具有四维时空中的内在弥合性、内在包容性、内在吸纳性和内在相对运动性。

就像一定体积的海绵与一定体积的水相交并弥合在一起一样，相当于两个时空系统的整体性交合，因此是一个内在四维型奇点。因其始于先天性造化之功，明显具有太初性的奇点意义，此期神经系统刚刚开始形成，这时人的大脑尚未得到最初的开化，胎儿所需要的能量全部来自于母体，整个生理过程完全与母体同呼吸共命运。这时作为婴儿的自我的主观世界与客观世界混沌未分。这个奇点是统合在生物性躯体之中并相对固定的质点。

图 2-3 是第一个奇点是神经系统与肌体系统之间的先天性契合点示意图。此图表明，在人类个体自我的躯体中，有两种奇妙的东西先天地、完美地、有机地契合到了一起：一是事关人类主观世界的能量得以运行的神

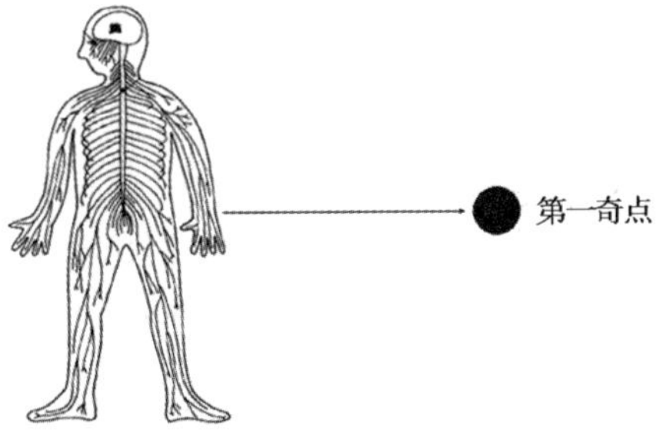

图 2-3 第一个奇点是神经系统与肌体系统之间的先天性契合点

经系统，一是事关人类客观世界的能量得以交换的肌体系统。这两个系统先天地交合在一起即为第一奇点。

我们可以将整个人沿着图 2–3 中箭头的方向理解为宇宙中的一个小小的质点，这就是人类主观世界与客观世界相互交接的第一个奇点。其中，神经智能虽然不能完全等同于人类的主观精神世界，但它对于人类促使主观精神世界的形成具有媒介性的桥梁和纽带作用。

我在本书系中将人类神经系统称为介体，表明其介于主体自我和客体环境之间，由神经智能所形成的世界可称之为中观世界，表明其介于主观世界与客观世界之间。

第一奇点具有内在反应性和内在传导性，具有内部感觉意义，并对后天形成的主观世界提供了内在的欲望性方向指引。

第二个奇点是胎儿呱呱坠地并剪断与母体相连接的脐带之后的一刹那产生的迷蒙性的奇点，也是第一个奇点再次与外应物能相互契合的奇点。

因为胎儿自从剪断脐带的那一刻，方才成为一个独立于世的人。不但要独立呼吸，还要从已成为对象性他者的母亲那里吮吸乳汁，这时其神经智能通过其内部感觉和外部感觉开始正式独立地进行工作了，即开始正式独立地接受内外环境的刺激信号并做出各种神经智能性反应了，从而在神经介体层面形成了一个具有生命感应的世界，这个感应性世界即是神经介体与客体环境二者相互交合的奇点。

在这个奇点上，神经介体一方面将感觉到的内部环境信息传导给大脑，一方面又通过外部感觉采集并映射外在环境信息，且通过传入神经而发送到大脑中进行存储，为事后进行表象储备材料，从而为主观世界的形成既提供了欲望方向性指引，也奠定了影像信息基础。这就在内部感觉与外部感觉之间建立并形成了一个信息性的奇点。

而且，只有在神经智能与外应物能完全共轭契合时，才相交为一个特定的奇点，并在这个奇点的位置上形成自我主观世界。

随着躯体和大脑的不断成长与成熟，婴儿逐渐长大成人，必然会伴随着个体经历的改变，伴随着生存时空的变迁而接触到另一时、另一地的不同环境中的外应物能，而恰恰就在两厢“接触”的刹那间，主客观两个世界的奇点便发生了。

很显然地，这样的奇点性事件是伴随一个人整个一生的。只要该个体自我还活着，只要不是处在睡眠状态，这样的奇点便随时随地的产生。

一个人的一切智能活动都是在与内外环境构成的客观世界接触的奇点位置上的活动。因此，外部感觉反应就是与外部客观世界接触的奇点性反应，而且这个奇点必然是一个不断移动的质点。

图 2-4 中第二个奇点是第一个奇点与外部环境之间的后天性接触点。此图表明，特定的个体自我作为第一个奇点呱呱坠地以后，便不可避免地要与外在各种各样的环境进行接触，其间每一次接触，都可以被视为一个运动的质点在一条特殊的人生轨道上与不同时空维度中的环境进行必然性或偶然性的接触，而且每一次接触也都必然具有一个特定的接触点位，并在这个接触点位上形成了特定的事关客观环境的影像信息。

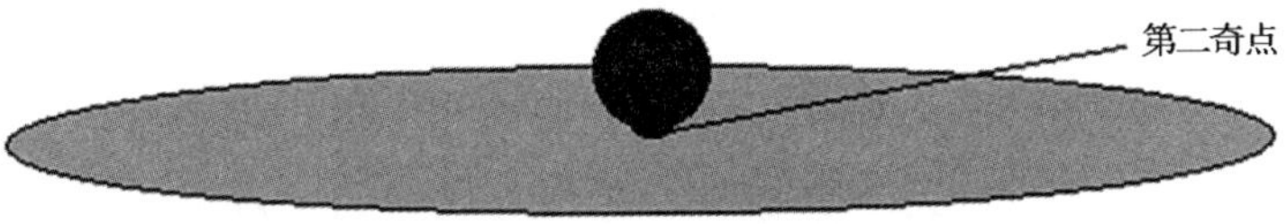

图 2-4　第二个奇点是第一个奇点与外部环境之间的后天性接触点

鉴于人作为第一奇点所具有的运动本性，其与外在环境的接触是不断的、连续的。这样，其所摄入的影像信息也是不间断的和连续的，这就使个体自我像一部摄像机一样，在第二奇点位置摄下了一组又一组事关外在客观环境的影像镜头。这为个体自我主观精神世界的形成储备了无数可供任意黏连、拼接、交叠、组合和重整的影像性材料。

事实上，图 2-4 对于第二个奇点的描绘与实际情景相去甚远，因为第二个奇点在相交形式结构上具有五维时空中的外在弥合性、外在包容性、外在吸纳性和外在相对运动性，就像一块石头投进河水里一样，其外围与所处四维时空环境全部交合在了一起。之所以出现了第五维，原因在于第一个奇点与外在客观环境的四维闭合时空交合后，又与自身在外部时空环境中的相对运动一维相交合，构成了既被包围又自行解围的五维奇点。

这就像飘落在河流中的一片树叶，在随着（时间的）水流漂移过程中，遇到一场横向刮来的风，这片树叶的运动方向就会发生不同程度的偏移和改变，从而额外又增加了另一个方向的维度。即由原来的四维而变成了五维。

图 2-5 是第二奇点交合于五维时空的想象图（一）。图中的圆表示第一个奇点，这个奇点落入了四维空间中。其自身也在与所处环境做相对运

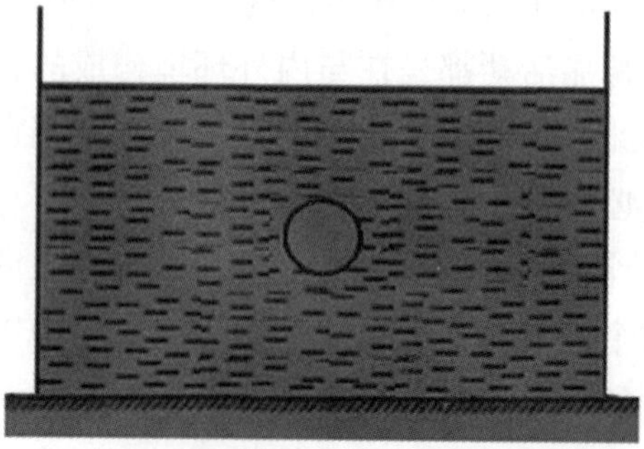

图 2-5　第二奇点交合于五维时空的想象图（一）

动，由此构成五维奇点。这是个体自我作为第一奇点而与外在环境交合而成的第二个奇点。

图 2-6 是第二奇点交合于五维时空的想象图（二）。图中的鱼儿代表的是第一个奇点，每一条鱼都代表了一个独立的自我，每一个自我形式都是一个独立的奇点。外面的水代表的是外界环境，这个环境是四维的。鱼儿游动又增加了一个维度的方向，构成五维时空，此时每一条鱼儿都是一个独立的五维型奇点。

图 2-6　第二奇点交合于五维时空的想象图（二）

图 2-7 是第二奇点交合于五维时空的想象图（三）。图中的人就是第一奇点，水象征着作为人的个体自我所处的外部环境，这个外部环境是四维时空，人的游动增加了一个维度的方向，所以构成五维型奇点。

以上借助四个图示来解读第二奇点，从平面示意到水中圆球，从水中游鱼到水中游人，都是为了强调第二奇点的五维型特征。

第三个奇点是自我本身，是神经智能映射的影像信息与大脑意能对接

图 2-7　第二奇点交合于五维时空的想象图（三）

并相交的奇点，也是第二个奇点与自我意能（或称为大脑思维）相互契合的奇点。大脑是代表整个自我的真正主人，只有进入大脑的才能成为自我的，才能成为自我可控制、可协调、可驾驭、可加工、可支配的内容。

图 2-8 是第三个奇点是第二个奇点与大脑思维之间的后天性相交点示意图。此图表明，由第一奇点所具备的先天性功能，使得第二奇点摄入了大量的事关客观环境中的影像信息，当这些影像信息传导给大脑之后，便与大脑思维交合到了一起，从而形成了第三个奇点。

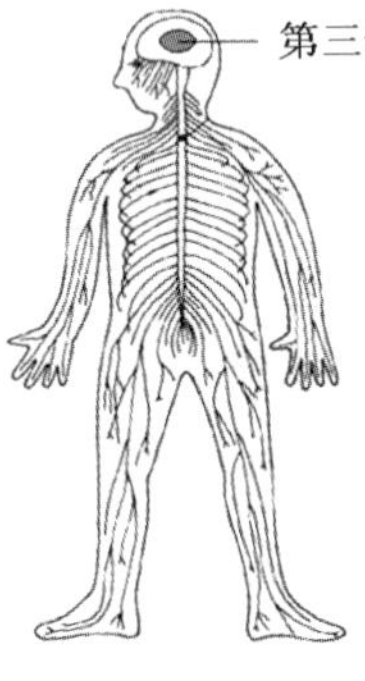

图 2-8　第三个奇点是第二个奇点与大脑思维之间的后天性相交点

大脑功能只有在这个奇点位置才能开始正式发挥作用，否则，大脑不能与外在他者的影像信息相交合，只能是一片空白，虽有加工功能却没有加工材料，只有当两者完美恰合之后，大脑思维的列车才开始正式上了轨道，其前进方向即是在第一奇点上所形成的欲望力直接驱动的方向。至此，人类主观世界正式形成。

第三个奇点在相交形式结构上具有全维时空中的内外纠缠型、内外振荡型、内外弥合型、内外互包型、内外吸纳型和内外相对运动型的全维性特点，不但与第一个四维型奇点全维度交合了，同时也与第二个五维型奇点全维度交合了。

所以第一个奇点具有四维型特性，第二个奇点具有五维型特性，第三个奇点具有全维型特性。

从更深的哲学意义的视角上看来，全维的实质等同于零维，只有在零维的意义上才能在宇宙中无所遮拦和无所阻挡，自由穿越和自由飞翔。物理学家在宇宙中发现了一种无质量或近似于零质量的基本粒子，其维度既可理解为零维的，也可理解为全维的。如果人类有灵魂的话，那么人类的灵魂或许就是以这种零维的或全维的形式而存在的。这是一种介于有与无之间、介于实与虚之间的特殊存在形式。

我们知道，两条线的一维性交点为大家所熟知，两个面的二维性交点也为大家很容易理解，两个体的三维性交点似乎也比较容易进入人们的想象空间，但发展到四维性交点、五维性交点、六维性交点或十维性交点之后，就大有点超出人类的想象阈限了。而主客观两个世界的交点其实就是全维度时空在意识域之内的集合型共点，其抽象性远远超越了人类的想象能力。迄今为止，客观世界有些维度还没有被确认或被充分理解，但我认为，只有被自我理解的部分才能与客观世界形成奇点，不被理解的维度因其无法进入意识空间，所以不能形成交点或奇点，但其抽象性和神秘性却不可避免地会给人类自我意识带来了难解难分的困惑。

我认为，宇宙的维度决定了个体自我的自由度。我们人类生活在可感性的四维空间中，其坐标系为 (x,y,z,t)，意味着人类个体自我的物理自由度或称之为个体活动的时空自由度只具有四个维度，简称四维自由度，即 (x,y,z,t)，其中任何一个维度受到限制，都会使人失去一方面的自由。

但以人类所具有的十能结构特征，意味着人类的每一个自我，都生活在具有十个维度的坐标系中，即 (x,y,z,t，u,v,w,q，r，s) 中。因而每一个自我都应该具有十个维度的自由，即除了四维自由度之外，还应该具有生理维度的自由、智能维度的自由、心理维度的自由、意识维度的自由、行为维度的自由和语言维度的自由。

尽管人的自由度不是无限的，但最基本的自由度不应该少于十维，简称人类十维基本自由度。

其中有的属于客观性维度的自由度，有的属于主观性维度的自由度。世界上的每一个人都处在客观维度和主观维度的交点上，都处在十个维度的交点上。

主客观两个世界就是在作为人的自我（可以理解为A脑意能）或者作为自我的人的这个特定点位上正式开始分叉的，分成了主观与客观两个完全不同的世界。

这就意味着，每一个人都是一个奇点性存在，都是主客观两个世界的统一体和契合体。

我们从上面的讨论中看到，作为第一个奇点，即神经智能与形下器能二者相互契合的奇点，神经智能总是居于躯体内部，与躯体共生共存，这说明发生于第一个奇点上的神经反应是先天的主观，是伴随生物体一同出现在这个世界上的，这是构成生命的奇点，是内部感觉与内部环境信息交合的奇点，也是先天性灵魂的奇点。

作为第二个奇点，即第一个奇点与外部环境二者相互接触的奇点，此时神经智能从躯体内部延伸出来，通过眼耳鼻舌身等官能而与外部环境对接并相交，其对接并相交的结果是捕捉到了客观世界各种各样的影像信息。

作为第三个奇点，即自我本身的奇点，是第二个奇点与个体自我大脑相交的奇点。这个奇点的形成是外部客观世界各种各样的影像信息通过第二个奇点而被传递到大脑之后产生的以这些影像信息为基本材料的自我意识。

这说明一切意识都是后天的主观，大脑思维与客观世界影像信息的契合构成意识的奇点。这个奇点超越时空维度的拘囿，以类似于量子纠缠与振荡的形式，形成表象、联想、想象、思维等意识活动。

第一个奇点在时空维度上具有与生物躯体合和一致的相对稳固性，是一种基于内部感觉存在性的相对静态的质点。

第二个奇点缘于个体的运动属性，因而在时空维度上具有与客观环境变迁合和一致的相对运动性，是基于外部感觉的相对动态的质点。

第三个奇点在时空维度上不受任何时空维度的限制，是基于大脑功能的相对自由的质点。

正是这三个奇点效应，才使得人类自我始终处于动与静、内与外、灵与肉、困与放、束缚与自由的永恒矛盾之中。

这三个奇点，由低级而高级，由简单而复杂，由限制而自由，逐渐从封闭蒙昧状态上升到内外开放状态，从现实状态上升到理想状态，并最终又不得不回到现实状态中来。

所以，人类个体自我的运动就是在三个奇点位置上的相对运动，人类主观世界的形成就是三个奇点有机交合并完美统一的产物，人类自我就是三个奇点的必然性与偶然性的全维度聚合。

我的这一观点可以被称之为主客观世界的三个奇点理论（简称三个奇点理论）。

每个人以其智能水平的不同、欲望趋向的不同、所经历环境的不同、所遭受刺激的不同、所获取经验的不同，在大脑中存储的影像也不同，产生的联想、想象和思维方向、思维路线、思维方式也不同，心理感受和精神境界也不同。这就意味着每个人的意识活动过程及其活动结果也都是各有其道和各具千秋的，人类任何个体自我的主观世界都是不尽相同的。

我曾听到过一个故事，很有意思，不但可以藉此认识一下意能与智能（意识与智识）之间所存在的差别，而且还可以验证一下每个人头脑中的意识与其智识经历之间所存在着的对应关系。

话说在四川甘孜无量河的上流，有三个富女人，她们有金银满柜、骡马成群。有一天，她们发现自己鬓毛雪白，才知道自己不久将要老死。她们听说有个大都市叫丽江，什么都有得买，就结伴来丽江买“寿”买“岁”，街头绕了绕，只见有卖金卖银的，没见有卖“寿”卖“岁”的。她们听说有个更大的都市叫大理，什么都有得买，结果那儿有卖吃卖喝的，没有卖“寿”卖“岁”的。她们又听说有个更大的都市叫昆明，凡人间要有的，无不具备，结果那儿有卖绫罗绸缎的，没有卖“寿”卖“岁”的。三个富婆失望地回家，走到昆明碧鸡关，累了歇口气，喝口大碗茶，回头对着昆明城一望，只见滇池的大柳树，来时绿葱葱，现在已是黄叶飘飘了，三个富婆突然领悟：树木都会衰老，人何能例外？于是心头悲哀尽皆丢下，笑着转回家去了。

三个富婆凭借相同的经历和体验，通过“滇池的大柳树”由绿转黄的生命轮回性的影像信息刺激，一下子意识到了自己与草木众生本立足于平等，在道理上是完全相通的。所谓生死大事，只不过是自然界的正常演绎，浅近之处即可翻然，实在无须艰深求索，无须为此纠结困惑，命随自然行，运在眼前走，通达即是归途，醒豁方是心灵。这里面蕴藉着十分深刻的意识形成过程及其活动结果。

同时，意识以其特有的功能，常常被人们称之为一种能力，可以叫意识能力、意志力、意念力、信念力、思考力、反省力、思想力。我将意识过程和意识结果所表现出来的能量、能力、功能、效能等称为自我意能，简称意能。

弗洛伊德认为意识显露出来并被人类自我使用的部分非常有限，不过"冰山一角"，其大部分都潜伏于大脑深处而不为自己所知和所用。所以，我们将其显露出来的部分称为意识显能，潜伏部分称为意识潜能。

但不管意识显能，还是意识潜能，都包涵在主体自我的大脑之中，我统统称为"自我意能"。在自我人格结构中作为一种完全的形而上的内容，自我意能包括显在的和潜在的所有意识活动和意识结果。

其实，自我十能结构中的每一种能形态，都不是由单一元素构成的。就像我们在上文中所讨论的鉴知官能一样，还可以细分为很多更小的能元素。自我意能也是如此，在其内部还可以细分出意识思能、意识慧能和精神超能三个部分。这种分法虽然不能按照严谨的科学规则来考量，但我们却可以从演绎推理的逻辑层次上做出独特的解释。

图 2–9 是自我意能内部结构图。图中显示作为人类个体的自我意能是由神经智能演进并转化而来的。此后，意识能级不断递升，从意识思能向上发展到意识慧能，再发展到精神超能，经过这三个层级的演绎而形成自

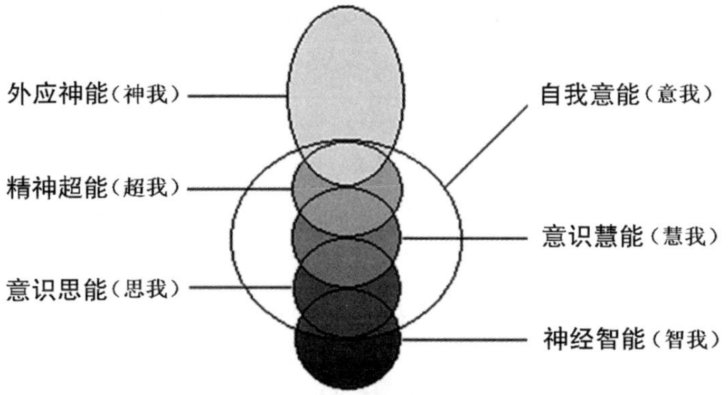

图 2–9　自我意能内部结构图

我意能的主体建设，最后有一部分将转化为外应神能（关于外应神能，我将在下文给出更详尽的解读）。

这样，在整个自我意识域中，既包括意识思能、意识慧能和精神超能三个意识能级，也包括其下方神经智能的一部分依托性结构和其上方外应物能的一部分延伸性结构，体现了自我结构内部能形态发生转化的基本过程和复杂机理。同时说明作为人类个体的自我意能绝不是一成不变的，而是由低级逐渐向高级发展而来的。

图 2–9 中颜色自下而上渐次变淡，表明自我意能自脱开神经智能的物质性依托之后，逐渐由实而虚，由混沌而清明，其主观色彩越来越清晰。最后在精神超能的顶端，开始与外应神能交汇，这是人类个体自我意识发展的终极所在。

另外，图 2–9 中显示三个意识能级的叠加与联动构成了自我意识域主体建设的根本柱撑，但这并不意味着这三个意识能级便是自我意识的全部内容。

按照 1+1 ＞ 2 的效应理论，三个意识能级之和必然产生相应的衍射性外延效应，更何况在自我意识域之中还包含着神经智能和外应神能的一部分特殊结构性内容，这就使得这种外延效应更加显著。

我在图 2–9 中以一个较大的正圆表示自我意识域，用以象征宇宙中的一切都是趋圆的，不止于物质性的宇宙如此，精神性的宇宙也是如此，自我意识对于自我的存在性必然要做出自圆其说的解释，当无法自圆其说时，便会陷入自我矛盾冲突之中而无以自拔。

思考是人类意识活动的开端。思考不能凭空而起，必须借助一定的信息资料才能展开，其信息资料即是表象资料，这个展开过程我们通常称之为思维。

黑格尔也曾说：“就思维被认作主体而言，便是能思者，存在着的能思的主体的简称就叫作我。”[1] 黑格尔的“能思”即是思维之能，思考之能，也正是从这个点位上开始，人类个体自我意识开始正式登场了。

刚出生的婴幼儿是不会思考的，因为他的头脑中还没有存储足够用来思考的影像信息资料。这些影像信息资料是内部感觉和外部感觉在与事物的接触感应中获取的，并在大脑特定区域被赋予了特定的欲望意义。

1 黑格尔《小逻辑》，商务印书馆，1980 年 7 月第二版，P68。

这样，存储于大脑中的信息或影像便演变成了一个个意义符号，每当遭遇相同、相似、相反或相关的欲望驱动，或者遭遇相同、相似、相反或相关的事物刺激时，这些意义符号便会以表象的形式自动浮现出来，并在欲望目标、事物刺激和以往存储的意义符号之间构成一种特定的联结、联通和联动关系，进而形成针对欲望目标的思考和针对各种事物之间关系的思考，以便从中找出适合自我并达成欲望满足的路线图。

这种思考活动显然不是无用的，而是必要的和必须的。这种思考活动所产生的独特的功能或效能，我们可以称之为意识思能。

学会思考是人类个体自我走向成熟的第一步。人们在日常生活中，总要产生各种各样的欲望，总要面对各种各样的事物和问题，这就不可避免地需要自我做出主动的和能动的思考与分析，以便厘清各种矛盾关系，从中找出规律性的东西，进而指导行动，最终达成欲望的满足。

这就使人类的思维派上了用场。一切思维活动都是思考活动，也都是意识活动。所以，意识思能代表了一个人的联想能力、想象能力、思维能力、判断能力和逻辑推理能力。在发现问题、分析问题和解决问题的三部曲中，意识思能在分析问题时总是具有非凡的表现，并在分析问题过程中还承担着提出问题的质疑职能。

人是会思考的动物，每个正常的人都具有一定的思考能力，正因为有思考能力的坚强支撑，才使人从各种各样事物的刺激中和各种各样情绪的波动中逐渐走向理性和成熟。所以，善于思考和长于思考的人则是更成熟和更理性的人。相反，怠于思考或不会思考的人，则必然是一个幼稚的人，盲动的人，愚钝的人。

同时我们也看到，人类自我不但具有智能的反应性、意能的思辨性、情绪的波动性、心理的振荡性，也更具有智慧的颖悟性。智慧的颖悟性简称慧性。慧性也具有一种特殊的功能和效能，简称慧能。

慧能是人类自我结构中的高级自省能力、感悟能力、反思能力、应变能力、创造能力，显示出一种具有超强的流变性、想象性、整合性和灵活性的思维特点。

正如柏拉图在转述苏格拉底的话时所说的那样："智慧这个词可以表示运动和流变的观念。"[1]

1　柏拉图《克拉底鲁篇》。

如果说，神经智能是一种纯先天的神经性反应能力，那么意识慧能便是对神经智能反应的再次反应能力；如果说心理势能是一种情绪波动能力，那么，意识慧能便是调节和控制情绪波动的能力；如果说自我意能（A 脑意能）是一种理性制衡能力，那么意识慧能便是驾驭和利用理性协调和解决实际问题的能力。

人类个体自我结构中的每一层次的自我都是首先以存在来证明自己的身份和角色的，而后才能产生对于存在状态的更美好的期待。平衡、舒适、惬意则是每一层次的自我所期待的美好目标。

但遗憾的是，自我结构中其他较低层次的自我形式面对复杂多变的内外环境，虽然竭尽所能，却依然改变不了时时处处面对生存的被动性压力的困扰。即便获得了意识思能的支持，但思维的主动性和能动性身份的转变也依然没有使自我的整体被动性发生足够满意的改观。更何况意识思能还仅仅局限于对于低层意志和生存困惑的化疑、拆解、分析和理顺阶段，还未能在规则意识或理性意识中拔出脚来，未能站在更高的全局视角上对内外环境做出高屋建瓴的鉴照和觉醒。

这就使得意识慧能的出现成为一种必要，一种必然，一种有益于各层次自我形式保持完好存在状态的必不可少的条件。人类神经智能、鉴知官能、心理势能、意识思能都只能用来发现问题、感受问题和分析问题，而解决问题必须借助更高级的能力，于是，意识慧能因是而起，应运而生。

简单地说，意识慧能是一种高瞻远瞩的洞察能力、运筹帷幄的谋划能力、机智灵活的应变能力、立竿见影的处置能力和对整个自我及其处境的观照觉省能力和自我救赎能力。

人类不是为发现问题而活着，也不是为了分析问题而活着，更不是为了感受问题而活着，而是为了解决问题而活着。只有最终解决了问题，才能获得欲望满足，达到自我舒适和平衡。

意识慧能就是为满足欲望、解决问题和获得自我舒适而必然产生的一种能力。

庄子说："博之不必知，辩之不必慧，圣人以断之矣。"[1] 在庄子看来，一般人不具备慧性也并无甚妨碍，因为遇有疑难可以去问圣人，圣人完全可以做出正确的决断。

---

1 《庄子·知北游》。

但我们中的很多人当然不敢以圣人自居。我们依靠圣人不如依靠自己，不如让自己具备慧性或慧能。这样不但可以随时解决发生在自我身边的各种事件和各种问题，而且还可以不必再去叨扰圣人的大驾了。

更何况孟子曾通过公孙丑透露过："五百年必有王者兴。"言外之意，圣人大概要经历五百年才出一个，庄子让我们有事去找圣人，纯粹是跟我们开玩笑。

我们虽然都是普通人，却仍然都需要慧性或慧能。意识慧能是先天智能和后学才能碰撞出来的活火，一旦燃烧起来，就会产生冲天的烈焰。

而后学才能则是经验、见识、学识长期积累的结果，其间还必须加以深入的反思和鉴照，才能产生充满悟性的引燃和激发。

虽然我们每个人都为着生存而奔波，而忙碌，而焦灼，而纠结，虽然都经历过这样或那样的失败和成功，虽然都面对着这样或那样的压力的驱动，但不同的人却以其先天的智能结构和后天的心理结构的个体差异而产生水平各异的意识慧能。

这就意味着，每个人的慧性和慧能都具有不同的表现。

在世界各民族的宗教中，应该说顶数佛教是最推崇智慧的。所谓"慧门鉴空，智门照有"即是佛家明心见性的经疏。

而人类的慧性，既不是全部来自于偶发性直觉，也不是全部来自于经验性逻辑。过分强调经验作用的人很可能会忽略先天赋予他的直觉的力量。

爱因斯坦坚信："从特殊到一般的道路是直觉性的，而从一般到特殊的道路则是逻辑性的。"光有经验而没有直觉的慧性，就不会从经验性思维的逻辑瓶颈的制约中突破出来。

他认为，理论越向前发展，就越能证明从经验事实中是不能归纳出基本规律来的。他说："狭义相对论这一发现决不是逻辑思维的成就，尽管最终的结果同逻辑形式有关。"只有直觉、灵感、慧性，才能帮助人类产生科学创造力。

当意识慧能继续向上发展，便可产生精神超能。精神超能指的是自我通过神经智能、意识思能、意识慧能的不断累积而发生的超越现实基本层面、超越具体问题指向的发散性、放射性、衍射性、遥感性、虚在性、自在性的主观认识能力、功能和效能，简称超能。

精神超能是在个体自我与他者之间的对立统一中逐渐发展和壮大起来

的。在初期与个体自我情境中众多他者对象之间一直存在着这样或那样的纠缠与振荡、矛盾与冲突。个体势小而力薄，位卑而言微，个体有限而对象无限，彼此之间的对立性、差异性、匮欠性和矛盾性在整个自我意识中占据主导地位，痛苦、忧虑、恐惧、烦恼由此而生。

随着意识的发展和人格结构的不断完善，自我意志能力、认识世界能力、辨别是非能力、自我反思能力得到了越来越多的强化，并逐渐推动自我走向成熟，走向精神的制高点，实现了自我意识和自我精神对于现实矛盾的革命性超越。

所以，精神超能是人类个体自我逐渐摆脱各种困扰并最终走向自我超越的必然结果。

同时，自我意能发展到精神超能这个层次也是一个人所能达到的最完美的境界，在这种完美境界中所面对的唯一不完美就是自我意识与自我身体之间的矛盾：意识成熟了，身体却衰老了。

这就意味着人类意识的成熟过程总是滞后于身体的成熟过程。

这在整个自我结构组织中，提前衰老的是器我，接下来的是机我，再接下来的是官我，再接下来的是智我。

这四个自我层次的衰变，必然给业已盈满精神超能和业已成熟的超我造成了全新的矛盾困惑。精神超能为了不为这个困扰所束缚，必须超越出去，突破出去，这就使精神超能的超越性释放成为一种被迫的必然。

精神超能是个体自我意能发挥到终极之境的结论性产物，而得出这些结论的基础材料和依据都是由神经智能借助鉴知官能从外在的对象性他者中采集、搜集、汇总而来的，然后由自我意能借助对这些材料的表象进行推导加工而来的，由意识慧能反观鉴照而来的。

这就意味着精神超能的根儿也同样在外部，在外在对象性他者之中。由精神超能所确立的超我把自己养大的食谱，就是那些外在对象及其关系所给出的各种错综复杂的影像信息。

所以，自我意识中自认为正确或不正确的观念、思想、道理、规则、规律，并不是属于自我本身的，而是属于外在客观对象的。大脑中的所谓自我意识、精神信念不过是外在客观真理的主观性存储模式。遭遇什么样的外在情境便会形成什么样的自我、自我意识、自我精神。

精神超能当然也不例外，也都是外在客观精神或客观意志的主观体现。

如果没有对象的客观真实，那么，自我意识和自我精神是根本不会产生的，也是根本不会存在的。所以，个体自我的精神超能不过是包括自然与社会等一切外在他者本质属性在自我意识域中的升华与淬火，是整个自我所能把握的最高真理和所能达到的最高境界。尽管这种真理对于外在的其他人未必是正确的，尽管这种境界对于外在的其他人未必是最高的，然而对于他自己，这个真理或这个境界就是他的最高水准了。

在神经智能、意识思能和意识慧能的成长、积累和释放阶段，在寻求真理的道路上总免不了要与各种现象打交道，并将各种现象作为真理和规律的实践证验，这就使得自我意识永远无法彻底摆脱现象的掣肘和纠缠。而只有到了精神超能层次，这个问题才得到了根本的解决。

就是说，精神超能已经完全剔除了外在事物的现象性存在，而以事物的本质属性的纯粹抽象的真理和规律为终极皈依。

这样，我们就知道了精神超能中都涵盖着哪些内容，这些内容理所当然地包括其所认为的关于自然、关于社会、关于自我的成规致理、最高法则，包括一切道德的、伦理的、价值的精粹内容。

当然，因为每个人所认同的精粹并不是相等的，甚至有些人抱着糟粕当精华，拿着不是当理说，但这仅仅是对象性他者的视角，对其本人来说，这些东西则是他从他的个体自我经历的现实中所能掌握到的最高“真理”，因此也就完全代表了他的自我意识的绝对真实。

这同时也说明，世上每个人的精神层次所能达到的高度具有霄壤之别，是不可同日而语的。我认为只有与自然与社会共融的普世性真理所嵌入的自我意识，才能使自我人格真正进入“从心所欲而不逾矩”的至高境界。

自我意能结构下的自我所表现出来的征象是个体自我将蕴藉于大脑意识系统中的想法、见解、意志、意见、观念、思想、信念、信仰等内容通过言语、神态、行为的方式形成有对象的意志倾向性表达之后的整体状态。

自我意能的储存和释放便是自我意识的全部内容，代表的是一个完整的自我形式。不管是面对自然事物，还是社会关系，或者是不同欲望层次或不同人格结构的自我之间所发生的矛盾冲突，他都能够主动地、能动地提出问题、分析问题和解决问题，直到超越问题而实现自我解脱和自我救赎。

所以，他具有提出问题的机警、分析问题的理性、解决问题的慧性、超越问题的神性。他是整个自我结构的信息汇总中心、信息加工中心、意志形成中心、行为指挥中心、精神控制中心。他要为个体自我所有能条件负责，为所有能条件服务，并对所有能条件进行思考、指导、协调、指挥和控制。其发动方向即为自我欲望方向，个体自我的一切匮欠性信息最终总要经由神经智能传导到大脑中，并在大脑中形成特定的欲望形式。大脑对这些欲望进行比较、选择、编码、排序，并经过对各路信息的汇总、演绎、推理、加工和综合，找到满足某种特定欲望的目标、条件、方法和规律。

由自我意能确立的自我形式，可称之为意我。意我是后天形成的，是由各路信息在欲望力作用下建构起来的最高级的自我形式，亦即我们通常所说的自我。

意我是智我的直接上司，智我按照意我的指示办事，并通过智我实现对器我、机我、官我、行我等其他自我形式的有效控制与协调。

由于人类的情绪发动机制不属于中枢神经系统控制的内容，所以心我一般并不由意我直接掌控，此等情况则另当别论。

意我由于不可视，不可摸，所以更具有隐蔽性，私密性，因此也是最真实的、最诚信的、最自由的。

这个处于人格结构最高层级的自我也可以被理解为意识流动中的我，欲望追求中的我，思想解放中的我，心灵自由中的我。

意我在形下器能的限定下，在外应物能的诱惑下，在生理机能的运作下，在神经智能的推动下，必然不断产生对自身处境、自我位置和自我存在状态的评估，因而相对其他较低层级的自我形式总是具有更多的理性、慧性和神性，并在与各种事物的联系中找出规律，形成想法、理念、观念、策略、办法、路径、智谋等等。

自古而今在各行业、各领域取得卓越成就的人，以其发明、创造、谋略、口才、著作等令人惊羡的意识产品而声名远播，享有盛誉。没有人否定爱因斯坦的神经智能和大脑意能的超凡出众，因为给出证明的不是爱因斯坦本人，也不是其他言而有信的人，而是爱因斯坦自己的意识产品——相对论。

我们看不到智能和意能的存在方式，却能看到大脑意能在神经智能的支撑下而加工出来的意识产品。我们通过不同的意识产品即能确定不同水平的神经智能和大脑意能，我们通过相对论即能确认爱因斯坦的神经智能和自我意能超乎寻常，从而确定了拥有独特的神经智能和大脑意能的爱因斯坦这个具体而又与众不同的人。

当我们评述一个人的世界观、价值观、人生观如何、心地如何、善恶如何；或者思维是否清晰，心口是否如一，言行是否一致，诚实不诚实，品德高尚不高尚；或者这个人是否很有思想，有见地，有主张；或者评价某人智慧高、悟性高、素质高，做事有谋略，有办法，有技巧；或者评价某人处世能力、办事能力、交际能力、应变能力、运筹能力、策划能力、创新能力；或者赞誉某人在某个行业、某个专业上取得了什么业绩，搞出了什么发明，处理过什么重大事件，获得了什么样的权力、地位、身份或荣誉称号；或者评价某人境界如何，胸襟如何，气度如何，风范如何；或者他的理想是什么，志向是什么，信仰是什么，等等，通常就是指自我人格结构最高形式中的意我而言的。

以上我们讨论了在自我意能结构之内所存在的三个意识能级，即意识思能、意识慧能和精神超能，但这三个能级并不是等额等量等份地架构在每一个人的自我意识结构之中的。有的人终其一生可能仅仅达到了意识思能的层级上便无法向上递升了，有的人只发展到意识慧能的层次上便停滞不前了，只有少数人经过执着追求和潜心修炼，才能抵达精神超能的更高层次上。

我们知道，每一个意识能级都可以确立一个属于这个层次的自我形式，意识思能确立的自我形式可以被称为思我，意识慧能确立的自我形式可以被称为慧我，精神超能确立的自我形式可以被称为超我。

但这三个自我形式都涵盖在自我意能所确立的意我形式之中，属于自我意识内部结构中的小我层次。我之所以未将这三个小我层次列为与十能结构并列的自我形式，就因为这三个层次的小我形式并不是人人皆备的自我结构。

对于不同的人而言，由自我意能所确立的意我形式，其内部结构中包括思我、慧我、超我等意识能级并不是等量齐观的。有的人只修炼至思我的境界便达到了极限，这时他的自我意能也只能被限定在思我的水平上，这个水平上的思我也就是他的最高形式的自我了。以此类推，有的人可能只达到了慧我的层级便不再上升了，只有一少部分人达到了超我的层级上，完成了自我意识上升的三级跳。

不同的意识能级代表了不同的意识能力、道德水准、人格高度和智慧开化程度。

当然，我们绝不能小看自我意识域之内的三个小我层级关系。

意识思能确立的思我代表了整个自我的逻辑思维能力、判断能力、推理能力和整体理性水平。一个善于思考的人和一个不善于思考的人，在分析问题和理顺矛盾时总会具有不同的能力表现。

意识慧能所确立的慧我代表了整个自我的智慧开化水平。在实际生活中，确实有一些人办事不灵活，脑袋一根筋，即便有一定的经验积累，也只能生搬硬套，不善变通。但也有与之相反的人，他们聪明伶俐，多谋善断，居高望远，随机应变，在面对具体事务时表现出了高超的决策能力、机警的应对能力、灵活的处置能力和别出心裁的创造能力。这些能力体现在个体自我人格结构中就是远远高于神经智能和意识思能的灵动的慧性。

可以说，慧我是自我结构中智慧的化身、聪明的写照、能力的证验。

由精神超能确立的超我代表了整个自我的精神气质、高远境界和宽广胸怀，是人类个体自我所能达到的最高层次。

作为这个层次的超我与弗洛伊德人格结构理论中的道德良心和自我理想的超我具有不谋而合的一致性。但弗洛伊德的三位一体的人格理论并不是按照我的质能结构理论划分的，这与我的十位一体的人格理论模型具有本质的不同。

超我是会当凌绝顶的高卓，是一览众山小的开豁，是高处不胜寒的孤独，是悠然见南山的开悟，是富贵不能淫的意志，是贫贱不能移的信念，是威武不能屈的豪迈，是青山遮不住的执着，是“俯首无齐鲁，东瞻海似杯”的超拔，是“海阔凭鱼跃，天高任鸟飞”的自在，是一种博大和深邃，是一种潇洒和飘逸，是一种完美和自然。

所以，超我已经远离了尘世的纠缠和困扰，不再为利益的得失而斤斤计较，不再为人际的善恶而耿耿于怀，真正达到了“不以物喜，不以己悲”的超尘脱俗的美好境界，是整个自我心目中真正想要成为的那个人。

超我的层次是人格的成熟、自然、自在、大度、慷慨、俊逸、洒脱、慈悲和宽豁。在精神超能的支撑下，整个自我状态超然物外，心境高远，不染尘埃，对于自己认定的目标虽历尽艰难，仍执着无悔。对于自我结构中其他几种能条件，不再苛求，不再计较，以顺其自然为美，以随遇而安为乐。物质世界和人际烦恼不再成为超我承载的负累，其能量释放的方向只有前方，没有后方；只有美好的未来，没有痛苦的过去。

超我居于整个自我内部结构的最上层，代表了一个人所能达到的最高思想境界、精神层次、道德水准、人格高度、信仰归依以及意识能力、思维能力、智慧开化程度等综合素质的极致。

当然，每个人都是社会人，都是社会他者的对象性存在，这就意味着他者总是衡量自我意识高度的一把客观性尺度。自己认为自己很高明，在其他人看来却未必；自己认为自己是好人，在其他人看来却未必；自己认为自己很成熟，在其他人看来却未必。

但个体自我从一出生开始，便一直活在对象性他者的世界，并没有活在纯粹自我镜鉴的世界中。眼睛只能看到对方，使对方的内容嵌进自我的大脑中，所思所想，无非都是对象性他者的内容，并将他者的内容作为基本材料而形成了自我意识。但却不能从对方看到自我，无法让自我嵌进自我的大脑中。

这就说明，一个人所思所想，并非是自我本身的内容，因而也无法以自我作为基本材料而形成自我意识。

因此，一切做人的标准都是以外在客观事物作为基本参照系，每个人自我心目中只具有一把丈量别人的尺子，没有办法从纯粹自我的内部拿出一把丈量自己的尺子，这也是造成世人缺乏自知之明的根本原因。

尽管到了超我层面，已经具备了一定程度的自我反观能力，但在做自我评价方面，依然难以与客观真实完全吻合。所以，精神超能虽为自我所有，为自我所用，却不能用来做自我评价的绝对标准，同时，不管是哪一种能结构所确立的自我形式，都具有这样的特点。

在自我意能的三个能级结构之内，个体自我到底能够达到哪一个意识能级，完全取决于个体自我的先天与后天的造化、学习、修炼和努力。一个人的意识能级的高度，在客观上代表了这个人的整体素质高度、整体人格高度、整体思想高度、整体精神高度。

另外，在事关构成自我的能结构中，还有一种“能”也需要在此强调一下，这就是后学才能。

后学才能是通过后天学习而获得的能力，也是构成自我结构的一部分，属于自我结构的后续组件。我之所以未将后学才能在自我结构中分列出来，是因为它与神经智能具有密不可分的关系。

一切后学才能的获得既仰仗于神经智能，又成就于神经智能，是神经智能的自我完善与提升，是自我经验的积累和沉淀，也是神经智能正常发挥作用过程中的必然产物，与神经智能构成了互联互通、互动互补、相得益彰的关系。

但毕竟，后学才能属于后天性产物，因此也必然成为自我意能的组成部分。鉴于一个人的基本素质是先天素质与后天素质的有机合成，后学才能作为后天素质最终只能算作自我意能的一部分。所以，我有理由将“后学才能”合并到“自我意能”中去，并以自我意能的名义成为自我结构组织中作为个人素质的强有力支撑。

九、外应神能：自我心灵寄托中隐含的能量形态

外应神能是在自我意能发展到高级阶段的衍生性产物，也是自我意能无法完美释放、无法自我成全和无法自圆其说的寄托性产物。

人类个体自我只能通过解释外在环境中的对象性他者的方式而解释自己，特别是在自我意识形成之后，面对强大的自然、社会和诸多无法解释的宇宙奥秘，终于感悟到了自我的渺小和无力。于是在这种旷古的疑惑中，一种超自然、超自我、超能力的神力便被寄托出来了，被创造出来了，被嵌入进来了，这便是外应神能，简称神能。

与此相关的一个特殊的自我形式也由此被衍射出来了，这就是由外应神能所确立的神我。

神我是最后的自我，是意我寄托出来的自我，是意我借以解释整个宇宙一切疑惑的那个自我，是意我为实现其自圆其说的目的而拜师求教、疑神疑鬼的那个自我。

举凡居住于世界各地、操持着不同语言的人群或部落，几乎都不同程度地信奉着他们自己的神，不管是佛教、基督教、伊斯兰教等各种教派，也都在宣扬着他们的神，敬奉着他们的神。在他们的头脑中有一个被后置的神灵，使他们竭尽终生似乎都难以与他们的神合成一体而实现最后的皈依。

几乎每一种神都被描述为超能的存在——超的是什么能呢？显然，超的是自我之能，超的是人类自身之能。

既然是超能的，就意味着是令人向往的，而且也是不能轻而易举地达到的。既然是不能轻而易举地达到的，也就是游离于自我结构之外的。

但是，既然是游离于自我结构之外的，那么，在自我结构塔上为什么还会将其中一部分划入了自我意识域之中了呢？这是不是有点自相矛盾呢？

我认为这里没有矛盾可言。因为一切神都是人类在面对茫茫宇宙的疑惑中感悟出来的超越自我的存在。

换句话说，神进入自我意识，源自于自我置身于宇宙中的终极疑惑；另一方面，神在人类的疑惑中被创造出来以后，也经历了一个不断发展和不断完善的过程，并最终成为一种完美无瑕的化身，包括智慧的完美、能力的完美、道德的完美、精神境界的完美，进而演化为一种理想、一种模板、一种偶像、一种楷范、一种标杆，一种光环，一种为实现自我救赎的终极寄托。

宗教信徒中一代一代的人不但借助文字描述神的伟大和高贵，并进而形成经文或教义，而且还被绘制成一幅幅画像或被雕塑成一尊尊圣像，让一代一代的人顶礼膜拜。

这样传承下来，对于后来者的世界观必然产生深刻的影响。这就使得个体自我意识中因疑而生的神与外部社会传教的神彼此呼应，其中必有一部分交集成为自我意识域的组成部分。

然而，以神的高大完美和不可见性，人类即便竭尽想象、修炼终生也无法彻悟神的全部玄机。所以，神的内容总有一部分高悬于自我意识域之外。

这一点，让我想起在莫斯科参观教堂时所看到的东正教的圣像，一方面，画师们在每一尊圣像头部都描绘出一圈环绕的光环，这与我们绘制的自我结构塔中自我意识域外面由外应神能所构建的神我的外置性存在内容具有异曲同工的相似。

另一方面，我们也看到了东正教堂里高高在上的圣徒的壁画，按照不同的修炼境界将圣像分为五个层级，这与我们绘制的自我结构塔中关于自我意识域内部的智我（部分）、意我（全部）、慧我（全部）、超我（全部）、神我（部分）五个层级竟具有不谋而合的意味。

人即是神的化身，对神的分析和归纳无异于对人的还原。画师所赋予的象征意义是解读圣像的最本质的内容。

著名修士利安迪说："圣像如同展开的书，让我们想到神。"中国人也早就有"举头三尺有神明"的训诲。那些缺乏学识或没有时间学习神学的人只要走进教堂，就很可能会从墙上所呈现的圣像中学到对神的信仰和虔敬。

所以，每一个人的头顶上似乎都有一个独特的"神"，一部分被内置于自我意识域之中，一部分高悬于自我意识域之外，让我们敬畏、崇拜、学习和神往。同时，因为神是超能的，所以总有一部分是我们永远也学不来的。

外应神能结构下的自我所表现出来的征象为信仰、迷信、命运感、疑惑感、崇高感、超脱感。这是自我不能主宰自我命运时的外在对象性寄托，是自我在面对宇宙困惑、无法解读命运和无法解读自我时不得不拜倒在超能力之下的无奈之举，是人类个体实现自我救赎必然趋致的欧米茄点。

正如有些人在无法依靠自己的能力解救自己的时候，便只能呼天喊地，求神保佑，以望借助外在的力量帮自己一把一样，外应神能就是自我意能阈限之外的补剂力量、主宰力量和救赎力量。而且，自我意识从外在事物所带来的对于自我倍感无奈的各种证验中深深感受到了这种力量的存在性，因此不得不对这个神奇的存在顶礼膜拜。

由外应神能所确立的自我形式可称之为神我。这是一个不完全由自我意识控制的外在性自我形式，因为没有人把自己直接当作神，而只能寄托于自我能够与神相通，请求神的护佑，获得神的帮助，希望神能够赋予自我力量和机缘，最终达到自我救赎的目的。

在日常生活之中，我们发现世界上总有一些人在信奉着什么宗教，供奉着什么神灵，或者一旦做成某事便认为有神灵保佑，一旦失败便怨天怨地，却不肯怨自己，不肯把失败归结为自己的无能，而是抱怨其他外在的“能”在起作用。之所以有如此表现，其指向就在其自我结构层次中的神我形式。

十、语言联能：自我语言沟通中隐含的能量形态

语言联能是指个体自我与外在事物中的对象性他者取得联系过程中，借助特定的语言载体所展示出来的表达、沟通、交流、对接等传情达意的能力，简称言能，或联能。

这种表达代表的是整个自我，而不会是自我的一部分。比如发生于机我或心我的匮欠，最后总会上升为整体性自我意志，绝不存在机我或心我层次的局部意志。

因为自我结构中的层次再多，也都属于一个同盟性的组织，最终总要

汇聚到智能以上层次才能形成自我意识，局部的单一层次的自我对外是没有发言权的。

一切意志反应都源自于欲望反应，意志的方向就是欲望的方向，而一切欲望都是有目标的，都是有对象的，而且这个对象又总是居于外在环境中，并以对象性不在场的他者的形式存在。

所以，语言联能就是针对他者的联系能力和表达能力，目的是与他者实现互动，实现能量转化，进而达成与自我匮欠的有效弥合，满足整体自我的欲望。

欲望虽然多以外在物质性资源为目标对象，但我们在前面已经讨论过，几乎每一种欲望目标，都存在着若干欲权人和欲望人，从而使得人与物的关系，最终几乎全部演变为人与人的关系。社会关系的本质就是欲望关系。欲望关系的本质就是自我与外在能量性资源的交换互补关系。

所以，语言联能得以发挥的出发点是欲望，语言联能的释放对象是外在的欲权人或欲望人，语言联能释放的最终效果，是对欲望的达成和满足。

人的自我意识必须借助并转化为特定的语言形式才能表达出来、释放出来。而表达的方式和释放的渠道，大而言之主要有两个：一个是躯体语言，一个是符号语言。

这就意味着，躯体和符号都具有载意功能。意能可转化为躯体性动能，动能转化为与目标对象足可以实现互动互应的对接联通形式，才具有欲望意义，才能实现自我意志；意能可转化为文字符号性言能，言能转化为与目标对象足可以实现互应互通的具体表达形式，才具有欲望意义，才能实现自我意志。

一般而言，语言联能的施动方式主要有四种：一是有声语言表达效能，二是符号语言表达效能，三是肢体语言表达效能，四是情态语言表达效能。

不管哪一种方式，都能在一定程度上实现自我意志的表达功能。而且在不同的环境、情境和场合中，针对不同的对象，这四种方式各得其用，各有其效，各成其功。其中，口语表达亦即有声语言表达富有直接性、便捷性和生动活泼性，而文字符号作为书面语言表达则显得更加正式，也更加准确和严谨，并可以跨时空传递和保留，肢体语言和情态语言则是用于特殊情境中近距离使用的表达形式。

语言是从人类欲望系统延伸出来的一种针对联系对象进行有效交流而

促发的社会现象，是人类最重要的载意工具和交流工具，也是最重要的思维介质之一。中国古代便有"文以载道"的说法。语言能力并不代表语言本身，而是代表了自我意志、意念、理念、思想、动机、目的、观念等全部意识活动和精神活动内容。

人类个体自我的意识内容最终总要转化为言能形式才能释放出来，但言能形式有的是通用的。比如一些躯体动作性表达形式，特别是通过四肢或生殖器所进行的行为表达，使得体力劳动、体育运动所体现出来的躯体行为动作性表达，几乎不用借助任何翻译便可以与操持着各种语种的人实现交流、交际、互通与互动。另外一些情态性表达形式，也无过乎借助躯体，特别是面部表情进行表达，这就使得诸如手势、眼神、面部表情等成为更为直接有效、甚至是普世通用的语言载体。

我们发现，这些躯体动作性语言表达形式都是借助人体中可以受主观意志支配的肌肉部位来实现的，对于不受意志支配的诸如毛发、耳朵等不存在肌肉的部位是很难转化为语言形式的。躯体动作性表达形式和情态性表达形式可以归纳为躯体语言形式，而与之并列的口语性有声语言或文字性书面语言形式则是个体意志的主要语言表达形式。这两种形式也是后天形成的符号语言形式。

人类个体意能的释放和转化，大部分都要借助后天的符号语言形式来实现。

不同地区或不同种族的人可能操持着不同的符号语言形式，而不同的符号语言形式之间的对接必须通过翻译来转换。否则，个体自我的言能便无法与对象性他者实现正常而有效的表达、释放、交流、沟通和转化。

比如我们经常在电视上看到这样的画面：记者在某战地采访时，操持着不同语种的受害者在滔滔不绝地描述战争的惨烈场面，但我们作为一名不懂该语种的异族观众或听众，却听不懂他们在说什么，不知道他们的声音所承载的意义，而只能通过翻译才能实现其言能形式的转化。

这个转化过程，首先体现为受害者的意能转化为其自身的言能形式，其自身的言能形式转化为翻译者的意能形式，翻译者的意能形式再转化为其自身的言能形式。最后，翻译者的言能形式再转化为听众的意能形式，从而间接地实现了受害者的意能到听众的意能的转化。

所以，一个人的言能只有在与对象通用形式下或者说只有在对象看得懂或听得懂的条件下才能派上用场并实现有效转化，否则便一无所用，一无所能。

这说明，一个人的言能可以转换为不同的符号语言形式，既可以是英语形式，也可以是汉语形式、西班牙语形式、法语形式、德语形式或日语形式，或其他语种形式，而且每一种符号语言形式也都可以通过翻译媒介实现互相转化。

有鉴于此，操持不同语种的人的言能只有借助翻译媒介才能在彼此之间实现正常转化，才能发挥其应有的沟通交流作用。这就意味着，人与人之间的交流过程，在本质上则是彼此意能的转化过程。一方面体现在自我意能向自我言能的转化，一方面是对方的言能向自我意能的转化，或者自我言能向对方意能的转化。

一般而言，语言的功能亦即言能主要体现在两个大的方面：一是把自我意志表达给社会性的他者，二是把社会性他者的意志传达给自我。从而在自我与社会之间实现交流互动，彼此协调，力求使彼此的意图达成一致，以实现自我的欲望所求。

在这个过程中，为了表达自我意志，便出现了除了交际功能之外的标志功能、文化承传功能等等。所利用的手段多种多样，有听觉的，如语言、音乐、汽车的笛声、自行车的铃声、上下班的钟声、进军的号角声、协调步伐的哨声等；有视觉的，如文字、图画、电报代码、手势、表情、眼神、舞蹈语汇、交通指示灯、古代的烽火、各种商标、袖章、徽标等；有触觉的，如盲文、握手、拥抱、亲吻等。

在这些众多的沟通手段中，口头语言和书面语言是最为重要的表达方式。因为其他的交际手段，要么承载的信息有限，要么适用的场合有限，要么使用的便捷条件有限，要么时空传播的跨度有限。口头语言或书面语言可以负载的信息量几乎是无限的，几乎可以适用一切生活领域，而且只要具有正常的发音生理条件和必备的神经智能条件，就可以自由使用它。

而书面语言则可以超越时空维度的阈限而传播更久远和更广泛。

语言既是智能的表现形式，也是意能的承载工具。所以，语言表达能力代表了一个人的智商水平、意识能力、思想高度、基本素质、态度修养和性格成熟程度。

人常说，一句话能把人说笑，一句话也能把人说跳。会说话和不会说话直接决定一个人的处世能力、社交能力、办事能力和应对各种突发事件的能力。

刘勰对语言功能的评价更是与众不同，他在《文心雕龙》里说道：“一言之辩重于九鼎之宝，三寸之舌强于百万之师。”

亚里士多德说：“人是天生的政治动物。”不

管是工作、学习，还是日常生活，都需要平衡好与各方面人士的关系，以求保全和提高自己的地位，力求在这些关系中达成自我利益的最大化，这就是个体自我希望借助语言所要达到的终极社会效能。

任何人都生活在一个资源有限、充满合作与竞争的社会，一个能说会道、能言善辩、拥有令人羡慕的好口才的人，不异于拿到了走向成功的万能绿卡。

美国人类行为科学研究者汤姆士对此也有同感，他说：“说话的能力是成名的捷径。它能使人显赫，鹤立鸡群，受人爱戴，得人拥护。它使一个人的才学充分拓展，熠熠生辉，事半功倍，业绩卓著。”他甚至断言：“发生在成功人物身上的奇迹，一半是由口才创造的。”

相反，一个人笨嘴拙腮，口齿木讷，意味着思想浅薄、知识贫乏，很难得到他人的重视，很难获得良好的沟通效果。人与人之间的对话，是心与心之间的共鸣，是事与事之间的协调，是情与情之间的交流，是理与理之间的矫正。具有良好的语言表达能力，可以增强自我立世的自信心，并能深刻地影响其他人。所以，只有善于驾驭语言的人，才能充分达成自己的意图和满足自己的欲望。

语言联能结构下的自我所表现出来的征象为言谈举止、音容笑貌、姿势情态、说话水平、表达风格、行为修养等等。

语言联能通过不同的语言形式，发挥出来之后既可以维护人，也可以伤害人。这就是说，语言表达既能成事，也能败事，所谓“成事不足，败事有余”的人指的就是其语言联能发挥不利带来的恶果。我们当然希望自己是一个成事的人，一个借助语言赢得信赖、赢得拥戴的人。

语言的力量是无穷的，因为它代表了思想的力量、意识的力量、道德的力量、修养的力量、理性的力量、智慧的力量、精神的力量。而这一切力量其实都来自于自我结构中的智能、意能、慧能、超能或神能。

因为语言联能是自我意能的直接转化方式，必然具有特定的承载性、

表意性，而且必须通过与对象性他者的互动才能实现。

所以，承载性、表意性和互动性是语言联能发挥作用的基础和前提。

这就要求语言表达方式不仅仅在自我一方具有表意性，而且在对象性他者一方也必须具有相同的表意性，否则便无法实现沟通、交流和互动，由自我意能转化而成的语言联能便会失去作用，甚至会变成完全的“无能”。

当一个只会说英语的人来到一个完全不懂英语的汉人居住地，他的有声语言发出的言能便无法派上用场，在这种情况下，他只能将其有声言能转化为无声的手势言能、动作言能或表情言能来试图实现基本的互动与沟通，尽管难尽其意，却也能聊表寸心。这种转化显然是跛脚的，别扭的，尴尬的，表明一个人的语言联能在对方不解其意的情况下便会丧失起码的联通联动功能。

而作为无法脱离社会属性的个体自我而言，一旦失去语言联能便无法在这个社会中很好地生存下去。这就充分体现了语言联能对于一个人不可或缺的重要作用。

由语言联能确立起来的自我形式，简称言我，或联我。

言我是自我意识域的直接下属，自我意识包括意志、意念、情感、观念、思想等内容的产生都是有对象的，这些对象全部是外在的他者，要想表达出来，与对象性他者实现有效对接和互动，必须经由言我来完成。所以，言我的重要性自不待言。

言我不是一个完全独立的自我层次，他脚踩两只船：一只脚在自我结构内部的自我意识域之中，另一只脚却在自我结构外部的对象性他者之中。就像项庄一样，在自我意识域的船上“舞剑”，却“意在”他者船上的“沛公”。他是自我意识域与外界人事物相互联系和实现交流的媒介和桥梁，也更是有效展示自我意识的外在表现形式。

言我层次中还有一个比较特别的现象值得一提，这就是自我名字的社会标志性或指代性表达效能。

所有人都有姓与名，姓与名既是人的一种符号的代表，同时又是人的民族、家族、时代、社会、文化等信息传递符号。名字承载了人的情、意、志，蕴含了人的精、气、神。从姓名的分解中可以看出家庭的希望或本人的兴趣、爱好、志向、情操、抱负和理想等等诸多内涵。因此，从古至今，人们对自己的名与姓十分珍视。

古人云："名正则言顺，言顺则事成。"俗话也说："人如其名。"一个人的名字和称谓不仅要伴其一生，而且在某种程度上也是一个人一生的缩写。

所以名字是自我向外界社会传递的一个特殊的社会定位系统，具有告诉人们"我是谁"的意志表达功能。因此，名字也应该归到言我结构之内，当有人称呼你的名字时，也就是指代整个自我这个人。之所以具有这样的效果，就因为你这个符号性的言我起到了界定自我身份的特殊作用。

言我在很多时候都可以成为社会性自我定位的坐标。我们在生活中有时"未见其人，先闻其声"，即可判断这个人是谁；看到一句名言就能判断是谁说的；看到一个理论观点就能知道是谁提出来的。"文如其人""言为心声"，我们通过一个人说话就能判断这个人是什么层次、什么水平、什么样的人。

通过以上对自我结构中各个自我层次的逐一解析，可以证明每一个层次的自我都具有确实的和特定的存在性与合法性。

其中，言我、器我、行我、物我四个层次，共同构成自我结构的外在表现形式和客观存在的定位系统，可以合称为标志性自我。

我们无法通过其他几个层次的自我形式而看到、听到、摸到其客观存在性，但我们却可以通过看到器我层次、物我层次、行我层次和言我层次而获取其自我结构的基本定位和信息。

我们通过一个人的外貌、体态、指纹、DNA、穿着，居所、行踪、动作、名字、声音、语言等外在形式，就能给这个人的社会性存在做出定位或下一个基本结论。

尽管其他层次的自我形式更能代表其自我本质内容，但却深深隐藏在自我结构的内部，我们通常是无法直观感知的。

从表面上看，以上这十种能结构，虽然都冠之以"能"之名，并以能结构进行分析和表述的，但须知每一种能结构都契合于特定的质结构之中。

比如形下器能的质结构为躯体，外应物能的质结构为外在客观目标，生理机能的质结构为生理机体或器官，神经智能的质结构为神经经络、神经细胞、大脑和脊髓，鉴知官能的质结构为人体感官，心理势能的质结构为大脑和自主神经，行为动能的质结构为肌肉、肢体和具体行为动作，外应神能的质结构为自我无法把握的神秘现象或事件，语言联能的质结构为传递语言信息的声音、手势、表情或图形、文字、符号等媒介。

能与质的耦合构成了宇宙的全部内容，当然也构成了人的全部内容。

就是说，人是一种质能结构耦合体、互成体、互转体、互化体。质使人具有了人之形，人之貌，人之躯，人之体，而能则使人具有了人之思，人之情、人之气、人之神、人之性、人之用，人之为，人之行。

其中，凡是具有不可测性、不确定性的包括欲望、意志、心理、情绪、意识、思想、观念、信仰等精神内容，以及由此而决定的人的行为内容，都属于能结构，而正是这种能结构才使人具有了特定的人性、人格或人品。

我在这里提出的十能理论，冥冥中也指向了宇宙的十种维度。维度既是质结构的存在方式，也是能结构的运动方式，有多少种质结构、能形式，就应该有多少种时空维度。

在牛顿经典力学理论中，宇宙是三维的，到了爱因斯坦相对论时期，宇宙被认为是四维的，到了超弦理论阶段，宇宙则被认为是十一维的。限于我们人类自身所具有的想象力，似乎还无法描绘出十一维的时空模型，但我想我的十能结构模型或许可以对现代粒子物理学理论中的多维时空结构提供某种独特的理论注疏视角。

其实，十能理论也可以做出适度的调整和扩展。如前文所述，我曾设想将身肌体能单独列入自我能结构系统中来，但考虑到身肌体能（简称体能）具有静态性、稳定性、内蕴性、储备性、基础性和非意志性特征，并最终总要通过特定行为动作表现出来，所以它与形下器能和行为动能都具有一定的交集含义。同时，它也与行为动能具有特殊的转化关系，特别是为行为动能的施展，可以提供其体能极限之内的可能性，超过体能极限的行为是不存在的，这就使个体自我的行为动能永远超越不了身肌体能的特定限制；而行为动能具有动态性、变化性、外现性、目的性、对象性、效应性和意志可控性特征，只要施展了行为动能，就会显示出上述这些基本特征。

当然，如果把身肌体能单列出来也未为不可，这样，人类自我十能结构也就变成了十一种能结构，并以十一个维度作为描述自我人格的理论依据。

我认为，人类生命的本质是一个极其复杂的能量性、能力性、功能性、效能性的能组织系统和能作用系统，人类自我的本质就是能，人类自我结构就是能的特定转化形式。

或者说，人就是由多种能转化而成的一种特殊结构形式，是涵括动能、势能、热能、电能、光能、磁能、场能、化学能、物理能、信息能、欲望能、意识能等多种能的有机聚合形式。

宇宙中的能量与维度之间存在着必然性的对应关系，有多少种能，就会有多少种维度，有多少种维度，就会有多少种能。这一点可称为能量维度契合理论。

虽然我们平时看不到这些能，也看不到这些能的维度形式、组合机制和转换原理，但我们却能看到这些能的转化形式——人体的架构形式和人体的运动形式。

其中，有的能，是以物质性肉体形式存在的；有的能，是以生理活动形式存在的；有的能，是以神经传导形式存在的；有的能，是以欲望形式存在的；有的能是以意识活动形式存在的；有的能，是以心理波动形式存在的；有的能，是以行为动作形式存在的；有的能，是以精神信仰形式存在的；有的能，是以语言表达形式存在的。如此等等，凡是人所表现出来的一切形态都是能转化而成的外在形式。

我们看到的人，仅仅是一种形式，一种质结构形式，而不是真正的内容，不是能结构形式；仅仅是一种现象，一种影子，而不是真正的本质。因为人的内容与本质是一种内隐而不外现的特殊的能结构。

人类自我既然是一种能结构，就必然遵守能量转化与守恒定律。这种转化，一方面表现为内在环境中的自动性转化，比如生理机能转化为神经智能，或神经智能转化为自我意能，或者转化为心理势能等等，一方面表现为内外环境中的交换性转化，比如凭借生理机能吸收和汲取含有特定能量的食物或水（即外应物能）的形式，然后将其中的能转化为肉体性形下器能，或者凭借鉴知官能映射外在影像、声音、味道等各种信息，而后借助神经传导渠道而转化为自我意能，进而在针对目标对象转化为行为动能、语言联能等等。

在整个转化过程中，一面是吸收，一面是释放。吸收的方式主要有吃、喝、看、听、嗅、闻、触等，前两者是物质性吸收，后五种为信息性吸收或智能性吸收；释放的方式主要有拉、撒、汗、性、睡、梦、喜、怒、哀、乐、忧、思、惧、说、动等，前四种属于物质性释放，后十一种属于信息性释放、意识性释放或精神性释放。

正是通过这种吸收与释放的方式，构成了人类个体自我两大循环系统：

一是物质性能量循环系统，二是精神性（或信息性）能量循环系统。

人类活动的每一个过程都是能的转化和运用过程。比如就餐时，摆在我们眼前的米饭、馒头、汉堡、蔬菜、肉、饮料等东西，其实都不过是能的质结构存在形式，我们啮入口中之后便呈现为一种能的存在形式，我们真正需要的则是其中所包含着的能。

我们为了吃能的内容，而不是为了吃能的形式。再比如当身体处于某种疾病状态时，我们可能需要按照医嘱打针服药，选择药物的过程其实就是选择能的过程。药物治疗疾病的原理就在于让它进入身体后实现内部环境中能的转化。而身体之所以发生疾病，毫无疑问，是因为身体内部环境中的能或能量出现了过剩、缺失或转化不畅、转化不利之类的问题，而治疗的手段就必须充分利用能的转化功能和转化原理，借助某种补给之能或干预之能的介入，来达成与特定内在之能的对接与转化，从而实现治疗疾病的目的。

所以，医学研究或药理学研究应该充分了解关于人体和生命的能结构理论，要善于透过生命现象和形式，把关注方向调整到能的内容和本质上来，调整到能的转化方式、转化机理和存在形式上来，遵照能量转化和守恒定律，寻找并借助有效的外应物能的适度介入，使内外两种环境中特定的能结构实现必要的对接、转化与协调，从而恢复人体生命的健康与平衡。

同时，也正是生命的能结构形式和人类个体自我的能结构形式的汇聚与统一，决定了生命或自我主宰力量的奇点性呈现。这个主宰力量便是生命和自我的真正主人。

关于生命或自我的真主人是谁的问题，几千年以来人们一直对此争论不休。到近代有越来越多的人倾向于自我主观意识的说法，而且这种说法从我们对自我存在性和意志性的体验上来看，似乎蛮有道理，但遗憾的是迄今为止并没有人能够给出审慎而严谨的证明。而本书系所建树的理论框架，毫无疑问是这一观点的坚定支持者，其最大的成效是以文图并茂的形式，描述并确立了一个自我意识形成过程的理论模型，对于解释有关自我人格结构、自我意识、行为动机、主观世界与客观世界的关系等诸多事关人类终极思考的疑难问题，提供了独特而有益的观照视角。为人们更好地理解自我、解读宇宙、考察万物之间的互动关系开辟了一条特殊通道。

第三章 人类自我意识形成原理
——关于“我是谁？”的终极答案

欲望动力心理学将生命的真主人推论到了自我十能结构的最上端，而这个最上端到底是什么或者有什么特点，还需要我们慢慢道来。

一、十我结构模型的建立

由十能组建的十我结构玄妙而精微，内部组织系统繁杂而有序，上下级层次关系严谨而分明。一般地，从各层级自我结构的组成上看，其物质成分越多，则客观依赖性越强，其层次级别也越低，对整个自我的控制权力越小。反之，其意志成分越多，主观能动性越强，则其层次级别也越高，对整个自我的控制权力越大。按照这一原理和线索，我们可以对十我结构从低级向高级发展的序列模型做出安排，这就是：

器我—物我—机我—官我—心我—智我—意我—慧我—超我—言我—行我。

在整个自我层次序列中，每上升一级，其反应能力和协调能力便增高一筹，而且较高层级又总是包含和统摄较低层级的全部内容。个体自我的整体意志都是由意我决定的。同时也应该看得出来，十我层次序列模型并非仅仅是按照反应能力和协调能力的大小排列的，其间也体现了时空序列的先后，越是高一级的自我结构层次，越是出现的较晚一些，越需要经历一个较漫长的成长和成熟过程。

特别是在智我层次出现以后，意我内部结构中的三个小我层次在欲望的推动下总是与其经历的不断增多、见识的不断提高、视野的不断扩大、经验的不断积累密切相关，具有正比例成长关系。高层次小我形式一般看问题更全面、更精准，判断问题、分析问题和解决问题的能力都比低层次的小我层次略胜一筹。所以，高层次的小我层次以其独特的权威和自负，理所当然地主掌着意我的大权，成为自我意识的中心和整个自我结构组织内部的统治者。在自我意识域内部，其他较低级的小我层次逐渐丧失了主体地位。

这样，我们在确认自我意识的主体时，就要最终选择占据个体自我意识域主导地位的最高层次的小我。但在不同的人或在不同的时空情境中，自我意识域内部的主体有时也会发生错位或篡位现象。我们在生活中发现一些人在有些时候，忽然说了一句不该他本人说的话，或者做了一件不该是他本人做的事，令人感到诧异和不解，其原因就在于我们平日所熟知的其自我意识主体瞬间发生了错位，而以另一个较低层次或者较高层次的自我主体替换了惯常代表其基本素质的主体层次。

比较典型的例子是一些犯有强奸罪的人，做这种不光彩的事一般绝不会是他平时赖以立世的自我意识的本意，但在那一时那一刻的自我意识完全被纯粹生理性的机我冲昏了头脑，使一部分智我上升为自我意识的主体，成为自我意识的临时主人。整个自我结构组织都被这部分冲动的智我控制了，其他层次的自我只好乖乖地闭上了眼睛，任由一件违法犯罪的丑事发生。很多激情犯罪的事件基本上都是自我意识主体偶然间发生错位或篡位现象而造成的恶果，虽然这种错位或篡位仅仅发生在“一念之差”的瞬间。

图 3-1 是个体自我结构及自我意识形成图。图中底部的黑色椭圆代表的是形下器能，表明形下器能在整个自我结构中的基础性地位。中间自下而上垂直的粗壮黑线代表的是生理机能，表明生理机能在整个自我结构中的中心地位，其他所有的能形态都要围绕着生理机能运转。自底部椭圆形的周边有七根斜线围绕生理机能线向上延伸并与生理机能线交汇成一个点，聚焦成自我意识，这七根斜线分别代表自我结构中的外应物能、行为动能、心理势能、鉴知官能、神经智能、自我意能、语言联能等七种能形式，并在这七种能的推动下形成了自我结构塔顶端的至高之能——自我意能。

这样加上形下器能和生理机能共有十能。十能自我结构的组合就这样完成了。而最上面的正圆形作为自我意能承担着协调和指挥自我结构各个组成部分的主体功能。整个图显示了自我结构的平稳性和自我意识的形成特点和形成原理。

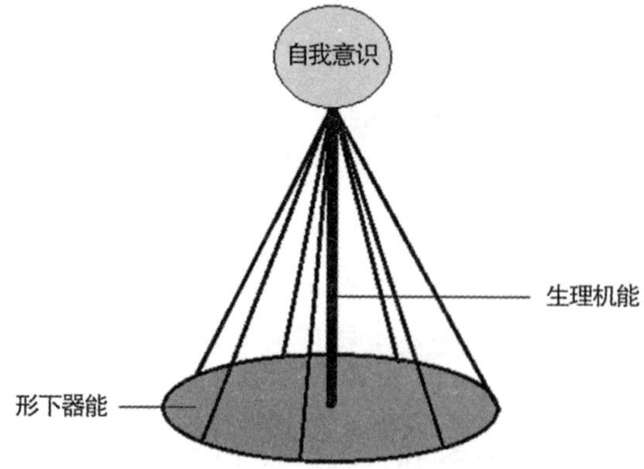

图 3-1 个体自我结构及自我意识形成图

其实，这个图示还不够完美，因为自我意识的形成还有其更为复杂的背景和程序，这一点并没有在图 3-1 中被描绘清楚。下面我再绘制一个图示，即自我结构及自我意识形成三合塔，简称自我意识塔。

图 3-2 是自我结构及自我意识形成三合塔图，简称自我意识塔。之所以称为三合塔，主要指自我意识在后天形成过程中与神经智能和外应神能

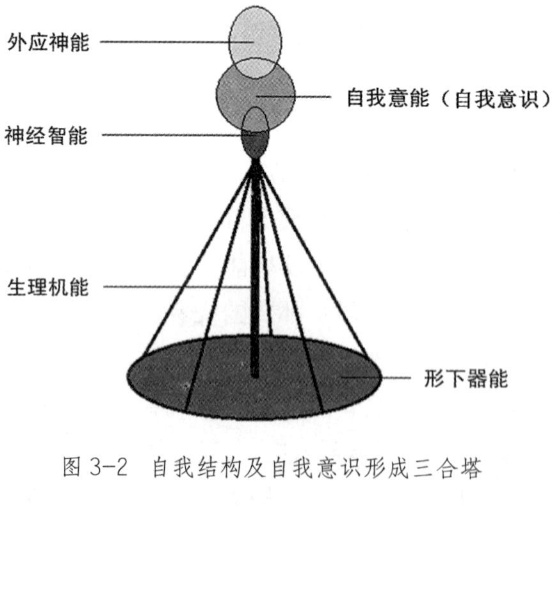

图 3-2 自我结构及自我意识形成三合塔

之间所存在的三者交合关系。

与上面的个体自我结构及自我意识形成图相类似，三合塔图最下面的阴影部分代表形下器能；中间垂直的粗壮支柱象征着生理机能；在生理机能的上端连接着神经智能，表明神经智能在整个自我结构中的崇高地位；图中五根斜线自形下器能向上延伸并在神经智能之下交合为一点（即为神经智能点）。这五根斜线分别代表了行为动能、外应物能、鉴知官能、心理势能、语言联能五种能形态。从图中可以看到，自我意能由神经智能向上衍射而成，表明自我意能是整个自我能形态的聚合和集结，在本质上即为自我意识的全部内容，是整个自我结构组织的指挥中心。但在自我意能之上，还有一个特殊的存在，这就是外应神能。外应神能虽然居于自我意识塔的顶端，但有一部分内容却不完全内置于自我意识之中，与自我意识形成一种或即或离的映照性半外置结构。

以上这个自我意识塔形图，虽然对个体自我结构及自我意识形成过程具有较好的拆解统合功能，但对于其他诸如行为动能、外应物能、鉴知官能、心理势能以及神经智能、自我意能、语言联能等在整个自我结构中各自所具有的特殊作用、所处的特殊位置以及各自我层次之间的结构关系等问题却表达得仍然比较笼统且含混，对于更好地解读自我结构内在与外在的复杂关系必然产生一定的障碍。为此，我又对自我意识塔加以改进，演绎为如下的个体自我结构及自我意识形成层级图，简称自我人格结构塔。这个塔可以解读个体自我结构、自我人格、自我意识形成过程中的几乎所有问题。

图 3−3 是个体自我结构及自我意识形成层级图，简称自我人格结构塔。图中显示了每一种能形态在自我结构中所处的具体位置及其相互关系。尽管这是一种象征性结构图，或者说是对自我结构形式的一种直观性描摹，但对构成自我的十能形态之间的相互关系及每一种能所转化的自我形式，却具有简明易懂的视觉性图解效果。

图中显示了十二种能结构，其中意识思能（思我）、意识慧能（慧我）和精神超能（超我）这三个意识能级实为构成自我意能的内部结构，涵盖在自我意能之内，与其他能结构并非并列关系。之所以将这三种内结构性的能也列在上面的图示中，就因为这三种能形式对于解读自我意识的内部结构及其形成机理具有特别重要的意义。这样，我们可以明确一下，图中显示的十能是指形下器能、生理机能、外应物能、行为动能、心理势能、鉴知官能、神经智能、自我意能、外应神能、语言联能。

在图 3–3 中，自我人格结构塔的主体架构为灰度填充的圆柱体，象征着形下器能转化的器我形态，可以理解为整个自我结构的肉体部分或肌体系统，是构成自我结构的纯粹物质性基础。其他所有自我形式无不以器我为资源供给和保障基地。

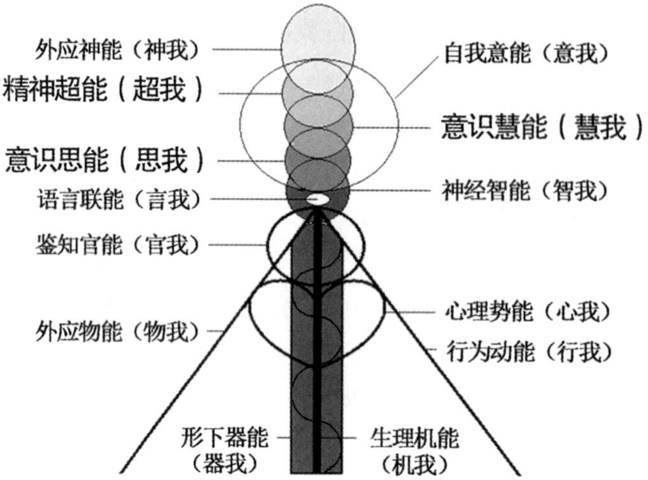

图 3–3 个体自我结构及自我意识形成层级图（自我人格结构塔）

居于肉体性器我中间的粗壮黑线，象征着生理机能转化的机我形态，他一方面消耗着器我，一方面补充着器我，同时还要对器我起到协调和保护作用。在整个自我结构中，机我是最为根本的支撑力量，所有其他自我结构形态均需围绕着机我运转，并为机我服务。机我是动态的不断运行中的自我形式，就相当于整个自我结构内部的发动机。

从器我的圆柱体底部一直到顶部有一条曲线迤逦上行，且与每一种能形态相连，最后在器我的顶端形成一个圆，表明其对各种不同的能所转化的自我形式都具有不间断的联结关系，这就是由神经智能转化的智我。智我弥散于整个自我结构之中，并最终上行于器我、机我的最上方，象征着智我的特殊地位以及与其他自我形式之间所存在的特殊联结关系。智我是基于神经智能而建构的自我形式，神经智能源自于遍布全身的神经网络。图 3–3 中迤逦上行的曲线就是对这个神经网络的象征性描摹。

图 3–3 中左侧的斜线代表的是由外应物能转化的物我。物我是自我为实现内部环境与外部环境互联互应、互通互动、互交互换而构成的特殊自我形式。他一头连接着器我，连接着自我内部结构中的每一种能形态，一头连接着外部环境，连接着自我欲望所觊觎的外在的他者，表明人类个体自我无法完全独立开来，而必须依赖于外部世界而存在。只有与外部环境中的能量资源或各种事物对象实现辐射、连接、交换、互补和互动，才能保证整个自我的完好运转和完好存在。

图 3–3 中右侧的斜线代表的是由行为动能转化的行我。这是由于整个自我离不开与外部环境的对应、呼应与互动关系而产生的动态自我形态。行我是与物我实现对接联动关系的执行者、协调者和运作者，所以，并不是纯粹的内在结构，也是一头连着内部环境，一头连着外部环境。

行我与物我一左一右（在图中形成一种对称关系，其实是一种特殊的对称关系，内中也包含着分与合、对与应的关系，也就是对立与统一的关系），二者位置在图中可以互换，可以联结于外界环境中的任何相关事物对象或任何欲望目标。

正因为人类个体自我不能完全脱开外部环境中的物我而单独存在，这就使得行我为了保护器我、机我的完好存在和完好运转，只能被动地接受智我或意我的旨意或驱使，不断地与物我周旋，与物我接触，与物我互动，与物我打交道，谋取物我的能量性资源或信息，以使器我的缺陷或机我的匮乏得到补给和填充。行我就像一个讨债人，不管物我（外我）跑到哪里，行我都会力争找上门去，跟他要吃要喝，要钱要物，任何一个自我形式所缺的东西，都会责成行我跑到物我那里去索要。正是因为有行我的存在，才使得整个自我都始终处于连续不断的忙碌和劳作之中。

图 3–3 中居于物我斜线与行我斜线之间的心形，与每一种能形态所转化的自我形式都相连接，这就是由心理势能转化的心我（或情我）。

心我主要产生于行我与物我在对应连接和协调互动过程中所产生的落差性内受反应，这种内受反应主要是由官我感知到的。当自我居于落差的上游位置，便产生优越感，反之便产生失落感。这两种感应形式都会在器我、机我内部暗中鼓动或唆使自我心跳加快、血流加速、血压上升、分泌物增多或减少，呼吸加剧或趋缓等内脏反应，形成快乐、忧郁、喜悦、愤怒等事关心情、感情、情绪、心态、态度、脾气等内外可感性证验，从而经由改变智我形态而对其他自我形式产生不同程度的影响。

人是一种特殊的感情动物，其情绪、心情、情感等心理反应全部来自于客观环境对于自我欲望的干扰和影响作用。顺着正欲望力方向而动的干扰（简称正干扰）属于奖励性干扰，这种干扰会使随意神经元的电位和自主神经元的电位均发生正负转换，其神经电流方向也随之发生变化，并因此引起积极、乐观、愉快、美好的感情、情绪、心情等心理反应，这是正向情绪反应或称阳性情绪反应。

而逆着正欲望力方向而动的干扰（简称负干扰）属于惩罚性干扰，这种干扰会使随意神经元的电位和自主神经元的电位均发生负正转换，其神经电流方向也随之发生变化。并因此引起消极、悲观、痛苦、忧惧、愤怒、仇恨、凶恶的感情、情绪、心情等等心理反应，这是负向情绪反应或称阴性情绪反应。

这些心理反应虽然来自于非自我性他者对于自我欲望满足的客观对象性干扰，但自我外部感觉或内部感觉却将事关欲望满足的干扰性刺激最终转而传导到内脏运动神经系统中，并通过电位转换和电流方向变化而对体内与气压、血压等相关联的气息循环、血液循环、脉搏跳动、体液分泌等带来应激性改变，从而引起自我针对干扰物对象产生一系列积极或消极的正负情感反应或情绪反应。

鉴于情感反应或情绪反应都属于心理势能的落差性和比较性反应范畴，所以，我将情感层面中的自我形式合并归属为心理势能层面的自我形式，在这一等效层面中，情我等于心我，因其总表现为外界刺激的受动性反应形式，所以也称为受我。

主观世界中的人必然活在与特定关系对象有关的感情、情绪、激情、心情、情谊等心理活动之中，每一个人都为感情、心情而活，并非为某个道理或某种理智而活。

休谟在其所著《人性论》中曾经指出，支配人的生活的是意志、情感（或激情）而非理性或理智。所以，我认为，人与人之间，人与社会之间得以良好运行与和谐共处的最根本的驱动力量是感情、情感、情绪和心情。感情、情感、情绪、心情等情性因素是维系人与人之间关系或社会关系得以良好运转的基本前提和根本力量。

作为个体自我只有当他通过感情、情感、情绪、激情、心情而不能解决眼前问题的时候，理性或理智才会后置性地被派上用场，出面调停，用以解决情性联系中出现的不平衡问题，亦即“不合理”问题，只有这时，人才会摇身一变而成为可以摆正自我位置和协调社会关系的理性动物。

而心我就是在自我与客观环境对象之间发生不平衡运动时的受动性、联系性和倾斜性产物。

从图 3–3 中可以看到，心我从器我和机我中间扩展开来，与行我和物我实现了外跨式交合，象征着心我不但与器我、机我、智我紧密相关，而且在物我和行我之间构成一定跨度。一方面是物我作为我之所欲者，一方面是行我作为我之所取者，二者始终处在心我的两侧，就像天平一样构成一种特殊的对称关系和平衡关系。

所欲必有所行，但所行未必终有所得，未必恰如所愿，这就使物我与行我之间很难达成真正的对称和平衡，不对称或不平衡的落差性事件时有发生，而心我的出现恰恰是对这种不对称或不平衡事件的内受性反应。换句话说，就是自我针对外在欲望目标所产生的行为效果的内在性感受、体验和反应，通常被称之为心理感受、心理反应、情绪反应或情感体验。

心我是由行我与物我的互动效应产生的自我形式，而对效应做出评价的终极标准必然要归结到对器我或机我的利害关系上。如果没有行我与物我的互动关系存在，没有心我对这种互动产生欲望性期待，那么，心我绝不会自动产生内受性反应和效应性反应。

图 3–3 中在心我之上，正切着一个圆形，代表的是官我。

官我围绕着整个自我结构，连接着每一种能形态或每一种自我形式，其下与心我正切，其上与智我相交，与言我相切。

官我代表了眼耳鼻舌身等各种自我感知性官能，是对外部世界的映照性反应能力的聚合。官我就像一面镜子，把外部世界中的形状、色彩、声音、味道、气息、软硬等各种各样的事物及其影像信息聚拢起来，向上传导给意我，从而产生意识性反应，向下传导给心我，并产生心理平衡或失衡的效应性反应或情感性反应。

官我在眼观六路耳听八方中确立了自我存在的坐标，通过对外在他者的对象性映射，不但藉此可以感知到自我的存在性，而且还将每一个对象转化成具有一定欲望性意义的符号，并藉此形成意识活动，进而激励意我沿着欲望方向不断成长和成熟起来。

图 3–3 中智我就是由神经智能转化而成的自我形式，处于整个物质性自我形式的最上端。其以下部分分别连接着官我、物我、行我、心我、机我、器我，其中心我虽不是物质性自我形式，但因其与物我和行我密切相关，所以不可避免地带有一定的势利倾向，只有修炼并发展到“不以物喜，不以己悲”的超然物外的境界，心我才会彻底脱开物质性纠缠而达到浑然忘我的永久性平衡状态。

在这种状态中，人是心无芥蒂、心无挂碍、心无烦恼和心无忧虑的。所以，以智我为顶端，包括官我、物我、行我、心我、机我、器我在内，都归属于物质性自我形式，或客观性自我形式。

从图 3–3 中可见，所有物质性自我都以不同形式而与智我紧密相连，每一种物质性自我形式出现问题都会无一例外地被传导到智我那里去，并由智我做出反应，智我在物质性自我形式中所处的至高无上的地位从中可见一斑。

继续看图 3–3 我们还会发现，在智我之上，人类个体自我开始逐渐脱离开物质性存在形式而向精神性存在形式发展而去了。智我上面的一部分内容渐已衍射或转化为意我形式，意我即是由大脑意能转化而成的自我形式。人类个体的自我意识就在这里开始正式发端了。

在自我意识域之内，在思我的推动下，以意识思能为基础而确立的思我开始产生出来。接着，在智我和思我的推动下，以意识慧能为基础而确立的慧我也应运而生。而后在思我和慧我的推动下，以精神超能为依托的超我也开始产生出来了。

这样，自我意识域内部结构呈现出三个层级的递升关系，共同交叠而成为自我意识域的主体柱撑，其下涵盖着一部分神经智能的衍射内容，其上包含着外应神能的嵌入内容，从而完成了自我意识的全部建设内容，这个内容所确立的自我形式即是意我。意我同时也是我们通常所说的自我。

从图 3–3 中还可以看到，意我的形成以智我为基础，以神我为补充，一般要经历思我、慧我和超我三个层级的递升，最后才能达到完全成熟的自我境界。

在自我意识域之内的思我、慧我和超我三个自我形式都属于意我的内在结构，其任何表现都要以意我的名义来挂牌的，并且上文已经说过，这三个层次的自我仅仅代表了自我意识可能达到的三种成熟高度，并不是每个人都能够达到完美的三合一境界。

有的人仅达到了思我的境界，有的人则达到了慧我的境界，只有少数人能够到超我的境界。境界的不同必然对个体自我跻身社会竞争与合作过程中的能力表现和命运走向产生重要影响。

下面，我们再进一步看一下自我意识形成的机理以及在整个自我结构中所处的特殊位置。

从图 3–3 中可知，在智我位置之上，依次推动而成的是由意识思能转化的思我形式、由意识慧能转化的慧我形式、由精神超能转化的超我形式。思我、慧我、超我只属于自我意识域之内的层级递升关系，三者的交叠与互动构成自我意识的主体内容。

从图 3–3 中可见，在自我意识域之内，思我直接与智我相交，慧我则只与智我相切，但与思我相交，超我则只与意我相切而与慧我相交，神我则只与慧我相切而与超我相交，而且也与整个自我意识相交，并有一部分不在自我意识之内。这究竟说明了什么呢？这说明，自我意识也有一个不断发展和成熟的过程，其内部隐含着一种渐次上升的层次关系。自智我以上，即在自我意识形成之后，每向上递升一个层级，其与智我的关系越游离，越疏远，越虚幻，越飘渺。而且越是较高的层级，越代表了较高的智商水平和自我成熟高度。

我们可以把智我、思我、慧我、超我、神我分别看作是一个个有着不同智慧含量的小脑袋。越是处于高层级的脑袋，其智商水平和自我意识成熟度越高，智慧开化程度越大；越是处于低层级的脑袋，其智商水平和自我意识成熟度越低，智慧开化程度越小。

社会上不同的人，其成熟度相差甚远，或者说并不是每个人都具有思我、慧我、超我或神我的完整结构。有的人四肢发达头脑简单，表明其思我形式尚未成熟，更遑论慧我、超我或神我形式了。这样的脑袋在智我的高度上未能获得应有的突破，其中仅靠自身极为有限的人生经验供养着思我的缓慢成长，其自我意识当然是幼稚的，不可能具有理想的成熟度和开化度。

所以，不思进取和不努力学习的人很难从智能性动物的层次跃升上来。我们有时会听到某人被斥为“没长脑袋！”或“脑袋里缺根弦！”所指向的其实就是缺乏思我及其以上层级的理性、慧性或神性。

思我与智我所具有的嵌入式和交叠式联结关系，表明神经智能中包含有神经性结构或机制延伸出来的意识内容或意识能量，对于藉此而形成的意能结构，我在欲望动力心理学中称之为 A 脑意能系统，或大脑意能系统。这个意能系统既与神经智能系统有所区别，又与神经智能具有物质性联结关系。

同时思我与智我交叠重合之处，表明智我向思我过度过程中存在着客观性与主观性的交叠与缓冲，需要经历非常复杂的程序，意味着思我在形成之初的神经物质性或 A 脑系统的物质性特征还很明显，其过度的界限并不是泾渭分明的关系。

同时二者交叠重合部分也是潜意识存在的具体位置，这部分意识性内容还深藏于智我的“颅骨”之中，尚未完全被开发出来，只有推动到智我的顶层，显意识才会真正出现。这样，与智我不重叠的那部分内容即是显意识的位置。

自显意识以上，包括慧我、超我、神我都游离于器我、机我、智我之上，表明他们都是后天的产物，而绝非是先天的产物，尽管与其下层的先天的每一个自我形态都具有无法摆脱干系的特殊的间接性联系。但在实际上，所谓后天的概念，其本身就内含于先天的资质性内容。

在这个自我人格结构塔上，我将自我结构中演绎到高区段的智我（部分）、思我、慧我、超我、神我（部分）叠加而成的特殊自我层次统称为自我意识域，或简称意识域，或干脆简称主我。这个主我在本质上就是自我，这是完全体现自我意志的区域。

在自我意识域内部的三个意识能级中，思我属于初级自我形式（自我层次），慧我属于中级自我形式（自我层次），超我属于高级自我形式（自我层次）。同时，自我意识域中还含有一部分智我功能性内容，亦即与智我构成交集部分的潜意识内容。除此之外，在智我结构中还有一小部分虽然未被划入思我结构之中，却被划在了自我意识结构之内，表明在智我结构中有一小部分内容也具有微弱的自我意识特征，并成为朝向思我渐次演化的过度性衍射反应。

只有进入思我结构之中的内容，才能产生较为明确的自我意识。正如一个动物，其智能之中总有一些微弱的自我意识，因为不能形成完善的思我形式，所以比起人类来说要低级得多。

图 3–3 中神我居于最上方，一部分嵌入自我意识域之内并与超我相切，一部分悬置于自我意识域之外。其中涵盖在自我意识域之中的部分，可以被理解为自我意识中因疑而生的内在之神。

中国有句成语叫做“疑心生暗鬼”，鬼和神具有相同或相似的属性，因此也具有相同或相似的衍生因由，疑心也能生暗神。当自我意识对于宇宙、对于自我的解释无法自圆其说时，便自然而然地会沿着终极答案的方向生出一个可以解释一切的神来，这便是自我意识中的内在之神。

这个内在之神经过人类代代相传、代代承袭、代代描述、代代解读、代代添枝加叶，变得越来越丰满起来，完美起来，高大起来，并以文字和圣像的形式逐渐演绎为可以化解各种疑难的经文与教义，于是，一种“无所不能，无所不在”的神的偶像和圣境便在这个世界上出现了。对于后来的人们，这便是一个先置于自我之外的他在的神，可以被理解为外在之神。一些牧师、教堂、神社、圣像便是这些外在之神存在的证验。

这样，内在之神与外在之神必然在自我意识中发生对接和碰撞，并形成交集。这个交集部分属于自我意识之内的神。

而自我意识以其个体所具有的不同境界，不可能将外在之神的全部内容全盘照搬过来，总有一部分半信半疑或干脆不以为意的内容，这部分内容便被悬置于自我意识之外了。

所以，神我对于自我意识而言，是一个半内半外、半人半神的怪物，只有居于自我意识域之内的部分才能被认同为自我意识的组成部分。那些完全外置的部分并不属于自我意识中的内容，但他会起到继续拉动自我意识不断向神我境界提升的作用。

而在自我意识内部，包括思我、慧我和超我在内，面对欲望的驱策而产生的各种疑惑，对于整个自我意识也具有不断向上推升的作用。

这样，上者拉，下者推，两种力量沿着同一个方向形成合力，使整个自我意识的递升便成为不可避免。

居于自我意识域之下的言我、官我、心我、机我、行我、物我、器我七个自我形式，因其与客观物质世界密切相关，所以可称之为自我物质域，或简称非意志域，或干脆简称客我，这是完全体现自我物质性的区段，属于低级自我形式（自我层次）。对于整个自我结构来说，自我意识域中的每一层次的小我形式都具有形成自我意识并代表自我意识的可能性。

上面已经阐述过，自我意识属于后天性意识，是在内部感觉和内觉性欲望的推动下经过鉴知官能与外应物能（外在环境）的接触、互动并经由神经智能传导到大脑之后的能动性产物。从知道一点点，到知道更多，再到由所感所知而形成特定的欲望、意志、意见、想法、观念、思想、精神，都是一步一步走过来的，经历过来的，绝不是天生固有的。

但这并不意味着，每个人都会因为具有相同或相似的经历和经验，便都能达到完全相同或相近的思维层次和意识水平，这是先天因素与后天因素相互交错、相互融合过程中必然造成的个体性差异。更何况，世界上每个人不可能存在着经历和经验的完全照搬性或复制性雷同。所以，不同的人的主我层级所达到的真正高度和水平也是不可能完全一样的。

有的人只达到了智我层次，表现为一切都是为机我服务，受机我制动和制约，这种人的自我即是他的智我本身，他的自我意识也仅仅停留在智我的神经反应层次或向思我简单衍射的层次。一般说来，这应该属于那种只会料理自己吃喝拉撒睡的愚钝之人。

思我层次是一个对智我活动给予监督和做出评价的反应层次。有的人虽然达到了思我层次，但其意识含量却依然非常有限，作为能动性思考问题的思我，所思考的问题基本上属于那些简单的、浅近的、表面的问题，通常没有深刻底蕴和独到见解，大多处于人云亦云、步人后尘的学习模仿阶段。虽然如此，但其意识活动已经出现，开始有了意我的雏形，并高于那些只会被动反应问题的智我层次，可以权且充当自我意识的主人。一般而言，处于这个层次中的人应该属于那些反应迟钝、智商低下的人。

当然，在思我层次上，也有一些比较善于分析问题的人，对现象中隐藏的本质属性能够洞幽烛微，能够提出比较高明的见解，但其思维方式大多属于经验性归纳、推理，做事情虽然有条有理，却也显得刻板苟且，循规蹈矩。不过比起较低级的智我层次却也足可以充当自我意识的主人。让这个层次的自我来代表自己说话办事，拿主张，做决策，一般不会出现太大问题。达到思我这一层次的人，我们通常认为是智商一般的人。这种人只要勤奋努力，其生存竞争能力也足以周济自身，比如参加一般社会性考试应该没有太大障碍，藉此进入大学深造也能够取得较好的成绩。但因为这个层次的人还仍然喜欢循章法，认死理，自以为是，不善变通，走向社会后在应对各方面突发事件或矛盾时，则存在着显而易见的不足。

一个人在思我层次中既可以获得理性的关照，同时也可能会受到理性的束缚，但思我通过努力也是可以实现突破的，经过博学多识，博见多闻和足够的经验积累以及成功与失败的教育，也会攀登到更高级的慧我层次之中。这对其本人来说，就不啻为一种飞越了。

慧我的层次是一个对思我的理性思考做出拿捏、统筹并直接作出行为支配的层次。一个人发展到慧我层次就应该是一个很不简单的人了。这种人不但具备思我的全部优点，而且还能自觉克服思我的缺点。他站得高，看得远，遇事灵活变通，有智谋、有才略、有见地，有方法，善于解决问题，善于处理各种矛盾，既会适应，又会改变，是生存的高手，处理问题的贤达。在这个层次上，自我意识的主人理所当然地是由慧我来充当的。我们通常所说智商高的人就属于这类人。

但要达到这个层次不太容易，不但需要付出足够的努力，还需要具备足够的天分。爱迪生说过："天才是百分之一的灵感加上百分之九十九的汗水，当然，没有那百分之一的灵感，世界上所有的汗水加在一起也只不过是汗水而已。"

至于超我层次则已然达到了自我结构的终极位置。他不但具备了智我、思我、慧我的各种优势内容，而且还具备一部分神我的内容。

神我是心达宇宙的神通，是感悟命运的神思，是天人合一的神韵，超我与神我结合，如同插上了神奇的翅膀，可以实现更高更远的飞越与超脱。

但这个层次并不是每个人都能够顺利达成的。这不仅需要思我的积极推动，需要慧我的自省感悟，还需要经历一些特殊经历及经验的促动和启发，是先天的智能、后天的思能与慧能在特定的情境中经过激烈的碰撞，而引发的特殊能量转化的结果。

超我是慧我经过修炼而幡然醒悟后的华丽转身。他能让器我处于任何环境而无咎，让机我处于任何状态而不奢，让心我处于任何情境而不燥。他促使每一个自我层次都能够与内外环境相适应，并达到和谐相处的境界。

所以，超我站得更高，看得更远，心平如水，不再为尘世纷争而耿耿于怀，不再为个人所得而沾沾自信，不再为自己所失而斤斤计较，不再为是非对错而振振有词，不再为自认得理而咄咄逼人，不再为遭受挤兑而愤愤不平。

这是一个额头能跑马的层次，一个肚里可撑船的层次，一个胸中有丘鏊的层次。所以超我的精神境界非常高，非一般人所能企及。

这就意味着，一个人一旦修炼到超我的层次，就会使整个自我人格获得大幅度的提升与超越。

在自我十能结构组织中，自我意识既不是十能的简单相加，也不是十能内部自行建立了民主选举制或民主集中制，更不是在十能结构中存在各自为政的无政府主义，而是先天之能与后天之能在充分交合后逐渐提高而占居主导地位的高端，并使自我意能层级获得了整个自我的领导权，是十能相互作用、相互驱动而自然形成的权威性控制。他对其以下各层级的自我形式都具有指挥、调动、协调、支配和节制的功能，完全具备充当十我全权代表的权威和资格。

通过以上的分析，可以看得出来，个体自我意识的真主人是谁的问题，答案并不是固定不变的，这要看一个人学习和修炼到何种层次。在自我意志域当中出现的相对成熟而稳定的层次才有资格充当自我意识的主人，才能代表这个人的智商、情商、德商，才能代表这个人的整体层次及其所达到的综合素质水平。同时，人的智商层次也正是由自我结构中不同主我层次决定的。

一般而言，仅仅处于智我层次的智商水平是最低的，处于思我层次的智商水平属于一般层次，处于慧我层次的智商水平是很高的，处于超我层次的智商水平是最高的。

但事实上，并不是每个人都能达到这种令人向往的高级自我层次。爬到高级自我层次既需要具备一定的先天的资质，更需要后天环境的陶冶、历练和个人付出的艰苦努力与潜心修炼。

在此值得一提的是，在神我之上，冥冥中还有一个极为特殊的自我形式存在着，这就是梵我。

梵我弥散于个体自我结构内外，属于一种难以被觉察的弥散性结构，就像古希腊人所说的弥漫于整个宇宙中的以太或现代物理学家发现的中微子一样，无处不在，无处不有。但其对于自我意识的形成尚未发现具有任何主导作用。

人们处于智我阶段，根本意识不到梵我的存在以及与自我之间的关系。待到了意我层次，虽然开始注意到了自我的特殊存在性，但长于分析的思我对此却是百思不得其解的。对于自我的由来，对于我是谁，我为什么存在等一系列问题可谓是不想倒还算明白，越想反而越糊涂了。但毕竟，思我已经开始注意并思考到这个问题了，比智我层次显然前进了一步。到了慧我层次，仍然看不见梵我的存在，但基于思我的分析和慧我的自省，已经开始有所翻悟了，冥冥中猜测出了很多可能性，并对这些可能性试图做出某种结论性的证验，但最终仍然找不到一个足可以令自己信服的答案。到了超我层次，自我意识似乎与梵我很接近了，但接近未必相识，未必能够看到梵我的真实存在。虽然超我的境界与神我的境界有所交叠，但以神我的崇高地位，人们往往会忽略梵我的存在性，而以神我为至高无上的皈依。神我的外置内容会引起自我意识的很多遐想，并通过这些遐想而实现与梵我的交融。

到了神我境界，自我意识与梵我境界似乎只隔着一层窗户纸，虽然隐约可听到精神彼岸传来的窸窣的细响，却依然无法实现另类空间的终极羽化，无法抵达“梵我一如”的涅槃境界。但是，到了那个境界，个体生命也就彻底结束了。

所以，这个梵我层次乃是“天界空门，行人止步”的生命之能发生形式转化的临界点，不能列入自我结构之中。这也是我没有将梵我统能和梵我形式列入构成自我结构层次之内加以讨论的原因。

还有一个颇值得大书而特书的自我层次，这就是由语言联能架构起来的言我层次。从图 3–3 中可见，言我的位置有这样几个特点：

一是言我包含在智我之中，表明人类的表达功能是智能结构链条上的固有环节，是智能反应的对外传达器。

二是言我以下部分不但与机我紧密相连，而且也直接或间接地与器我、物我、行我、心我等相连接，表明言我所表达的内容均围绕着这几个自我层次发生的问题为出发点，以他们向智我层次及思我层次汇报和传导的内容为依据，以这几个自我层次涉及的外在事物及其关系为表达对象。

三是言我之上与思我紧密相连，并依次而上与自我意识域相连接，表明思我、慧我、超我、神我和整个自我意识的所有内在活动内容都只能而且必须通过言我向外界转达出来。从意能到言能，符合能的转化定律。

毋庸置疑，在整个自我结构组织中，每一个自我层次要想保特完好状态，都需要得到外在他者的有效呼应与补给。但在能量运转过程中却无可避免地出现匮欠、倾斜、失落等不平衡事件，寻求与外在事物的协调与交换，实现与物我的对接与互动，从而使各层次自我事关互动对象的欲望表达和意志表达成为不可或缺的必要环节。这些内容和问题传导并汇总到智我的头脑中形成简单的意志反应，将这些意志反应传达给外在事物对象的工作既然是非常重要而且必要的，就必然要启用一个特定的信使肩负起这个重任，而言我就担当了这个信使的角色。

在这个阶段，智我的意志反应基本上都处于“发现问题”的层次上，言我代他所表达的内容当然也是浅近的、简单的，甚至是幼稚的。

而且非止于此，智我所做出的事关每一个自我形式的反应，最后总会通过官我的工作而上升到意我层次中形成内在的影像，并与业已存储的其他影像构成联想，引发想象，且针对各种事物现象而沿着欲望力方向产生思维和感悟，进而激起了一系列连续不断的意识活动。

意识活动一经展开，便会在头脑的天空闪现出一只神奇的飞鸿，摇曳着无形的翅膀，飞过去，飞回来，不时在自我心灵的湖泊中掠起一层层涟漪或微波，荡漾不止，遇到风雨交加，则更是心潮澎拜，波澜起伏，令人难以平静，影响着心我的表现形态。在这个阶段，思我的意识活动基本上都处于“分析问题”的层次上，言我代他所表达的内容也大都具有一定的理论性、思想性和观念性，足以表现一个人的思考能力、逻辑能力和理性品质。

思我的飞鸿并不会长期停留在这个层次上盘旋起落，随着经历的增多，见识的扩大，历练的加深，他的能力足以使他飞得愈高愈远了，直到飞离思我层次之上，脱身而变为智慧的精灵，这就是慧我。

慧我更非等闲之辈，他不但具备意我的一切本领，而且足智多谋，高瞻远瞩，灵活变通，善于为各层次的自我成全和解决其所面临的各类问题。在这个阶段，慧我的智慧性展示大多都集中在“解决问题”的层次上，言我代他所表达的内容富有一定的智慧含量、策略高度和远见卓识。这样一来，我们从一个人的说话水平上就能看出这个人的智慧水平和素质高下。

但这只智慧的精灵也并非是无所不通的道士，对于发端于意我层次中的有关人类自我的终极问题，却始终不得要领，于是凭借执着的意志、灵动的功法，他展开无形的翅膀飞入了一个更高的境界，脱身而变为精神的极光，这便是超我。

上升到超我层次，个体自我意识虽然像极地之光一样空灵而奇幻，但其所具有的实在性和指导性却无与伦比，因为他给整个自我所确立的方向更明朗起来了，所拓展的空间更宽广起来了，这是一种成熟和高远，一种雄浑和大气，一种清醒和彻悟。这是整个自我结构中的最高层次，不但凝聚了智我、意我、慧我的全部精华品质，不但具有发现问题、分析问题、解决问题的能力，而且更具有感悟问题、感悟自我、感悟宇宙的特殊本领，在这个层次上，言我代他所表达的内容浅近而深厚，实在而超逸，精粹而空灵。

但超我的极光并不能辐射宇宙的全部，越往上便越发现了更多的迷茫。这时，超我沿着疑惑的方位脱身而变为神灵的幻渺，借以实现自我心灵获得救赎的自慰，这就是神我的境界。

上升到神我这个境界，一切疑惑都被神所化解，都可以在神那里找到答案，整个自我终于从各种疑惑中解脱出来了。而没有疑惑的人是自由的，永恒的，快乐的，无所不能的，无所不在的，无忧无虑的。

这就是说，当人类个体进入自我意识域之内，沿着意我、慧我和超我的层次拾级而上，逐渐摆脱了物质性实体的牵制和纠缠，逐渐进入精神性虚体的空灵自由之境。尽管如此，但其与物质性实体的根源却不能被彻底割断，神经反应性作为自我意识形成的物质性基础地位是永远无法改变和无法撼动的。

活跃在自我意识域中的各种欲望、动机、意见、意思、问题、疑难、建议、理念、观念、思想、道理、信仰、精神等主观意志内容，代表了自我存在性，代表了纯粹自我意识形态的存在性。这些内容不可能总憋在肚子里不让出来，只有把它们表达出去，释放出来，表达和释放给相关的事物对象，才具有现实意义，才具有与这些对象达成有效互动和互应的可能性。这就使言我作为与外在他者建立联系、传递信息、表达感情和意志的信使，便成为整个自我结构组织中必不可少的媒介性角色。

当然，上面已经说过，言我的表达方式既可以借助有声语言，也可以借助文字符号语言，还可以借助身体语言或情态语言，不管是哪一种形式，都是言我的组成部分。

在整个自我意识域，超我具有至高无上的绝对权威，但这并不意味着每个人都能够达到这个层次。即便抵达了这个层次也并不意味着所有的事项都由超我自己说了算。自思我以上，一级比一级更有惰性，越是高层次的自我形式越是不愿轻易去管一些无关宏旨或鸡毛蒜皮的小事，一般情况下只任下层的智我、思我或慧我自行处置无妨。

二、十我结构的内部对立与统一

自我十能结构是一个组织严密的系统，每一个层次的自我都分别承担着不同的职责，并表现出不同的层次特征。

（1）意我是整个自我结构组织的最高统帅。他除了对心我这个特殊层次不能直接进行控制之外，对其他各层次自我形式都具有协调、指挥、调度和统筹功能。在其内部，还有一个子系统，这就是超我、慧我和思我三个小我层次。

①超我是自我结构组织中的太上皇。这个太上皇处于自我结构塔的顶尖位置，表明超我在整个自我结构中处于至高无上的统治地位，也表明精神超能是所有十能汇合后而发展到的至高点，与每一种能都有联通感应关系。所以，超我具有指导自我结构组织整体前进方向的绝对权威。但这位太上皇看的时候多、听的时候多，轻易不会站出来说话，一般对于事关衣食住行玩、吃喝拉撒睡等低层次的琐碎拉杂小事不闻不问，坐视不理，显得十分傲慢和悠闲。但一旦发生了影响整个自我组织结构的大事，他绝不客气手软，马上会组织大家开检讨会、批斗会，进行整顿和评估，重新调整前进方向。

②慧我是自我结构组织中的指挥员。也是整个自我结构组织中最忙的人，不拘大事小事，都得由他出谋划策，出面料理。从这一点上看，他的角色比联合国的秘书长一职还要忙碌得多。他肩负着众望所归的压力，不拘哪个层次的自我产生了欲望之事他都很在意，哪里出现乱子他都要操心，哪里发生事端他都要出头，并且对于一切事体的调度指挥和应对处置都要求他必须站得高，看得远，想得全，拿得准。

比起本组织中的其他几个自我层次来，他在策略上总能棋高一招，在方法上总能技高一等，在效果上总胜人一筹。在适应、改造和战胜自然环境、社会环境和自身内部环境方面，特别是在应对和处置事关各层次自我的突发性事件方面，表现最积极，最灵活，最机智，最勇敢。对上他要使太上皇满意才行，对下他要把其他自我形式协调得没有意见、个个都满意为止。

③思我是自我结构组织系统的参谋长。分析问题，运筹帷幄，思谋虑策，是思我的主要职能。他要帮助慧我和超我出主意，想办法，并为慧我和超我提供各种做决策的理论依据，他同时还要为整个组织创立规则，制定章程，划定界限；他办事理性，小心谨慎，循规蹈矩，不敢轻易越雷池一步。

由以上三个小我构成了整个意我层次。通过以上分析，我们发现，意我是最辛勤的劳心者，虽然深藏不露，却无处不在，事必躬亲，任何一个层次的自我无论走到哪里，都有他的影子相伴随。当智我发现问题时，他第一个表示惊讶，并对任何一种问题都感兴趣，都起疑心，画问号，找答案，循道理，定规矩，但他深深嵌入器我之内，运行于机我的生命活力之中。当机我的生命活力消失，器我的新陈代谢停止，意我也就随之而去并不复存在了。

（2）行我是自我结构组织中的办事员和执行者。它直接按照意我的指令行事，接受意我的指挥，所做的事分为四种：一是落实太上皇超我的精神，二是执行指挥员慧我的命令，三是为参谋长思我搜集有用的信息跑腿受累，四是打理好其他自我的基本要求。行我执行的每一项任务都是不同自我的欲望所系，都含混不得，马虎不得，不敢推诿懈怠，不敢偷奸耍滑，他不是劳心者，而是一位绝对听话的劳力者。他用四肢做、用嘴巴说、用耳朵听、用鼻子嗅、用舌头尝、用皮肤感受、用表情示意，只要他能做到的，不管是否恰当得体，都要照行不误，直到上级满意为止。

在通常情况下，行我之所行缘自于自我与外在对象性他者之间的欲望性联系，主要是针对外在对象性他者的行为或行动。这种行为或行动，有的是肢体作用性的，有的是语言表达性的，有的是表情示意性的。

行我在语言表达方面，一般要利用声音和语言符号，帮助较高层次的自我传递意志性信息，以唤醒外在环境客体对象的有效呼应，从而实现与外在环境中客体对象的联系和互动，这是行我最常用的工作方式之一。因此，行我具有明显的社会互动性和外在表现性特征。

一个人说话，其主体肯定是自我结构中意我以上层次的自我意思表示。因为人的每一句话都代表了一种意思，意思的内容只能在意我层次出现，在心我以下层次只能产生某种倾向性意志，但一切意志倾向均需要有针对性的意识活动加工后而转化成可以表达的具体的一连串的意思，才具有施加于外在对象的实际效能。

其中心我层次比较特殊，他是智我层次向意我层次过度的中间环节，既具有一定的欲望或意志倾向性，也具有一定的表达功能，欲望或意志一旦产生，他可以在第一时间驱动智我做出神态表情、口气态度或言行举止方面的肤浅的初级表达，如果不经由思我的理性把控，就会带有明显的情绪化倾向。至于智我，则仅仅是心我以上层次的受动者，被支配者，相当于一种媒介或工具，所以智我不具备意思表达的主体性身份。

在智我以下的机我、物我、器我、行我等自我结构层次中，其欲望是隐秘的，其意志是无言的，只能通过智我而被感知，却不能实现自我表达。而最终其欲望性意志被表达出来，则是经由智我向上级报告，然后由上级将它归纳成具体的意思后，再交由智我做出的。所以，行我的主体一般是自我结构组织中的高层领导，但其所执行的欲望性意志却可以出自于或发端于自我结构组织中任何一个层次的自我形式。

（3）心我是自我结构组织中的体验者和评论员。按照欲望动力心理学所提出的生理—心理互通互动转化原理，一切生理现象、智能反应、欲望反应、意识反应、情感反应、情绪反应、行为效果、肌体变化，都会在心我那里做出效应性体验和评价性反应，并最终经由自主神经所控制的内脏器官活动的变化性表现出来。巴甫洛夫对于条件反射的研究也对此给出了较好的的证明。

心我是内在结构性自我与外在结构性自我在呼应互动中产生的平衡或不平衡的特殊自我存在形式。这一自我存在形式总是表现在自主神经对内脏器官及其功能的调整变化上，总是表现在自我情绪的倾向性和波动性上，总是表现在自我与其在欲望方向上遭遇的干扰对象的情感性联系上。

心我是一个踩在欲望跷跷板上的特殊的自我，他以自我利益为世界的重心，以自我利益为天平的支点，对智我和行我所见所遇之事无不关心，对意我所思所想之事无不挂怀。不管哪一档子事，他都要权衡利弊，比较优劣，体验利弊，感受好坏，评头品足，说三道四。他好钻牛角尖，认死理，固执己见，有时表现得深不可测，有时表现得轻薄肤浅；喜怒哀乐常形之于色，一遇好事就变得积极乐观，兴高采烈，眉飞色舞，一遇坏事便消极悲观，愁眉苦脸，怒火中烧；一旦居于高位便盛气凌人，目无下尘；一旦居于下位便卑躬屈膝，阿谀奉承。

随着所遇之人、所遇之事和所遇之物的不同，他的表现也会殊有不同。他集人世间几乎所有的世态炎凉、人情冷暖于一身，如热情，冷漠、赞美、嫉妒、宽容、狭隘、善良、恶毒、仁爱、凶狠、温和、暴躁、柔婉、刚直、傲慢、谦逊、聒噪、沉默、欢乐、悲伤，等等，几乎所有事关人格、性格、气质、秉性、脾气、态度、心态、心情、感情、情绪的东西，都会在心我这里得到不同程度的体现和暴露。他是真实的、幼稚的、非理性的、不成熟的自我形式。

（4）智我是自我结构组织中的观察员、通讯员、联络员和协调官，主要负责采集信息、汇总信息、存储信息、传递信息，同时协调下层自我之间所存在的各种矛盾，尽量让机我、物我和器我协调一致地工作和相处。智我主要负责发现问题，思我主要负责提出问题和分析问题，慧我主要负责解决问题，超我主要负责摆脱问题。智我为意我的工作提供全方位信息支持。平时有关于自我的聪明、才智、敏锐、精明、博学、见识、经验、知识等标示一个人素质的东西，几乎都贴在了智我的脸上。因为神我、超我、思我、慧我都隐而不见，其超卓之处常常被忽略，而智我却可以凭借自己的神经反应性特征，常为他人所关注。

所以，对一个人素质优劣的评价，更多时候是指向这个智我层次的。但在本质上来说，智我在更多的时候并不是自我意识的真主人，并不能代表整个自我的综合素质、道德水准和智慧开化程度。所以，把对一个人素质评价的标签贴在智我的头上通常是徒有虚名的。

（5）官我是自我结构组织中的观察员、巡视员和见证人，主要负责自我对外在客观事物对象及其关系的观察、反馈和见证。

人活在外在对象性他者之中，活在外在对象性他者的依托之中，活在外在对象性他者的目标感召之中，因此离不开与对象性他者的互应、互通、互补与互动。而这些外在的事物对象，有的可以构成对自己有利的条件，有的可以构成对自己不利的条件，对其进行鉴知、鉴别并从中做出见证和选择，则是官我必须承担的重要职责之一。

从这个意义上来说，官我也是物我和行我最得力的助手。为了获取外在欲望目标，获得物质性资源的补充和调剂，官我可以为物我确认和锁定外在特定目标的空间定位，并为行我选择行动的时机和方向。

另外，意我为了提高自己的智慧水平和素质能力，也必须依靠官我搜集信息，捕获各类影像资料，并协助意我学习知识，积累经验，从而为意我的成长和成熟提供精神养料。正是官我的存在，才使整个自我获得了客观存在的基本坐标，通过鉴知对象是谁而鉴知自己是谁，通过鉴知对象在哪里而鉴知自己在哪里。没有官我，整个自我就会迷失前进的方向，就如一个失明失聪的人，无法在这个世界上保证自己的正常生存和行为走向。

（6）机我是自我结构组织中的护理员或保育员，主要负责自我物质性内环境与物质性外环境的对接、互应、互通、互动，通过能量补给与释放等新陈代谢过程实现内外物质条件的交换，然后通过这种物质性交换实现自身内环境的平衡与舒适。因为宇宙中的一切事物都是运动的，运动是绝对的自然法则，而一切运动都是由物质自有的能量反应的本质属性决定的。这种反应体现为能量的倾斜性、趋向性、流动性、弥散性、互通性和转换性，这是促使宇宙万事万物都处于运动变化状态的唯一原动力。

有人更强调说，宇宙唯一不变的真理就是变，对一个人来说当然也毫无例外。因此，要让自我机体始终处于平衡和舒适状态是一件绝对不可能的事情。这就使得机我时时刻刻都要面对和处理因机体内环境运动与外环境运动所引起的一系列矛盾、冲突和改变，不断产生这样或那样的生理性欲望。其中涉及吃、喝、拉、撒、睡，以及保暖和安居等问题，无一不需要物我的配合与成全，如何与物我相处，并构成互应、互动、互补的和谐关系是机我面对的主要矛盾和主要工作。

人的生理系统就相当于一台不停运转的机器，机我就是这台机器的护理员和保育员，一旦遇到问题，他就会在第一时间向处于上级的智我报告，由智我做出反应，做出自觉性协调。当不能做到自觉性协调时，智我还要向更上一级的心我、意我报告，然后再做出更大的调整和协调。机我的运动能力有一多半是器我赋予的，器我的内部结构、物质组成比例和组成方式，成为机我能力的一种先天性注定，当然还有一小半是后天智我指导下而获得的习惯性技能。

机我在整个自我结构组织中的政治地位虽然并不怎么高，但经济地位却无可取代，是整个组织赖以生存的资源调配者和能量输送者。一旦这种资源调配和能量输送工作发生故障，便会立刻惊动整个组织。所有自我形态都要在第一时间全力以赴、无怨无悔地为机我效劳，毫不犹豫，毫不懈怠，充分体现了整个组织的凝聚力、向心力、团结力和战斗力。只有在机我实现正常运转的前提下，其他层次的自我形态才能倒出闲余的时间专注于本层次中的事情。

（7）物我是自我结构组织中的资源提供商或能量供应员。在整个自我结构中，差不多有一半层次的自我具有显而易见的物质性特征。十能结构的自我充分体现了能的支撑作用和决定作用，充分体现了人是以能的形式存在着的实体性特征，呈现的是一种有形与无形相结合的器能结构（或质能结构）。

没有能的发生，没有形的存在，人类个体自我作为有形之器就会化为一抔灰烬；没有形，便没有能的寄身，人类个体自我作为无形之能就会毫无依托，不可捉摸。说得更明确一点，人类个体自我就像一座框架结构的大厦，支撑这个大厦的立柱是无形的能。

按照欲望动力心理学理论认知，这无形的能共有十种形式，每一种形式的能都是不可或缺的。十能有如十根坚实的立柱，完美地柱撑着个体自我大厦昂然挺立。其中有一柱断裂，都会危及这座大厦的完好存在。特别是柱撑其中的纯粹物质性立柱一旦出现折损，则整个大厦便会轰然倒塌。

这就意味着，器我、机我作为纯物质性结构，必须给予绝对的安全保障，否则，问题就会变得十分严重。而有效保障器我完好存在、保障机我正常运转的东西不是别的，而是物我。物我对于器我和机我不啻为资源供应商和能量补给员，有关于自我结构中的任何物质性能量的供应和补给，都需要物我提供及时而有效的保障。

由于物我是自我内在环境与外在环境互动的产物，而自我内在环境始终处于不停的运动状态，能量流变与消长成为一种常态，自我物质性结构几乎每时每刻都处于不同程度的匮欠性欲望状态，这就使得物我所从事的补给工作变得紧张迫切而且无休无止。

鉴于内外环境的对应性、呼应性和互动性经常存在着天然的或人为的偏差和错节，使得物我的所作所为常常会出现不尽人意之处。而让自我内环境始终处于平衡和舒适状态，这在物我来说是一件十分困难的事情。所以，物我不但要面临着内外环境不调和的矛盾和压力，而且还要经受着其他自我形式的监督、检验、赞赏、欣慰、感恩或者批评、埋怨和责难。

物我没有鸿鹄大志，没有伟大愿景，他只是依靠机我和智我调动外部感官，捕捉外界环境中的各种物质性信息，目的仅仅是为了解决机我的衣食住行问题，解决外在能量资源的供给问题。物我是低贱的，庸俗的，卑琐的，要知道再伟大的人物也会因为饱受饥渴而心慌，也会因为忽遇尿急而焦灼。

（8）器我是自我结构组织中的资源储备员和配给员。个体自我结构中正在使用的所有能量性资源都储存在器我之中，并以其特定的储量和特定的成分比例关系而对整个自我结构组织产生影响。器我具有先天性与后天性兼容并储的特征：一方面早在出生之前的胚胎时期，其特定的物质性结构和物质成分比例的生物性基础就已经建立起来了；另一方面，在器我被生出来以后，更有源源不断的外部资源和能量有选择地被摄入其中，以新的外部资源和能量的匹配比例而促使器我的物质性结构关系发生程度不同的改变。

但后天对先天的改变总是表现出回天乏力的困难，这就使得器我的先天性特征在组建整个自我结构中成为不可逆转的决定性因素，包括机我、智我、意我、慧我等其他自我形式和自我能力都深受着器我先天性特征的深刻影响。

所以，器我的重要性是自不待言的。器我是十能自我结构的物质性根基，个体整个自我大厦首先是从这个根基上建立起来的。十能在器我形体之中直接产生作用，每一种无形或有形的作用最终总是通过机我而落实到器我之中。器我是能的储备器，能的供给站，能的集散地，能的配送场，也更是自我结构组织各成员的办公区和游乐园。

因此，每一个层次的自我都爱惜他，珍视他，呵护他，尊重他，哪管是长在他身上的一根毫毛，一枚指甲，都视如己出，惺惺相惜，谁都不愿让他受到损害。谁都愿意用最好的食物、最好的饮品、最好的房屋、最好的床铺、最好的车子优待他。他代表了整个自我的外部形象，即便在社会上一言不发，一事未做，也自能产生一种特殊的能——这就是形象魅力。

生活中我们确实看到过，有的人往那儿一站一坐，仅靠他的形象就释放出一种看不见的能量场（在社会学中有人称之为气场），通过辐射、对流，于无声当中就能够影响周围的人，能够对周围环境产生作用和影响，这就是器我之能的外在表现之一。

（9）神我是自我结构组织中的牧师和圣徒。人类自我从一出生睁开眼睛开始，便面对着由内在诸多生理困惑和外在万千事物引发的疑问而一路成长起来，解难化疑伴随着个体自我的一生。

随着经验的增多和见识的扩大，疑问不是越来越少了，而是越来越多了，不是越来越小了，而是越来越大了。特别是到了自我意识形成之后，人类的终极疑问开始出现，个体自我的方向感越来越令人困惑。我要到哪里去？是那个死亡的终极归宿吗？由疑问而生发的恐惧迫使自我不得不去寻求超越现实世界的终极解脱。

而唯一能够实现自我救赎的终南捷径便是天国之门，神道之门，或许打开这道门，心灵也便实现自我解脱了。可是，天国之门可以开合，但其门槛却高不可攀，个体自我很难登堂入室而看个究竟。

那里面据说有很多很多美丽的故事或者恐怖的故事，一代一代的人在猜想，在描述，在传说，在渲染。但是，遗憾的是，生活在现世当中的人们，从来没有听到过任何来自于天国的报告。

一如莎士比亚所说的那样，在这个世界上，每一个人都“惧怕那个从来不曾有一个旅人回来过的神秘之国”，天国的故事好听但不好玩。可是我们人类面对最后的疑难，却连讲都无法讲下去。所以，被赋予无限寄托的神我被顶礼膜拜出来也是一件不得已而为之的事情。

神我是意我的牧师或圣徒，当意我迷惑时，他可以出来解疑；当意我失意时，他可以出来抚慰；当意我得意时，他可以出来道贺。正是因为有神我的存在，才使人类自我不得不听任于命运的安排。虽然不公，虽然怨怒，虽然运途多舛，却也依然坚强地活着；即便好命，即便一帆风顺，即便不劳而获，却也依然安然自得，似乎一切都是神的旨意。神在心中，一切都不用疑惑。而没有疑惑的心灵则是最超脱、最自在、最美好的心灵。

（10）言我是自我结构组织中的发言人、通讯员和联络员。人类每一个层次的自我都有一定的意志倾向性，但在智我层次以下，这些意志倾向，都在自我结构组织内部汇报给智我来处理了。智我以受动性方式接受了其辖下的每一层级自我所受到的委屈或快乐，并经由传导神经报告给意我，而意我再以主动性方式，驱动言我向外界事物表达出来和释放出来。

由思我、慧我、超我所组成的整个主我团队（主我亦即意我），集中了各层次自我的全部意志内容，因而言我的职责便成为主我团队派出的唯一发言人和通讯员。

言我要表达的内容十分庞杂。包括智我对内外刺激所做出的反应内容，思我对内外刺激所做出的分析判断等内容，慧我对内外刺激所产生的悟性、智慧、策略、方法等内容，超我对内外刺激所产生的信念、志向、理想、境界、精神等内容，神我对内外刺激所产生的信仰、敬畏、虔诚等内容，都汇合成意我的意思、意见、意愿、建议、想法、理念、观念、思想等内容。这些内容在自我大脑意识域中不可能总是停留在自顾自的静思和冥想中，不可能自生自灭于自己的头脑里就算完结，而总要通过各种形式表达出来，释放出来。

因为一切意识活动、应对策略、精神信仰归根结底都是欲望关系的产物，都是自我与外在事物之间欲望关系的鉴照和反应，都是自我与外在欲望目标的互应、互动和交换过程，并在这一过程中产生接受、拒绝、肯定、否定、喜欢、厌恶、纠结、胶着、延伸、了断、理顺、规范、应对、处置、超越等反应。没有欲望关系的联结、纠缠、振荡、碰撞、矛盾、冲突、对立和统一，便不可能产生出意识、慧性、悟性、灵性、神性来。

所以，一切意识活动的终极目的都是通过表达而促使外在事物与自我意志达成利益最大化和平衡化的呼应和回应。

这就意味着一切意识活动、智慧活动、精神活动、信仰活动只有最终表达出来才具有现实意义。而任何表达都是有对象的表达，即便是自言自语，自说自话，自念自想，也不过是一个层次的自我对于另一个层次的自我所做出的特殊表达、自励或宣泄。

事实上，言我在智我层次中的表达是很感性的表达，或者说仅仅是反应性的表达，而非意识性的表达，更不会是智慧性、精神性或信仰性的表达。因为在此阶段，言我还刚刚处于自然觉醒状态，仅仅是神经智能系统中的一个组件，一个简单的表达仪器，仅仅是对外在刺激直接做出反应的一种对外表达方式。

比如遇到意外的危害时会表现出惊讶的表情、动作或声音，遇到困惑时会眉头紧锁，遇到好事时会表现出喜悦的表情、动作或声音，或者在寻求欲望满足过程中不自觉地通过声音、动作、情态而做出特定的表达性反应，都属于言我的自觉性活动形式。

但这个时期的言我远未成熟起来，特别是对于社会性的表达，在遇到矛盾冲突时常常表现得笨口拙腮，语焉不详。随着阅历的增长、视野的扩大、经验的积累以及通过学习而获得的知识的不断增多，言我的表达能力越来越强，不仅为智我和意我所借重，也为慧我、超我和神我所利用，这就使言我成为思我、慧我、超我和神我所构成的主我的忠实代言人。

这里我还要谈一谈对整体自我结构不直接产生影响的梵我。梵我的存在是一种异常的存在，虽然不在自我结构体系中起到任何干预作用，但在宇宙全息系统中，因为自我不过是宇宙的有限缩影，宇宙不过是自我的无限放大，自我与宇宙合而为一，属于“梵我一如”的顶层设计。

这就意味着，围绕着自我的内外信息是统一的信息，你中有我，我中有你，谁也不是谁的谁，谁也都是谁的谁。这是一种不自知的境界，是既非主观也非客观的特殊境界，或者说是主观世界与客观世界归零的境界，就像正物质与反物质相遇后归零的情况一样，是宇宙的极致，也是自我的极致。在这个极致的层次上，没有生死的概念，生的我与死的我都在“梵我一如”的极致状态中存在，梵我与宇宙之间没有界限。一如中国哲学上的“道”的概念一样，梵我的形式冥冥中也是一种道的形式，而且是与宇宙合而为一的道的形式。

在整个自我结构组织中，梵我处于无法自知的有形无形之间，是包括神我在内百思而不得其解的那个神秘的所在，那个混沌的皈依，那个深不可测的境界。

在现实生活中，我们每个人都经常处于冥想中，处于困惑中，处于惊疑中。若问你总是冥想、困惑、惊疑的那些东西到底是什么，你常常无法落实成一个明确清晰的答案。之所以会是这样，就因为你的梵我层次已经超越了你的主观世界本身，超越了人类自我的全部智能、意识、智慧和精神，而凌空高蹈地攀升到了与混沌的宇宙完全合为一体的极致之中去了。那是一个归零的境界，任你怎么想，也无法捕捉到那个境界的真身，而只能在这个真身以下的层次中徘徊、困惑、惊疑和永无止境的冥想，再冥想。只有到了生命结束而不再冥想的时候，你才能与梵我的真身合而为一，皈依于“梵我一如”的境界之中了。

梵我这个层次是一般人无法理解的层次，特别是处于神我以下的其他自我层次更是与这个层次的自我“无缘相识”，无缘意会。因为这不仅仅是一种超意志、超自然、超现象的特殊存在，更是一种与梵统一、与道统一、与上帝统一的境界。所以，梵我是无私的，自由的，在整个自我结构组织中既不支配其他层次的自我，也不受其他层次的自我所支配，既不保佑谁，也不求谁来保佑，他的心胸就是宇宙的心胸，他的眼界就是宇宙的眼界，他博大精深，无处不在，穿越时空，以致永恒。

我虽然未将梵我加入到自我结构理论模型之中，却也别有思考地留下一些浅陋文字放在此处聊备一格，以为那些对哲学的自我存在形式的讨论感兴趣的人增加一个令人深思的话题。

三、自我十能结构的内在协调机制

在自我十能结构中，一能失衡，则自我疲匮；数能不调，则自我倾颓；十能耗尽，则自我消失。只有十能自相恰合，才能成全一个身心健康、完美无缺的自我。

自我十能结构充分体现了个体自我是以能的形式存在的，并严格遵循物理学的能量转换与守恒定律。一方面，自我内部结构之中的每一种能都存在着可以相互转换的机制，并以达到特定的平衡状态为终极皈依；另一方面，自我内部结构之中的各种能通过行为动能实现与外应物能之间的交换和转化，并以达到内外平衡状态为终极遵循。如果我们把个体自我比喻为一个独立的建筑体，那么，十能就是支撑自我主体架构的十大支柱。只有在十大支柱长短均匀和柱撑力一致的情况下，自我的存在才是稳定的和平衡的。否则，任意一根支柱出现瘸腿或力不能支，都会造成自我结构的倾斜和自我存在状态的失衡。

或者，我们还可以把自我比喻为一个灵与肉完全耦合的怪物，这个怪物生长着十条腿，分别代表了形下器能、生理机能、外应物能、神经智能、心理势能、行为动能、意识潜能、万应慧能、精神超能和语言联能。这十条腿只有长得长短匀称、健康有力，而且行动起来步调一致，才能平稳站立或自由奔跑。否则，有任何一条腿出现故障，或瘸或跛，都会导致自我存在状态发生倾斜性改变。可以说，离开了十能，人类自我便一无所能，一无所有，一无所为，一无所成。这样，我们对人类个体自我人格结构和自我意识的解析便有了一种崭新的认识视角和理论模型。

自我十能结构体现了作为人类个体自我的内在环境的组成要素以及内外环境的呼应要素之间所存在的交叠性、胶着性、纠缠性、振荡性、依赖性、协调性、拓扑性、互动性、拮抗性、冲突性、矛盾性和对立统一性关系。

这些能条件共同组合了人类个体自我的全部内容、形式、属性、特征、关系、原理、功用。

人性的本质就是这十能在自我结构中相互协调、相互冲突和对立统一的结果。人类的共性特征完全体现在十能结构自我组织的共性特征上。每个人都具有这十能结构，都是这十能结构的有机组合，有机协调，并不断在矛盾对立冲突中达到有机统一与平衡。但这并不意味着每个人都是完全一样的，在不同的人身上，个体自我结构中的每一种属性的能条件与另一个体同属性的能条件在质与量等方面并不是整齐划一的，其十能相加的结果就更是参差不齐的。这就使得人与人之间必然地存在着这样或那样的个体差异。

有鉴于此，自我十能结构决定了自我对于社会的认知必然形成自组织观念模型。不同个体自我的内在结构所存在的共性特征大概占居十分之九以上的绝对多数，不同个体自我的内在结构所存在的个性差异特征仅占十分之一以下的绝对少数。其中的绝对多数内容在自组织观念模型中已被先在地仿识（即仿照自我而认识他人，类似于以己之心度人之腹，或己所不欲勿施于人），而对于其中的绝对少数差异性内容，或因无从觉察而被忽略，或被太多的共性所遮掩和屏蔽，只有亲密而长时间地接触，才可能对他人所存在的个体差异有所觉察。我将这一原理称之为共性遮蔽个性原理。

比如每个人所具有的吃喝拉撒睡的共性特征常常会掩盖不同个体所存在的不同习惯和不同偏好的个体差异性特征。只有在亲密而较长时间的接触之后，才会对个别差异有所觉察和有所认识。

这与海尔帕赫在其性格心理学著作“类型展示规则”中所归纳的社会性认知现象具有不谋而合的内在一致性。他说：“当生物群体和我们的距离越远、越陌生时，我们越是在知觉中将他们合并为一种类型；当他们离我们越近、越熟悉时，他们越是在我们的知觉中融入个体性。”海尔帕赫是将自我置于社会人际中对个体性格类型特征所做出的现象性归纳，我在这里则是按照自我质能结构的组合原理而对个体性格的本质属性（包括个性与共性）所做出的理论性分析，从而实现理论与现象的对接与互证。

同时，我们根据个体自我十能结构理论模型，还可以确定不同个体的疾病类型和发病位置，对于疾病诊断学和治疗学具有明确的指导意义和借鉴意义。人的各种疾病其实都发生在自我结构之中，按照十能结构所确定的自我层次，可以找到疾病发生层次及其所导致的其他层次的连锁反应。

有的疾病是发生在形下器能层次，即发生在具体的肉体组合成分上，如某种维生素、矿物质缺乏，或某种激素过剩，都会导致器我内部微环境形态发生改变，使器我处于疾病状态，这种疾病只有针对器我进行治疗，才能妙手回春。有的疾病是发生在生理机能层次，即生理器官发生运转障碍，或一器官与另一器官或与其他几个器官的协调机制失衡上，从而使机我处于疾病状态。

鉴于器我与机我的紧密关系，必然要考虑到造成机我运转障碍或不协调状态的原因。这原因通常会追溯到器我层次的某种疾病状态所导致。但治疗目的和关注视角却应该放在机我层面上来考察。

有的疾病发生在神经智能即智我层次，发生在神经系统的内在结构和运行障碍上，如智障、偏头痛、中风、脑血管痉挛、神经麻痹、癫痫等疾病，都可能会导致神经智能的运转发生阻滞、扭曲和错动。尽管这种障碍也多半源自于器我或机我的某种疾病状态，但治疗目的却应该针对智我层次，而不能单独地放在器我或机我层次上，追溯和治疗病因问题在此已变成了为智我层次治疗疾病的手段，而非目的。

有的疾病发生在心理势能层次，属于心理疾病，通常发生在某一类与欲望有关的重要事件或激情事件的落差性刺激上。比如情感落差、地位落差、经济落差、舒适性落差等等，都可能会导致心我处于不正常的倾斜状态。对这类疾病，必须针对心我进行治疗，而不能把治疗目的放在器我、机我或智我层面上。

有的疾病发生在行为动能层次，如行为动作异常，对这类疾病只有针对行我进行治疗，只有把行为异常矫正过来，才达到了治疗的目的。尽管导致行为异常的因素有很多，包括器我、机我、智我、心我发生病变，都可能表现在外在行为上，但对于病因的治疗虽然是必要的，却并非治疗的目的，而仅仅是前置的过程和手段。

所以，疾病一般都会表现在不同的自我结构层次上，不同的能条件的改变上，诊断疾病必须首先确认该疾病到底是发生在哪一个层次的自我上，然后再根据这个层次的自我与其他层次的自我之间的关系寻找病源，从而实现按图索骥、对症治疗的目的。

换句话说，对于不同层次的自我而言，首先要解决“谁病了？”的问题，谁病了才能给谁治病，然后再解决这个“谁”与其他层次的自我之间的特定关系，从而找到与之连锁的病因。对于不同层次自我的管理，就像管理社会上不同的人一样，谁犯了法才能抓谁，不能抓错了人。最好先抓到主犯，然后再沿着主犯提供的线索去寻找从犯或寻找教唆犯；治病也是同理，谁有病才能给谁治病，不能治错了“人”。某种疾病症状究竟反应在哪一层次的自我结构上，必须首先确认好，然后才能顺藤摸瓜，按图索骥，找到病因或病源。

自我十能结构形成十个自我层次。十个自我相依相托，相拥相扶，互联互通，互促互动，对立统一。而且每一个层次的自我又都具有相对独立的存在性。这种居于不同层次中的自我所体现出来的相对独立的存在性是造成整体自我内在结构始终发生矛盾与冲突的原因。

比如人在失眠时便经历着不同层次的自我之间发生的矛盾与冲突。失眠是两个层次或两个以上层次之间的自我相互联系、相互纠结、相互矛盾、相互冲突和相互斗争造成的结果。

器我作为能量储备者、物我作为能量提供者、机我作为能量消耗者、智我作为能量反应者、心我作为能量比较者、行我作为能量索取者、意我作为能量思考者、慧我作为能量制动者、超我作为能量超脱者、言我作为能量联络者，各自以不同的角色呈现出对能量的不同作用形式和流转形式。

由于行我一天的忙碌，机我已将能量消耗到一定阈值，器我能量储备不足，智我已经倍觉疲倦，睡眠的意志已占据上风。而偏偏在这时，心我却可能为前期发生的某件不平衡事件而焦躁不安，导致整个自我无法入睡；或者智我因为感觉异常，或对某种刺激反应敏感，导致整个自我呈现兴奋状态，睡意顿失；或者意我因为某种欲望性矛盾而纠结不清，信心不足，同样可以导致整个自我难以入眠；或者慧我为找到或未找到应对某一事项的最佳方案而疑虑重重，辗转反侧，寝寐难安；或者超我因为幻想着一个美好的蓝图、一种奇妙的境界而正在意识活动的兴头上……

总之，不同的自我可谓“各怀心腹事”，一个需要安然睡觉，一个需要瞑然思考；一个需要躺下来静心，一个需要站起来做事。于是乎，几个层次的自我就这样冲突起来、斗争起来、纠缠起来了，谁也压不住谁，谁也不服从谁，而超我也已经忘记了自己的身份，不能从这种矛盾情境中超脱出来，这或许就是一个人经常发生失眠的原因。

这就意味着，失眠是一个人自我内部结构发生矛盾与冲突的产物。即便是药物干预造成的失眠，也是因其影响了自我内部结构关系发生失调和错位而引起的结果。

按照自我十能结构方式和理论模型，下面我还可以给欲望下一个句式更简洁的定义：

欲望是自我对十能结构所做出的体验性应答反应。

这个定义将在场的匮欠和不在场的目标这两个遥感性、对称性、等效性元素隐含于形下器能、生理机能、神经智能、心理势能、行为动能、外应物能、自我意能、万应慧能、精神超能的概念之下。不管是针对匮欠还是针对目标，都会通过神经智能产生一种自我体验，而欲望则是自我对这种体验所做出的“想要”或“不要”的应答反应。

其中，形下器能、生理机能和神经智能是本体自我先置性条件，简称本能，或先天之能；外应物能、心理势能、行为动能、自我意能、万应慧能、精神超能、语言联能是主体自我后置性条件，虽为后置，却后来居上，后来为主，简称主能，或后天之能。

自我结构就像一株树，有根、有茎、有枝、有稍、有叶，只有做到本末顺置，方能本固枝荣，生机盎然。本能部分具有明显的先天性，而主能部分则是自我在欲望驱动下与外部环境中的各种对象性他者打交道过程中形成的后天产物。其中，行为动能含有微不足道的一小部分属于动物性本能内容，本能之动作为神经智能支配下的简单的动作性反应，还未能上升到纯粹人性层次中。但随着个体自我与外界环境互动经验的增多，在求知欲的驱动下，经过不断学习和历练，被动性和受动性的智能反应逐渐被主动性和能动性的主观意识反应所取代。

这样，个体行为层次也藉此上升，开始接受自我意识的支配、节制和驱使，而不再简单地继续充当神经智能反应的傀儡，这样我们才可以说这个人做事“长脑子”了或“动脑筋”了。

这说明，人类的后天之能是通过学习和历练而获得的，只有后天之能才能产生并形成意识或自我意识，只有在产生并形成自我意识之后，人类才开始摆脱动物性而进入人性层次。

鉴于自我意识既然是后天形成的，所以，我认为人性也是后天的产物，是在先天动物性基础上发展起来的后天性才能、意能、慧能、效能或效应，从动物性向人性转变过程中起决定性作用的最关键的一个节点，就是从被动的和受动的神经智能性反应一跃而变为主动的和能动的大脑意识反应。这是一次具有里程碑意义的革命性转变，是一次从简单智能层次到高级意能层次（智慧层次）的飞跃，是一次从动物性到人性的脱胎换骨的转世。从此，个体自我世界开始呈现出不同的面貌。所以，自我结构中的所有人性成分，都是由后天之能转化而来的。

从十能结构中可以看出，没有先天之能的存在和激发，后天之能便不会产生。这样，我们寻根溯源就会发现，后天之能以迎合、适应、顺应、随应和呼应先天之能为根本皈依，以对先天之能有利或不利的体验性评价为发动方向和活动原则，并与先天之能具有结构机理性对应、契合、匹配、对称和等效关系。同时，后天之能对先天之能还必然会产生一系列反作用，一方面，后天之能的充裕、稳定和良性运转，会促进先天之能保持健康、平稳和完好状态，另一方面，后天之能的匮乏或过度也会对先天之能产生破坏性作用，使先天之能发生超出其自组织阈值范围之内的非常态运转，直到导致先天性自我结构的形态性扭曲、变异或损伤。

而且，在整个自我十能结构中的每一种能，都以其独特的作用及其连带关系而对其他能条件和整个自我结构的稳固性、倾向性和原有存在状态产生影响，这是人类自我十能结构互联互通、互动互应定律，简称十能定律。人的一切后天之能均以不同的形式依托并回应于先天之能的反应。人类一切生理性、心理性、精神性疾病状态，无一不是自我十能结构发生的失衡性、失调性、变异性或损伤性反应。

自我十能结构的特殊性表明人类个体自我，几乎将宇宙中所有能的形式、能的特征、能的机理、能的作用、能的转换方式都囊括并统一到人体之中了。人体就是一个能的聚合体、能的集散地、能的运动场、能的转换器。支撑自我结构的十能每时每刻都处于连续不断、周而复始的运转状态，即便整个自我身心完全处于平衡自在状态时，内部能结构也依然不停止运转。那么，自我结构中的十能在什么情况下会发生转换或转化呢？

在宇宙能结构组合中，先天之能和后天之能的转换都离不开特定意志性条件来推动。这个特定意志性条件就是欲望驱力，就是爱的力量，就是心的力量，它们在本质上属于同一种力，在驱动宇宙运动和变化上即属于亚里士多德所要寻找的宇宙第一推动力。

十能内部每一种能之间，以及与外部环境相应的能之间都具有形式各异、各从其类，各司其事、各得其宜的转化规律。而且最奇妙的是，这十能同时也都各成系统，各具其道，各用其理，各发其功，各显其能。同时，每一个系统的能结构都具有自成一维、自成一格、自成一体的流变模型，并具有自相矛盾、自相协调、自相统一的运行机制、程序、规律、频道、编码、规制。

体现在自我十能之间的转换，可以被描述为一种形式上的改变，不限于改系统、改结构、改规制、改程序、改联系、改机制、改方向、改目标、改原理，也包括十能之间的对应性转换、联动性转换、错落性转换、隔层性转换、拓扑性转换。

比如形下器能层面是一个物质自组织反应系统，有其内部独特的运行机理和程序，能的转化方式体现在肉体内部具有各种功能的基本粒子之间；生理机能层面是一个肌体运动系统，能的转化方式体现在器官与器官之间、细胞与细胞之间、基因与基因之间；神经智能层面是一个内外感应系统，能的转化方式体现在不同神经及其反应之间、内部感觉与刺激之间、外部感觉与影像信息之间、内部感觉与外部感觉之间、随意神经活动与植物性神经活动之间；行为动能是一个内外联动系统，能的转换方式体现在肌体运动与对象运动之间、肌体运动与器官运动之间、器官运动与神经运动之间……且远不止于此，各种能总是在不断地转换其存在形式、运动模式、联系方式，通常包括转换系统、转换层次、转换频道、转换机制、转换程序、转换对象、转换原理。

比如生理机能“频道”向神经智能“频道”的转换，神经智能“频道”向自我意能“频道”的转换，自我意能“频道”向意识慧能“频道”的转换，意识慧能“频道”向精神超能“频道”的转换，或者精神超能、意识慧能、自我意能等“频道”向神经智能、向语言联能、向行为动能、向外应物能等“频道”的转换，也包括行为动能或语言联能向外应物能的转换，等等。所在多有，不一而足。

至于转换的接口、档位、枢纽、频道，都在神经智能中的特定感应器、效应器、特定脑区、特定皮层、特定粒子、特定血质、特定细胞、特定基因中隐藏着，这还有待于人们继续做出更深入的探讨和研究。

比如意能转换为动能，或要转换为言能，要经智能层实现转换；物能转换为意能，也要经过智能环节进行转换，把客观影像信息转化为主观影像信息，然后再转化为意能（说明智能属于中观世界的内容）。

在整个自我结构的内部或外部，每一种能在特定欲望驱动下都能发生转换，甚至可以在瞬间实现多次转换。

比如一个外应物能的刺激，可以激发智能、心能、意能、行能、言能几乎同时发作出来。而且十能之间所转换的不仅仅是能本身，也转换了运动方向、运动系统、运动频率、运动方式、运动层次、运动机制、运动程序、运动对象，实现了内容与形式、功能与对象、机理与器官的跳跃性转换。用转换这个词可能还不够准确，还不足以尽意，其中也包含着改道、调频、转向、换挡，或者说是换了系统了，换了套路了，换了机制了，换了原理了，改变运行方式了。

我们在日常生活中评价一个人在某方面有什么能耐，有多大能耐？或者询问他（她）“能不能？”“能做什么？”……等等。言语中所使用的这个“能”的概念，即含有能量、能力、功能、效能的意思，可以直接转换为一种本领，一种力量，一种支撑，一种素质，一种作用，一种属性，一种特征，在本质上说其实就是对人在能结构方面所做的追问、分析、鉴定、确认或评价。

比如我们评价某人在社会沟通方面“能说会道”“能言善辩”时，其“能”所指即属于语言联能的范畴；我们评价某人在事务实战方面“能进能退”“行其所能”时，其能所指即属于行为动能的范畴；我们评价某人在分析问题方面“能谋善断”“能掐会算”时，其能所指即属于自我意能的范畴；我们评价某人在承载重物方面“力能扛鼎”“力不能支”时，其能所指即属于身肌体能的范畴；我们评价某人在人力资源方面“任贤使能”“量能授官”时，其能所指当属于十能结构所涵盖的更大的范畴，社会上有些官职甚至要求十能俱全和十能俱佳方为上等人选。

很显然地，“能”的概念业已渗透并运用于社会现实生活的方方面面，并在人类可认知范围内得到了习惯性和实用性延伸与拓展。

欲望动力心理学以能结构分解理论或十能合一的人格构造理论分析和解读人类个体的自我人格与品质，其不但符合经典物理学和量子物理学的基本原理，符合能量转化与守恒定律，更符合人类日常生活和社会实践知行并用的能动的现实逻辑。

所以，十能结构主义心理学或质能结构主义心理学具有十分广阔的科研发展前景和明效大验的理论指导意义，可以用来解释关于生命、生理、生活、认知、思维、语言、行为、情感、情绪、心理、意识、精神等几乎所有人类问题和自我问题。

每个人作为动物的原身，从一出生就开始动起来了，因为动而不断使各种能发生流变、释放、消耗，并不断在人体内外环境的互动中发生能的转换与消长。

比如生理机能转换为神经智能，神经智能转换为自我意能，自我意能转换为语言联能，语言联能具有特定的运行方式和套路。通过这种方式和套路又可以转换为外应物能，外应物能也具有特定的运行方式和套路，通过这种方式和套路又可以转换为行为动能，行为动能又转为神经智能和生理机能，如此往复，循环不止。转过来，换过去，能的形式不断变化，系统不断变化，机制不断变化，程序不断变化，整个自我就在十能的不断转化中变来变去，换来换去，转来转去，共同完成同一个意志，同一个欲望目标，从而组建了一个生而动、动而乏、乏而欲、欲而思、思而行、行而果的运行程序和运行机制，形成了一个联动的欲望动态线路模型，我将这个模型称为人类自我欲望运转机制模型。

人类任何个体自我形式都毫无例外地在这个模型中产生，在这个模型中生活，在这个模型中欲望着他的欲望，追求着他的追求，满足着他的满足。这就是人，这就是运动着的人，这就是思考着的人，这就是情绪着的人，这就是意识着的人，这就是智慧着的人，这就是精神着的人。

第四章　欲望的能量分解式

——自我十能结构对欲望层次的决定作用

欲望是构成自我基本框架的各种能形式相互转化的产物。自我质能结构的组合模型、运行机制和转化原理为我们对于欲望的能量性解析、整合与表达提供了效验显著的科学依据、思想方法和考察视角。能，是自我结构形式的根本蕴藉内涵和绝对支撑力量。每一种能都处于不停的运动状态，因此也都不可避免地发生盈满和匮乏现象，这就必然地预示着每一种能在流变过程中，都可能引发欲望性事件。

构成人类自我的能有很多种，我在本书系中对它们进行还原、提炼、归纳并整合出具有显著效用的十种能形态，简称十能，作为组合和构建自我存在性的基本支撑力量。这里，我们有必要透过自我质结构内容，而侧重探讨一下人类自我能结构与欲望之间的关系（亦即能量与欲望之间的关系）。我将这种关系称为自我能结构转换原理，或简称自我十能结构理论。但这与本书系推出的欲望层次理论是否存在叠床架屋之嫌，却着实让我多少有点不安。为此，我不得不向读者做出更详细的解释。

我在本书系提出的欲望层次理论是按照人类智能上升过程和认识发展过程的基本序列模型划分的，旨在挖掘人类认知水平与欲望层次之间的特定对应关系和共轭关系，揭示出人类欲望形式和欲望目标总是伴随着人类智能水平和认识层次的不断提高而随之上升的规律。而自我能结构转换原理是从构成人类自我的各种能结构视角上来分析欲望与能量之间所存在的特殊的隐秘的对应关系和共轭关系，对于欲望层次理论而言，两种视角和两个研究路径是不谋而合和殊途同归的。这也从另一个侧面证明了欲望层次理论或自我十能结构理论自有其缜密可靠的逻辑推演过程。这样，我们在这里根据自我十能结构理论可以划分出十种向量的欲望分解式：

一、器能欲望：由形下器能转化的欲望形式

即形下器能产生的欲望形式。在欲望层次理论中与本性欲望、感性欲望甚或知性欲望存在一些交叉关系，属于自我结构中器我层次的欲望，主要包括对个体自我形体面貌方面的欲望要求。

每个人都天生具有不同的体貌特征，虽然很难改变，却总是希望自己长的好看，长的标准，对身材高矮、胖瘦、体重、毛发、额头、眼睛、鼻子、下巴、脖颈、胸围、腹部、腰围、四肢，甚至指甲、眉毛，都有各种各样与社会、时代、民俗、身份、时尚等相适宜的审美标准。

人们出门时通常不忘照照镜子，有的还要用各种各样的化妆品给自己美容，以冀让自己的形我层次能够给他人带来好感。对自己身材俊美，面容漂亮，形象出众，则引为骄傲，而对自己长相不如意的地方却深感遗憾，甚至有些人不惜忍剧痛花巨资去医院整容。这些行为、心理、动机，都是出于器能欲望的作用所致。

甚至远非止于此，鉴于我们每个人所存在的先天性基础和先天性质能结构的独特组合，以致使不同的人总是具有不同的健康状况以及不同的智商、情商、心商、气质、性格、脾气、秉性等，其中有些内容是每个人都无法经由后天努力所能改变的。所以，每个人都寄希望于自己具有更好的先天性造化，并以此寻找和选择更好的潜能开发方向。

二、物能欲望：由外应物能转化的欲望形式

即外应物能产生的欲望形式，属于自我结构中物我层次的欲望，也称物欲。在欲望层次理论中与本性欲望、感性欲望和知性欲望存在交集关系，

特别是在本性欲望阶段属于自我在正欲望方向上追逐的目标。物欲在个体自我结构中占有很大的份额，并伴随着人的整个一生。

物能欲望源自于自我人格结构的特殊性，即外在性。每个人的自我结构中都有一条特殊的腿伸向了外部世界，并借助神经智能、行为动能和语言联能而向外部环境中的欲望对象发动攻势，以便在衣食住行等方面实现与外在对象性他者的交换和补充。

三、机能欲望：由生理机能转化的欲望形式

即生理机能产生的欲望形式，也称本性欲望，属于自我结构中机我层次产生的欲望。关于本性欲望形式，我已在《欲望与认知心理学》一书中做了非常详尽的阐述。这里就不再赘述了。

四、智能欲望：由神经智能转化的欲望形式

即神经智能产生的欲望形式，属于自我结构中智我层次的欲望，也称智性欲望，在欲望层次理论中与本性欲望、感性欲望甚至知性欲望具有交集关系。

神经智能既是内部环境中生理机能的传导器和反应器，也是外界环境中各种信息材料的采集器和自我意识形成的助推器。

智能反应主要体现在感觉、记忆、传输和协调功能上，是人类没有完全上升到意识层面之前的反应形式。所有欲望形式都必须在完成一定的感性过程而后才能产生出来。

从这个意义上说，人类个体自我结构中所有欲望形式都要经由神经智能这个媒介来回传递，但这并不意味着所有欲望都是智能欲望。智能欲望主要指与智能自身反应有关的要求和期待，包括内部感觉和外部感觉所期待的内容，大都是事关舒适性、传导性、审美性、新奇性的各种欲望。

比如眼睛喜欢看到美景、奇景、新景，耳朵喜欢听到美声，听到奇闻异事，舌头喜欢尝到美味，鼻子喜欢嗅到芳香，肌肤喜欢接触柔润细软的器物，等等，都属于智能欲望形式。

五、官能欲望：由鉴知官能转化的欲望形式

即鉴知官能产生的欲望形式，也可以称为感性欲望，属于自我结构中官我层次的欲望形式，是外部感觉之所系，其与我在《欲望与认知心理学》一书中关于欲望层次理论所阐述的感性欲望一脉相承，内容基本上是一致的，只是考察的视角有所不同而已。

六、心能欲望：由心理势能转化的欲望形式

即心理势能产生的欲望形式，也称情性欲望，属于自我结构中心我层次的欲望。个体自我的存在性是通过与外在对象性他者的对应、呼应、互联、互动而实现的，自我结构中各种能的耗损和衰退，必然需要外部环境中相应的对象性资源给予及时而有效的补充。

但经过智我、言我和行我的配合和努力，虽然与外在对象性他者有所接洽、有所联系和有所互动，最终却未必能够收到令人满意的效果，其间可能充满了无数的变数。

鉴于自我能力、所处情境以及外在对象的流变性等因素的存在，内外互动效果不佳的情况多有发生，这就在成败之间、顺逆之间、利弊之间、好恶之间、得失之间通过比较而构成了一种落差性和效应性刺激。反应到大脑的意识层面之后，对已然出现的成与败、顺与逆、利与弊、优与劣、好与恶、得与失等互动效果，必然要回馈给自我结构内部相应的自我层次，而这些自我层次所期待的内容其实最终总要落实到机我的终极需求上。

这就难免使机我通过自主神经做出底层反应，从而导致心脏、血管、腺体等生理机能发生一场异动性改变，使体内的液体、气体鼓胀起来或沉缓下去，引起心情、心态、情绪、态度、表情等异常发作，并直接针对外在相应的对象性他者产生具有特定倾向性的情性影响。其本质也是一种有目标的非语言性特殊表达形式，属于心理表达、心情表达、情绪表达或情感表达等情性形式。良好的情性表达会带来和谐友善的气氛和良好的互动

交流效果；相反，恶劣的情性表达只能使对象性他者及其合作性欲权人与主体自我的关系越来越紧张，越来越疏远，越来越不配合，只能使事情的发展趋势越来越糟糕，甚至背道而驰。

心能欲望当然是对于自我心理环境的美好期待。

我们每个人都希望自己天天有个好心情，活得快乐，活得惬意，活得舒心，这些都属于心能欲望。心能欲望是人类自我心理欲望形式的终极所在。我们千万别小瞧心能欲望（或曰心理欲望），因为它直接决定了整个自我的心理健康和快乐幸福。

七、动能欲望：由行为动能转化的欲望形式

即行为动能产生的欲望形式，也称动性欲望，属于自我结构层级中的行我层次的欲望形式。

人类个体自我行为的产生主要来自于两个方面：一个是来自于先天的智能方面，是对智能反应的动作性配合；二是来自于自我意识反应的对接性配合，是带有明确自主意识（或称自主意志）的行为，行为的主体是真正的自我，而并非神经智能反应。

因为神经智能反应直接支配的行为有时会受到自我意识的调整、节制，甚至取消。纯粹神经智能性反应行为属于动物性行为，或接近于动物性行为，这种行为大多表现在婴幼儿时期，到了成年时期，我们都有能力为自己的行为负责任了，所谓谁的行为谁负责，谁做的事谁负责，这里面的“谁”指的已经不再是动物性层次的那个自我了，而是指人性层次的这个自我了。

区别就在于动物性行为的主体是神经智能，人性行为的主体是自我意识，只有自我意识才能代表纯粹人性的自我。

但动能欲望虽然发之于自我，却并非指向自我本身，而仅限于行为对象和行为效果，包括行我在接受主我意旨后，其所付出的行动是否会受到自我身肌体能或外在环境事物的限制，是否能够顺利执行，是否具备了相应的行为能力和行为技巧，由此产生的欲望期待，便可归结到动能欲望范畴中。关于动能欲望，也可参照我在《欲望与认知心理学》一书所阐述的欲望层次理论中的动性欲望，其中有些方面存在着明显的交集或者是完全一致的。

八、意能欲望：由自我意能转化的欲望形式

即自我意能产生的欲望形式，也可以称为理性欲望，属于自我结构中意我层次的欲望形式。人类意识是神经智能发展到一定阶段的产物，是神经智能从被动性和受动性反应而向主动性和能动性反应发展过程中的一次华丽转身和反馈应答。

正是这一次转身和应答，使人类从简单的动物层面中跃动出来，超越出来，而一步攀升到了高级而复杂的人的层面上，动物属性藉此演绎为人的属性，动物的世界由此而转换成了人的世界。可以说，正是意识的出现才使自我主体从神经智能层面跃上了自我意能的层面，并使自我的真主人转移到了意我的层次上。

人类的意识蕴含着无限的能量，具有无限的功能，并能产生与之相应的效能。意识的力量就是思考的力量、思维的力量、思想的力量、理性的力量。如果说，人类神经智能是一种可以感知世界的初级智慧的话，那么，发展到意识层层次，就开始具备了可以适应世界的中级智慧了（到了万应慧能层级，那就具备了可以改造世界的高级智慧了）。

自我意能足以支配和指导个体自我按照身肌体能和外在环境的特点而主动地学会适应，学会生存，并开始思考关于世界的各种问题，试图从中找到成全自我和满足自我的路径。

这样，我们就可以看得出来意能欲望所包含着的主要内容，比如为某一个问题寻找答案，对纷繁复杂的事物中隐含的各种关系进行条分缕析，探索相关事物的运行规律，为自我找到最佳立足点位，等等，一切与此相关的期待和要求，都是意能欲望指向的理性目标。意能欲望在欲望层次理论中更多地属于理性欲望的层次。

九、超能欲望：由外应神能转化的欲望形式

即精神超能产生的欲望形式，也可以称为神性欲望，属于自我结构中超我层次的欲望形式。可参见我在《欲望与认知心理学》一书中关于欲望

层次理论所讨论的神性欲望。

十、言能欲望：由语言联能转化的欲望形式

即语言联能产生的欲望形式。在自我结构中属于言我层次的欲望形式，而在欲望层次理论中被归纳到动性欲望层次之中了。

言与行都是主体自我意志的外在反应，都受到自我意志的支配、驱动、协调和控制，都是自我主体为实现欲望的满足而与外在对象性他者建立联系的对接性、互动性或动作性表达方式。

一个人既需要为自己的行为负责，也需要对自己的语言负责。我们写文章、签合同，或者做出口头承诺，都是具有社会效应或者法律效应的。古有“一诺千金”之说，近有“文责自负”之律，都是对主体自我意志的社会性认同原则和诚信原则。

一个人的言行，不仅代表了个体自我的意志倾向，也代表了其道德伦理水平、社会规范标准、基本文化素养、人际信用形象等诸多方面的内容。所谓言能欲望就是个体自我希望其依靠语言的力量所能达到的基本效能和预期效果，凡与此有关的欲望形式，都属于言能欲望。

我在欲望层次理论中只设定了八个层次的欲望。这里由十能理论推导出十个欲望层次，其中增加了器能欲望和言能欲望。因为形下器能与人的内部生理环境和外在客观环境息息相关，所以器能欲望实际上已包含在欲望层次理论中的本性欲望和感性欲望之中了。而言能欲望作为语言联能所产生的欲望形式，与人的行为一样，都具有与其他欲望形式和欲望层次互联互通的关系，都具有与外部环境互应互动的关系。

第五章 关于自我人格的另类解读
——元认知理论模型中的自我意识

关于自我意识的形成及其结构方式和性质特点等问题，我们通过十我结构模型已经做出了较为周延的解读。但在以往的自我人格认知理论中，人们一直试图通过从认知到认知的传统方式来寻找解读自我及其自我意识的有效途径。

“自我”一词是指个体意识中关于他自己的基本特征的一个总的观念、图式或框架。对于人类社会纯粹个体而言，自我是其人格结构的主体框架，自我意识则是填充于人格框架中的全部内容。

一、从内省悖论到元认知假设

法国实证主义哲学的奠基人孔德当年提出了关于自我意识的内省法存在“自我证明的悖论”，即同一器官无法做到既是观察者的同时又是被观察者。他对当时诞生不久的心理学领域的自我意识研究提出了一个著名的疑问：“作为思考者无法将自身分成两个部分，一个部分进行推理思考而另一个部分却在观察这种推理。一个有机体进行观察的同时觉察到这种观察事实的存在……这种观察是如何发生的呢？”这就是著名的孔德悖论。

近一个世纪以来，人们对自我意识的结构机理和运行机制提出了诸多理论假设，但由于未对理论的阐述对象做出明确规定，而且缺乏足够科学的评鉴标准，很难用事实来验证其成功之处。然而，人们对孔德悖论解决方案的争论也最终引发了自我元认知模型的理论建构。

正是缘于“不识庐山真面目，只缘身在此山中”的内省悖论的困扰，为寻求一种解决自我意识问题的更好方案，心理学界开始注重借鉴哲学界的理论。1956 年，哲学家塔斯基（Tarski）为回答孔德悖论，引入了一个新概念“元”。他将人类的意识过程区分为客体层次和元层次，将一单独过程分解为两个（或更多的）同时性过程。

依据“元”概念，1976 年弗拉维尔（Flawell）在他出版的《认知发展》一书中正式提出了“元认知”这一术语。他认为“元认知是一个人所具有的关于自己思维活动和学习活动的认知和监控”。从实质上讲，元认知概念是描述了人类自我意识在认知视角调节上的一种功能。因此，元认知基本上是一种二级构造，认知活动的对象是问题、数据之类的东西（一级构造），而元认知活动的对象是认知过程本身。

所以，一般认为“元认知就是对认知的认知”，其实质是认知主体对自身认知活动的自我意识和自我调节。它包含三部分：元认知知识（对认知活动过程、结果及相关信息的认识）、元认知体验（伴随认知活动而产生的情感体验）、元认知监控（主体对认知活动的监控与调节）。

元认知监控是元认知的主体，它表现为主体根据自己的认知特点、知识特点和学习要求等定出计划、选择策略、评价其有效性、做出补救措施等。

其实，元认知思想并非弗拉维尔的独家创举，早在 17 世纪德国哲学家莱布尼茨就提出了自我意识的统觉学说，这一学说与元认知思想如出一辙。

他认为，在自我意识之上还存在着一种特殊的认知形式，亦即感知自身内在状态的意识或反思，也就是对自我意识的意识或反思。他指出，“感知是单独表现外在事物的内在状态，统觉则是对这种状态的反思或意识”。

后来康德、冯特等人继承了统觉学说，并对他们的自我意识观产生了直接影响。美国教育家杜威在谈到自己的元认知思想时，运用“反思性自我意识”一词明确指出和说明了培养积极监控能力、批判性评价能力的重要性。

前苏联早期心理学家维果斯基在 20 世纪二三十年代对自我意识问题也曾有过精辟的论述。他在其《思维与言语》一书中指出，“意识活动可以指向不同的方向，它可能只集中在思维或动作的某些方面”“我们使用意识去表示对大脑自身活动的意识，即对意识的意识”。不言而喻，对意识的意识即是元认知的代名词。

不管是统觉也好，元认知也好，都试图突破自我意识的局限，而力求在自我意识之上找到一种反观自我意识的认知视角、认知形式和认知手段，从而使对于自我及自我意识问题的研究上升到超自我和超意识的层面来观察和审视。这样方能按图索骥，洞幽烛微，看清其庐山真面目。

其实内省悖论阐述的道理就像一面镜子只能照见外在的他者而不能照见镜子本身一样。自我意识的形成如果把外界事物当成镜子，那么其所面对的则是一个非常模糊的镜子，用这样的镜子来反映自己，观照自己，来给自己画像，也定然是一个模糊的自我形象。

如果自己本身是一面镜子，那么这个镜子只能反映客观世界，只能反映外在对象，而无法反映自己。因为自己作为“镜子”无法照见自己，所以只能在自我主体之上或在自我主体之外寻找更高层次的认知主体，这个主体便是主体的主体。只有这样，才能获得观照自己、审视自己和解释自己的外在视角，否则便会陷入自我认知困境中不能自拔。

二、自我意识的残缺性

从本质上来说，人类自我意识实则是自身欲望的自洽状态或通过他洽而实现自洽的完美整合及其过程。就是说，自我意识绝不是一个冷漠孑然的孤本，绝不是一个孤芳自赏的艳妇，而必须通过自身生理功能和心理感受的和谐一致实现自洽性的认同，或者通过与外在的他者在欲望系统中有机对接与洽合，并进而实现身心自洽性的认同。

只有被认同的东西才是自我意识中的内容，否则便会被自我意识所拒斥和排除。这同时也是智能杆或意识阈概念所注定了的结论。

自洽体现在自我内在身心的谐和、贯通与匹配，也是自我十能结构的协调一致，是神经智能与自我意能的舒畅顺遂；而他洽则体现在自我与外在的他者或与非人类共性的特征之间所实现的交合与融汇，并通过认同之后而演变为习惯性自洽。比如穷困之人虽每天布衣粗食，却可能也会安常处顺，怡然自得；天生聋哑者虽不具备听说功能，但最终也能正视无声无言的缺陷而产生对自我的习惯性认同感；天生丽质者即便偶患脚疾，也可能为此烦躁不安，哭眼抹泪，极不情愿让这只烂脚长在自己身上。

这说明，同样是缺陷或不好的东西，有的人可能会与之实现了他洽性适应并进而产生自洽性的认同感，有的人则不能与之实现他洽性适应，不能产生自洽性的认同感。

那些对于存在某种缺陷已然认命的人，都是与外在的他者不得已而实现了适应性他洽的交合与融汇，并通过时间的磨合而演变为一种自洽性认同感，而后即成为其自我意识的一部分内容。至于好的东西，诸如健康、美貌、智慧、财富、权力、美名等等，如果为自我所拥有，那么几乎所有的人都乐得与之实现他洽的有效交合与融汇，并很快演变为自洽性的认同感，直至将它们视为自我的一部分，在其自我意识中藉此高昂地垫起自信与骄傲的巨擘。

阿 Q 可以与癞疮疤实现适应性的他洽，并进而演变为自洽性的认同感，从而使一些外在的、后来的、不好的东西也能够成为自我意识中的一部分内容，当因为癞疮疤而受到羞辱时，阿 Q 会说："你还不配……"这时候，"仿佛长在他头上的是一种高尚的光荣的癞疮疤了"。说明阿 Q 已经与癞疮疤实现了同一性自洽。

我们已多次论述过，人类从一出生开始便是不完善的，无法依靠自身的力量从外界事物中完全独立出来，而必须与空气、水、食物、异性以及特定的自然情境、社会情境和文化情境等外在的"他者"交融并合成一种连通性、互补性与互动性的动态存在形式，才算是拥有了一个浑圆的、完整的、循环的自我及自我意识。这种天然的抱残守缺的特点，使得人类不可能以其自身的绝对独立而实现一以贯之或一成不变的自我意识。

这就是说，每一个人的自我都是不完整的，都是有欠缺的。其所欠缺的部分只能通过外部世界的他者获取补充和完善的可能。

这样，每一个不完善的自我，都会为了弥补欠缺而孜孜以求，包括对外在环境中的能量欠缺，对于这种能量的需求与渴望便成为自我的一部分；特别是对于异性的天然的欠缺，要弥补成一个完整的自我必须得到作为异性的他者的结合、配合与交合。此后，这个异性便成为自我的一部分，生了孩子之后，这个孩子也成为自我的一部分。这就是人，包括其他动物，不需提醒，不需嘱咐，不需训练，都天然地爱自己的异性，爱自己的孩子，致使爱人、孩子都是构成自我的一部分。

这时的自我不单单表现为自己的孤立的身体，也包括所缺的那一部分身体——异性的身体，以及自己的身体分化出来的孩子的身体。这才是人类个体在性欲或繁殖欲方面的完美的自我整合，也是通过对他者的认同和肯定而实现意志的统合性自洽过程。

完美的自我不能缺少另一半，而上帝留下的缺憾使得男人或者女人都无法在自身封闭的世界里找到不需要外在他者给予配合并进而实现其自洽性的、绝对完美的自我。

人类个体自我只有与外在的另一半实现交合才能感觉到自我的实现。这也是人一看到异性便心动的根本原因。特别是在年轻的时候，一个人在没有异性伴侣或伴侣离自己而去时，常常会表现出心神不宁、魂不守舍的样子。人的自我意识总是在自我辐射而成的欲望场中产生，每一种被有效辐射的他者都将成为其自我意识的一部分内容。这些内容可以是有生命的事物，也可以是没有生命的事物，可以是会说话的，也可以是不会说话的，但它们一旦进入自我欲望场，一当被自我欲望所辐射，那么，它们就会不由分说地进入自我意识之中了，并借助主体的神经智能和自我意能而形成可以用语言表达的意识活动。

这时，这些后来进入自我意识层面中的内容不但都会“说话”了，而且还会以自我为中心，为自我服务，为自我效忠，并以语言流的形式说出符合自我意志的话，形成意识流，这种为完善自我而产生的意识流便是自我意识。

因此，人类自我意识必须是一个从他洽到自洽的合成性的产物，且永远无法成为完全与世隔绝的孤立的斗士。这也是我们为什么对自己是谁这样一个简单的问题却永远也找不到一个令人满意的答案，没有人能够轻松地说出自己到底属于自己还是属于他者。

一个完整的自我意识必须与其所依赖的所有的他者实现自洽与他洽的整合，这个整合过程，就像物理变化和化学反应一样，使自己与外在的他者合成为一个新形象、新观念、新构造，这个新形象、新观念、新构造便是自我与外在的他者合成那一刻的自我意识。

人类个体在性欲层面上可以与作为异性的他者合成一个对应于性欲满足面的自我意识；在食欲层面上可以与作为食物的他者合成一个对应于食

欲满足面的自我意识；在呼吸欲层面上可以与空气的他者合成一个对应于呼吸欲满足面的自我意识；在控制欲方面可以与被支配的他者合成一个对应于控制欲满足面的自我意识；在归属欲方面可以与社会某个地域或某一人群的他者合成一个对应于归属欲满足面的自我意识。

但我们也会看到，一个人在某方面实现了比较完美的自我意识，而在其他方面，其自我意识可能仍然是残缺不全的。这说明，一个人实现完整的自我意识只限于某一个欲望层面或者某一个时空节点上，而不可能在所有方面和所有时空序列中都能获得完整的自我意识

。从整体的运动的时空意义上而言，人类自我意识永远是残缺的，不完善的。这也是作为个体的人为什么总是免不了会发生躁动不安的原因，即便是一个富可敌国的亿万富豪，也会因为存在着其他缺憾而表现出魂不守舍、心神不宁的样子。这就是说，一个人在一个欲望层面上实现了完整的自我意识，而在其他欲望层面上却可能还存在着无能为力的缺憾。

即便是“普天之下莫非王土，率土之滨莫非王臣”的皇帝老儿，其欲望的满足也不会尽善尽美，尽如人意，也总会有不完美、不惬意的地方令他不安。而任何一种不安都是由缺欠造成的结果，这种情况下的自我意识也自然不会是完美无缺的。

鲁滨逊生活在一个孤岛上，作为生理性自我的个体，他是完整的；但作为个体的自我或自我意识，也同样不可能是完整无缺的。他的自我意识中也同样离不开外在的他者的补充，包括废弃的船只以及船只上残留的食物与器具，也包括岛上的树木、果实、水中的鱼等等，都会成为他的自我意识的他洽性补充对象，他没有异性相伴，有许多许多方面不能使他满意，这也是他为什么一见到远处驶来的船帆便会异常兴奋，并希望能够立即搭船离开这个孤岛，以便到岛外的大世界中获得更多更全的欲望满足与外在补充，从而与更多的对象性他者实现自我的完美性洽和。

一切不满的、不安的、不适的、不幸福的感觉的存在，都是自我因缺乏他洽性完美补充而使自我及自我意识无法实现完美自洽的结果。人类只能依赖于他洽而实现自洽，没有他洽的动态补充。那么，完全自洽的自我意识形态是不存在的。

自我意识的残缺性是一种常态，人类社会每个人的自我意识都是残缺不全的。个体自我在茫茫世界所追逐的一切，都是为了对自我进行补充与

完善。人们表面上在追寻外在的他者，实质上却是在追寻着一个完整的和完美的自我。

人们在面对外在事物时，认为“这个是我的”，这是自我意识根据大脑中既成的观念或标准而对于他者的需求性认同、圈定、追逐与接纳，他者的补充是自我意识不可或缺的完善与整合。认为“那个是他的”或者“那个不是我的”，则是自我意识根据大脑中既成的观念或标准而对于他者的排除性反应与确认，是对于多余的赘物或不符合既有观念、既有道德和审美标准的事物所做出的剥离与撇清。这种多余的非自我认同的东西一旦施加在自己身上，便不会成为自我意识的适格内容，而会被自我意识排斥出圈外，并以自我结构的反面形式存在于自我意识之中。

但现实生活的残酷性往往会将一部分不符合自我审美标准或既有观念的内容加诸于自我的身体上或生活中，比如丑陋、残疾、羸弱、低能、贫穷、捆缚、暴力等不利的东西，不得已而成为自我的一部分内容。有时让人无法拒绝、无法剥离、无法撇清，这就使得个体自我意识并非等同于自我满意的理想意识。对于属于自我的不好的内容的认知，虽然不得已而照单全收，却未必代表着能够全部遂意和被全部同一化。

在一个人的自我意识中，其自我鉴定、自我评价通常总是良莠参半的。时间久了，这种鉴定或评价便会成为自我认识的一部分，并形成一种定势和定格的形象、观念、构造。即便腿脚有点瘸，说话有些口吃，也只能被认知为“这是我的”，是构成其自我的一部分。

上文提到阿 Q 头上有块癞疮疤，阿 Q 以为那是缺陷，是耻辱，是不光彩的事情。于是，人们不能在他面前说“光”“亮”之类的词，以至于后来发展到连“灯”都忌讳了，否则，谁当面说这些字眼儿，对于阿 Q 就是侵犯，在他看来比他弱的，他就动手教训，比他强的就用目光鄙视或者在心里骂一番。但实际上人们说与不说，癞疮疤就在阿 Q 头上，不增不减。不管阿 Q 有没有足够的胸襟和勇气面对和包容这块癞疮疤的缺陷，阿 Q 都没有办法抵赖，而只能把它算作自我的一部分，与其懊恼和自卑，倒不如坦然面对和正视。

一个人自我意识中的内容，绝不是一成不变的，或真或假，或美或丑，或善或恶，或优或劣，或好或坏，都可能在质和量方面发生这样或那样的改变。即便先前不得已而与癞疮疤实现了自洽性的认同感，日后也可以通过整容而发生改变。

我们知道生活中的一切都在不断发生变化，当然也包括自我及自我意识的变化。面容娇艳，最终也难以抗拒老态龙钟的沧桑；疾病缠身，也可能会遇见高明的医师妙手回春；脾气暴躁，也可以通过加强修养而变得温和老成；才疏学浅，也可以通过学习和实践而变得满腹经纶；位卑言轻，也可以通过后来的努力而身居高位，一言九鼎。

这说明，一个人的自我意识是一个动格，一个变量，其中的一些内容也在不断增加或者减少。以前的自我与现在的自我不可同日而语，不可等量齐观。或者说，每一天都会有一个全新的自我，因此也都会有一个全新的自我意识。

这正如古希腊哲学家赫拉克利特所言："一个人不可能两次趟过同一条河流。"反过来也是如此，一条河流不可能两次被同一个人趟过。换句话说，一个人从时光隧道中一路走来，每一时每一刻露出头来的都不会是完全雷同的自我。这种不同，不仅体现在生理层面新陈代谢的物质性更新，也体现在与诸多他者实现他洽后而演变为自洽的自我意识更新，包括知识的更新、认识的更新、思想的更新、观念的更新、情感的更新、心性的更新。

我们常说，太阳每天都是新的，人又何尝不是如此，人每天都是新的，人的自我意识每天也都是新的。

自我意识既具有通过他洽而实现自洽的单一方面的暂时完整性，也具有无法实现他洽而最终也同样暂时无法实现常态自洽的残缺性，既具有对于他者满足自我的需求性和趋利性，也具有对于他者危及自我的排斥性和逃避性。能否实现他洽与自洽，主要在于个体观念、审美标准或欲望期待在理想与现实之间的衡量尺度和机缘错动。

"是我的"或"不是我的"，"我认可的"或"我不认可的"，在不同人的自我意识中，其认同的标准和界限是不同的，因此其自我意识的变数和水平也是不同的。鉴于自我意识的后天反应性特征、内外合成性特征，使得自我意识必然成为一种动态的和变化着的结构形式。

正如萨特所说的"今天的自我与昨天的自我或未来的自我是不一样的"。原来所形成的是非对错、好坏优劣的观念，到后来随着环境的变化和经历的促动，可能会不同程度地发生着这样或那样的改变。这说明，自我意识只能是一个动态形式，而绝不是一成不变的固定的模板。

藉此我们可以解读欲望膨胀时的自我意识特点。一个人对于外在他者的欠缺与需求，造成了自我意识的不完善和不健全，这时就急需补充与满足，欲望残缺的部分越大，其日后膨胀的尺度也越大，所希望获得补充的他者的含量也越大。

随着匮欠在自我意识空间中所占比例的增大或增多，对象性他者的力量也越发变得强大起来和迫切起来。作为自我意识所指向的外在的填充物——他者，就像美艳的侠女，攻克了此前既有的自我意识的旧城，进而登堂入室而成为城中的主人。原来的自我被冲昏了头脑，旧的自我意识可能因此而土崩瓦解，并不得已而退变成被他者降服的臣民，且随他者的诱惑而俯仰与屈伸。

这时一种新的自我意识通过与他者媾和而形成了暂时的自洽，旧的自我意识中的标准与规范随之崩溃，人的行为在这时也自然失去了原有标准与规范的制约。

这也是人类社会发生诸如杀人越货、偷盗抢劫、贪污受贿等犯罪事件的根本原因。比如，强奸便是性欲发生作用时，作为他者的异性对象不幸而成为自我意识的一部分，并随着欲望膨胀而在自我意识空间中钻营并抢占了足够多的意识高地，最终使旧有的自我意识防线被攻克。一种暂时脱离了现实社会规范的自我意识开始形成，并魔鬼般粉墨登场唱起了主角，其行为也随之失去原有观念与规范的控制。

这说明，他者作为自我缺欠的外在补充物，可以成为自我意识的一部分内容，由量变而质变，以致后来居上，最后便在人的行为上体现出来和发作出去。

生活中我们经常发现，一个向来忠厚老实的人，突然听说以欺诈罪而锒铛入狱了，或者一个忠诚可靠的朋友突然背叛了自己，此皆为其自我意识发生了变化。其个人欲望在实现他洽性满足过程中，由于自洽性的残缺，旧有的自我意识被排挤、压抑甚至变形，作为补充进来的他者内容，有时并不甘于成为自我意识的附属部分，而且还可能会成为占领意识空间制高点的主宰力量，并进而将旧有的自我意识降为他洽性的他者的奴仆，迫其俯首称臣，为自己效忠尽力。

所以，人的最本质的变化，包括认识的变化、观念的变化、思想的变化、情感的变化、心理的变化、精神的变化、境界的变化、人格的变化、人性的变化，最终总要源自于并落实为后天性的自我意识的变化。

三、自我意识永远是一个变量

自我意识的残缺性是自我意识永远不断发生变化的根本原因，正是源于这种残缺性，才使人永远不会停止对于作为资源或力量之补充的他者的执着追逐。而他者的稀缺性或丰富性以及满足方式的变化性使自我意识始终呈现为一种动态的变数。

在一个单一的封闭的欲望系统中，如果把自我表示为 A，那么其所寻求补充的目标性他者则可表示为 B，A、B 交合方才能形成相对完整的自我意识。这就得出了一个简单的自我意识公式：

$$X=f\times (A+B)$$

X 即为自我意识。X 的取值，不但取决于 A 的欲望指向、匮欠程度、欲望强度、感觉舒适度等，也取决于 B 的满足数量和满足质量，还取决于满足方式 f。f 代表 B 的满足时间、便利程度、尊严高度等软性指标。而事实上，不管在哪一个属类的欲望系统中，A 的欲望指向、匮欠程度、欲望强度、感觉舒适度等每时每刻都在发生变化，B 的满足数量与满足质量每时每刻也在发生变化，二者都不是常量，而是变量。f 作为满足方式和方法也是一个灵活的变量，这就使得自我意识 X 永远是一个不断变化的量。

人的自我意识的可塑性也正源于自我的生理动态性、感觉舒适性、欲望残缺性、境遇可变性和外在他者的客观性、补给性、资源流动性、条件可变性以及欲望满足方式的多样性和多变性。

作为社会个体的 A，其欲望特点具有人类普世的共性，而作为外在的客观的他者的 B，却具有可挖掘、可创造、可改变的选择性和人文性特征。也正是基于 B 的这一特征，社会管理者可以通过改善他者“B”的方式，或通过改变满足方式或方法 f 的方式，而对“A”施加特定影响，以实现符合一定社会规范和管理目标的个体意识形态。A 的旧有的自我意识形态虽然具有“先入为主”的老成和相对稳定性，但有时也禁不住 B 作为后来者的蛊惑与影响，甚至可以产生“后来居上”的意识导向。

其中，通过宣传、教育、鼓动以及物质激励或精神激励的方式所施加的社会管理或企业管理，即是通过变量 B 和变量 f 而最终使 A、B 二者之和发生改变，从而达到改变个体自我意识形态的预期性目标。

四、自我意识的分解与合成

欲望动力心理学认为，自我是作为主体的人试图将自己从外在冗杂的无关于己的环境或关系中剥离出来，分离出来，而形成独立于外在环境与关系的生物体、欲望体与意识体的有机结合。

生物体的不断成长和发育，致使各生理器官及其功能日趋完善与成熟，这为欲望体和意识体的成长和发展带来了可能性契机。

这说明，欲望体与意识体的成长和发展与生物体本身的成长和发育是同步的。

其中自我神经反应能力的成长与发展成为整个意识体成长和发展中最重要的组成部分。

根据弗洛伊德的研究，自我在生命最初的六或八个月便开始形成，到两或三岁时便已建立起来。当然，大部分的变化与成长在这以后都陆续出现了。自我的机能包括：知觉认识、影像联想、理性分析、情感寄托、想象设计、语言描述。

自我对来自环境的要求做出反应，并帮助个人在环境中有效地发挥作用，直到等到能够发现一个可为自然环境和社会环境所接受的表达或满足方式时，自我意识才开始趋于成熟。

自我首先作为一个生物体，相当于一面镜子本身，意识相当于投射于镜子里面的诸多影像的闪现过程。这些影像来自于外在的客观事物，特别是与自己欲望有关的客观事物，其中也包括与自己欲望有关的其他一些人的音容笑貌、言行举止、意志倾向，也包括自己的音容笑貌、言行举止、意志倾向等形象性或意义性资料。

自我意识是一个人以这些影像资料为背景而将属于自我的那一部分内容抽象出来，并由此形成的对于事关自己的认知、描摹、图解或评价。

所以，我认为意识的形成必须具备六个要素：

一是具有生物性反映外在客观事物功能的大脑（相当于具有物理性反映外界客观事物功能的镜子）。

二是具有欲望性体验之后而选择外在事物中的特定目标指向（相当于镜子对于外在客观事物的映射）。

三是具有客观性被反映的外在事物目标。

四是具有机缘性大脑与外在客观事物相映照的契机。

五是具有投射性反映在大脑中的一系列与欲望有关的影像资料或信息资料。

六是具有主观性将大脑中所有影像或信息资料进行加工、整合和抽象的过程。

即大脑以投射其中的各种影像或信息资料为背景、以对自我形象、体验、感受、释疑、设想、预期为目标、以自我对于外在环境的适应性和可驾驭性为标准，而从中筛选、加工和抽象出那些与自我欲望密切相关的成分，从而形成一股与自我欲望倾向相一致的意识流。

而自我意识也正是在这一过程中被逐渐分离出来，其中也包括过去时表象着的自我、现在时感受到的自我和未来时期待着的自我的整合与交融，也包括彼时空环境中展示的自我与此时空环境中展现的自我的穿插与交叠，这些动态的多镜头、多画面中的形象、征象、意象在作为生物体的大脑中的统一，便是一个完整的自我意识合成体。

图 5-1 是用多棱镜魔方显示的不同时间中的自我形象及自我意识示意图。人的自我及自我意识不是一成不变的固定形象或一成不变的平面性简单认知，而是多个形象和多种认知的合成体。

不同的人当然可以选择不同的多面体棱镜以适应对自我或自我意识的

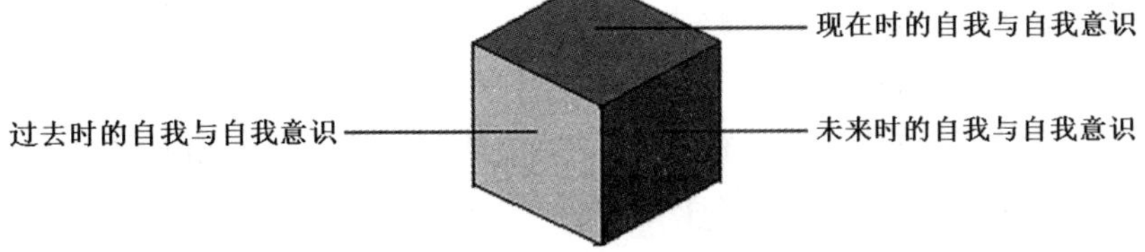

图 5-1　用多棱镜魔方显示的不同时间中的自我形象与自我意识

多视角或多方面映射与描述。这里试图用一个六面体棱镜来显示不同时空序列中的自我或自我意识。这种不同的自我或自我意识，我这里仅用不同的颜色表示。

从图 5-1 中可以看出，每一个时间段的自我及自我意识会映现出不同的形象或形态。

比如过去时的自我、现在时的自我和未来时的自我或自我意识是不可能完全一摸一样的。

这里可以设想多棱镜的每一个面都是一面镜子，可以映射那一个时间段的自我形象，也包括自我意识中对自我的整体认知情况。

一个人的自我认知在彼时是那个样子的，在此时便可能是这个样子的，而在未来更将是另一副模样或另一种沧桑，未来时的自我既可能代表了自我的理想状态或期待，也可能代表了对于未来的自我状态的任何一种估测或预期。

图 5-2 是用多棱镜魔方显示的不同空间中的自我形象及自我意识示意图。这个图可以设想为图 5-1 中六面体棱镜图示的另一半。

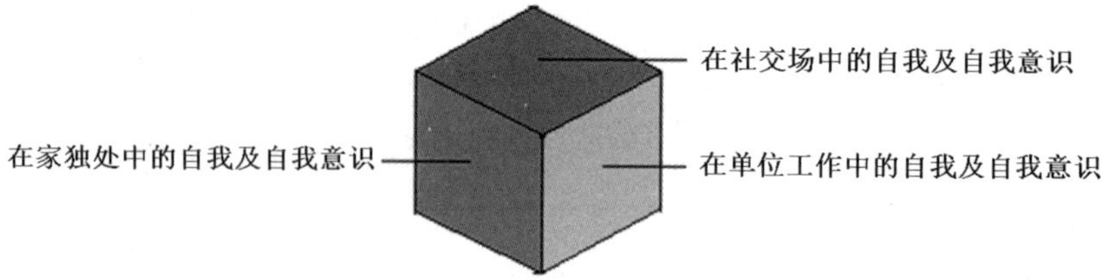

图 5-2 用多棱镜魔方显示的不同空间中的自我形象与自我意识

前者是展示不同时间段的自我及自我意识，后者展示的则是不同空间中的自我及自我意识。

这里仅为举例说明。实际上一个人活在社会上，总要不断变换人际空间，或在家中，在单位，在社会上，分别在不同的时空序列中或与长辈相处、与晚辈相处、与朋友相处、与同学相处、与同事相处、与领导相处、与异性相处、与爱人相处、与其他各种事物相处等等，都会自觉或不自觉地变换着自己的面孔，变换着自己的心态，变换着自己的意志方向，变换着自己的意识活动，变换着自己的情感方式，变换着自己的行为举止。在不同的人际空间便会有不同的自我形象及自我意识。

图中的不同镜面分别代表了自我在不同人际时空中的形象映射和意识形态反映。

以上两个图示是一个关于“我”的形象、姿态、标准和理念等在不同时空序列中展现的多个自我影像资料的联动性和叠加性的集合反映，也是对自我的多角度、多侧面的反应。

这种反映，从不同的时间和不同的空间上看，都有不同的自我形象特点和自我认知特点，对这种复杂的反映方式，与多棱镜的成像方式很相似，不同的个体可能存在数量相异的棱面。有的人可以透视到三棱镜三个镜面中反映的自我，有的人则可能是四棱镜四个镜面反映的自我，有的人则可能在更多棱镜面中反映出更多的自我。

这就意味着，每一个人都具有多个面孔，多个心眼，多种呈现状态和呈现形式。

所以，我将这种多面体合成的自我形象展示方式称之为多棱镜魔方。

当然，这个魔方既可以按照时空序列进行分解与合成，也可以按照其他拓扑结构进行分解与合成。

比如独处时显示一个自我状态，在社会上交往时则显示为另一种自我状态；在一件事上唱主角时显示一个自我状态，唱次角时则显示为另一个自我状态；在朋友面前呈现为一种自我状态，在敌人面前则呈现为另一种自我状态；在利益诱惑面前呈现为一种自我状态，在事不关己时则呈现为另一种自我状态，或在危机和压力面前呈现为另一种自我状态。

但每一个人只有一个“真我”的棱面，也只有一个在某个特定时空序列中基本保持不变的生物体自我本真的棱面。其他棱面所展现的则是在不同的时间和空间环境中的另一种自我形态，表达的是一个人在不同的时空点位上的角色转换与跳跃的影像轨迹。有的是半似表演性质的、或纯粹带着假面具的、或带着套子的伪装性的自我形象或自我状态展示。

一个人在社会上处身不同的情境，面对不同的群体，总是扮演着不同的角色，每一个角色都代表了一个特定的自我形象展示，也都滋生并流淌、洋溢着特定的与之相应的自我意识。这个多棱镜魔方就是对不同时空和不同情境中的不同自我及自我意识的形象化描摹，充分体现了每个人都具有多面性的人格特点。

我们通常所说的人的多面性就是对人的多个自我及自我意识的评说。

安徒生童话中的灰姑娘，我们都知道，她可爱又善良。但她有个盛气凌人的继母和由继母带来的两个爱慕虚荣的姐姐。在她们面前，她低眉顺眼，委曲求全，只能照着吩咐去做，默默忍受责骂。到后来，多亏仙女的帮助，灰姑娘才得以脱离困境，前去参加一个隆重的舞会，恰恰是在舞会上，灰姑娘引起了英俊王子的注意。再后来，那个坠入爱河的王子在灰姑娘破破烂烂的房间里见到了这个非常不起眼的心上人时，竟然未能马上认出她。

这个童话故事让我们在不同的时空情境中看到了两个不同的“灰姑娘”，而对她本人来说则是两个不同的自我及自我意识的两面性展示。当盛气凌人的继母在场时，温顺而不起眼的灰姑娘在这个时空情境中扮演的角色，与王子在舞会上遇到的美丽出众的灰姑娘可谓判若两人。家里的灰姑娘卑怯懦弱，战战兢兢，而舞会上的灰姑娘神采奕奕，举手投足，一颦一笑，自然大方，丰采怡人。这说明不同的时空情境可以在不同的视角上映照出不同的自我，也衍射出不同的自我意识。

五、多面的自我

自我是一个类似多棱镜联动成像的多维度交相辉映和多层次动态组合。这个多棱镜魔方到底有多少个镜面？这一点，根据自我人格十能结构理论，我们可以推断为十个镜面，或者我们还可以将其折叠为五个镜面。

但迄今为止，大多数学者关于自我及自我意识的讨论基本上都有意或无意地站在一个固定的时空点位的单一视角上看问题的。这就违反了自我结构的多元性、多面性和流变性特征。其中将自我意识粗略地界定为自我认知、自我体验和自我控制的三段式认知理念，虽然对于我们在现在特定时空点位上认识自我及自我意识提供了良多启示，但其对于不同时空点位的角色变换的动态的自我及自我意识却缺乏深入的探究。

一个白天在单位上班的自我，下班后回到家里所展现的已经不是完全的同一个自我，包括穿着打扮，包括说话方式，包括面部表情，包括心理状态，包括思想内容，等等都有很多明显的差别。早年记忆中表象的自我与现在展示的自我以及与未来所期待的理想的自我也存在着明显的不同。

将这些自我资料汇聚在一起所呈现的自我便形成了一个多维度、多层次、多视角的复杂的自我形象及自我意识，即多棱镜效果的自我形象和自我意识。

这样，如果从时间上看，自我是一个过去自我、现在自我与未来自我的三段式叠加；从空间上看，自我是不同空间情境中所展示的自我的角色错动与转换。所以，认识自我和自我意识至今尚未找到一个可以包容这一切内涵的理论认知模型。

六、真实的自我

我们究竟会成为什么样的人？这与我们身处什么样的时空情境密切相关，不同的时空情境影响、感染或者胁迫我们分别扮演与那个情境相适应的角色，从而使自我不断变换着身份，变换着面孔，变换着心理情绪，也使自我意识不断做出与之相适应的调整和改变。

所谓“环境改变人”，说的就是这个意思。但同时我们不禁要问：“究竟哪一个情境中的自我才是真实的自我呢？”

真实的自我应该是脱离了外在消极因素的阻碍、胁迫与压抑，或者脱离了外在积极因素的蛊惑、煽动与感染，而完全处身于自然状态中并彻底甩掉了矫饰的人格面具的那个自我。

换句话说，真实的自我不是让自己委曲求全以适应其他各种时空情境，并不断更换自己的人格面具和不断蹂躏或刻意造作自己的心理意志，而是让外在时空情境契合于自我人格结构之中，让一切外在的他者皆为我所用的那个自我——这个自我不啻为隐藏在人格中的自由意志的灵光。这道灵光在拥挤喧嚣的现实社会中是不可能将自我全部照亮的。

因为任何人都无法脱离外在的时空情境或外在的无数他者的影响或捆缚而存在。作为外在众多的群体性他者的力量远远大于个体自我的力量，人的自我意识只能通过与外在的众多他者实现有限的他洽性媾和才能获得短暂的自洽与安宁，只有获得自洽的自我才能看到其真实自我的灵光一现。

而在通常情况下，为了生存起见，为了自我保护的需要，为了不被他者所伤害，真实的自我常常被深深隐藏在表面的人格面具之下，不轻易暴露于社会之中。

所以，在日常生活中，我们自己所展示的自我以及我们看到的他人的自我都并非是真实的自我，而是多棱镜魔方交相辉映的自我。

任何个体在社会上通常显示出的典型人格趋向是设法远离那个不真实的自我，在虚假与真实之间胶着、纠缠、振荡的过程使他始终处于回归自我真实与迎合社会现实的矛盾状态，并不断为此踌躇和徘徊。

换言之，即使在没有清楚地看到未来出路之前，个体自我也会试图远离某种虚假的生存状态，尽管这样做带有脱离现实的枉然。当然，这样做的时候，无论是多么消极或者不切实际，他都要开始定义自己是一种什么样的存在。

我们在现实生活中发现许多人都在试图通过取悦他人来实现自我和实现自我意志。但另一方面，如果这些人是完全自由的，那么这些人就不会再通过取悦他人的委曲求全的形式来成全自我的完好存在性。

任何人都不希望按照取悦他人的标准而将自己的形象、表情和言行举止造作成一种随人俯仰的变体。任何被挤压、被强迫的东西，任何外在的道德、伦理、规范或标准绝不会完全等同于内在骨子里的那个真实的自我或自我意志本身。

真实的自我绝不是被桎梏于一切外在标准之中的存在，尽管在此之前他们已经按照这样的标准无奈地度过了他们的大部分生活。

但是向独立自由的真实自我的回归是一种令人恐惧的承担责任的过程，也是对一切外在标准或外在施加的一切套子或枷锁的叛逆和反抗。开始时，个体自我面对强大的外在环境的桎梏往往是谨慎而胆怯地、几乎是没有信心地朝着这些外设的他在性标准而寻求自我改变。负责任的自我意识的回归意味着个体要做出与现实世界某些情境相脱离的选择——然后从选择的后果中学习和感悟自我的真实存在性。

现代人本心理学的先驱索伦·克尔凯郭尔曾说过："一个真实存在的个人不断地出于形成的过程中……并把他所有的思想转化为过程的术语。对于他来说……情形就像是对于一个作家及其写作风格一样；因为个人并没有任何完成的东西，个人只是一种风格；每次开始的时候，他都是'在语言的潮流中兴风作浪'，这样，最习以为常的表达可以经由一次次的新生，成为他全新的存在。"过程本身是不断变化的，所以，自我本身也必须与之相应地变化着，而作为“过程的术语”的思想意识也是不断变化的。正因为存在这种不断变化的逻辑，才使得个体自我及自我意识每一天都是全新的存在。

七、关于自我人格结构的经典理论描述

但从现有的理论来看，将自我意识界定为自我认知、自我体验和自我控制的三段式理论观点对于我们在现在时空点位上认识自我还是大有裨益的。

将这个现在时的自我人格理论展开，从认识形态上看，自我意识表现为自我感觉、自我观察、自我分析和自我批评等，统称为自我认识。从情绪形态上看，自我意识表现为自我感受、自爱、自尊、自恃、自卑、责任感、义务感和优越感等，统称为自我体验。从意志形态看，自我意识表现为自立、自主、自制、自强、自卫、自律等，统称为自我控制。

那么，为了完善自我在不同时空情境中所表现出来的不同的变化性特征，我这里将自我意识界定为自我表象、自我认知、自我体验、自我控制、自我设计五个部分。其中自我表象，是对过去的记忆中自我形象和自我体验的认知；自我设计，是对未来自我的设想和远景期待。

这样，便呈现一个五位一体的自我形象和自我意识。

按照我在《欲望与精神心理学》一书中所阐述的理论模型，人类自我可以分为五个基本层次，即物质层面的自我、信息层面的自我、智能层面的自我、欲望层面的自我、精神层面的自我。

其中，自我表象针对的是物质层次的自我和信息层次的自我，自我认知针对的是信息层次的自我和智能层次的自我，自我体验针对的是智能层次的自我和欲望层次的自我，自我控制和自我设计针对的是欲望层次的自我和精神层次的自我。

早在 19 世纪下半叶，弗洛伊德提出了三位一体的自我人格结构模型，认为人格结构由本我、自我、超我三部分组成。这个三位一体的人格结构模式在此后的心理学界一度产生了深远而广泛的影响。

下面我们就对弗洛伊德三位一体的人格结构做一下简单的介绍。

本我即原我，是指原始的自己，包含生存所需的基本欲望、冲动和生

命力。本我是一切心理能量之源，本我按快乐原则行事，它不理会社会道德、外在的行为规范，它唯一的要求是获得快乐，避免痛苦。本我的目标乃是求得个体的舒适，生存及繁殖，它是无意识的，不被个体所觉察。

自我，其德文原意即是指“自己”，是自己可意识到的执行思考、感觉、判断或记忆的部分，自我的机能是寻求“本我”冲动得以满足，而同时保护整个机体不受伤害，它遵循的是“现实原则”，为本我服务。

超我，是人格结构中代表理想的部分，它是个体在成长过程中通过内化道德规范，内化社会及文化环境的价值观念而形成，其机能主要在监督、批判及管束自己的行为。超我的特点是追求完美，所以它与本我一样是非现实的。超我大部分也是无意识的，超我要求自我按社会可接受的方式去满足本我，它所遵循的是“道德原则”。

比弗洛伊德更早些时候出生的美国机能主义心理学派创始人威廉·詹姆斯也曾提出了一个三位一体的自我理论模型。他认为，人类的自我概念是一种“经验自我”，这种“经验自我”包括三个部分：物质自我、社会自我、精神自我。

物质自我与社会自我在此无需细论，这里侧重说说精神自我。精神自我是我们的内部自我或我们的心理自我——我觉得我是一个什么样的人？它由除去真实物体、人或地点，或社会角色外的被我们称为我的（MY 或 MINE）的任何东西构成。我们所感知到的能力、态度、情绪、兴趣、动机、意见、特质，以及愿望都是精神自我的组成部分。简言之，精神自我指的是我们所感知到的内部的心理品质，它代表了我们属于我们自己的主观体验——我们对我们自己有什么样的感受。

我是一个幽默的人；我是一个自信的人；我是一个有同情心和正义感的人；我是一个有主见的和意志坚定的人……这些都是精神自我模型中的内容。

精神自我也包括我们对自己的内省与思考，也就是个体对自己的知觉。个人知觉是指对自我形象、态度以及价值观等的知觉。

自我形象，也就是自己所认为的自我，这种自我建构一般通过以下几个方面的具体过程来完成：

第一，从自己的形象推断自己：从镜子中看到的自我长什么样，这是质结构性的自我。

第二，从自己的行为推断自己：人们常由自己的所作所为来推断自己的内在自我概念，我做了什么，我就是什么样的人。

第三，从他人的行为反应推断自己：别人认为我怎样呢？别人对我们的反应是我们了解自己的主要途径之一。

第四，通过社会比较推断自我：通过与别人相比，人们常常会对自己有更清楚的认识。遇到一个难题，你解决了，而你的同事却没有解决，你就会推断你解决问题的能力比他强。

第五，通过自我意识来推断自我：如果让你仔细想想，你是什么样的人呢？一般情况下，我们都是可以通过让人反省自己来了解他的自我形象。

人们的自我意识突出表现在对理想自我（精神自我）的规划和思考之中，比如“做一名更优秀的管理者”“提升自己解决问题的能力”“一个有责任心的人”“一个好丈夫和好父亲”“获得公司的嘉奖”等等。这些自我观念又被某些心理学家称为可能自我，它们是可以实现的，或者是代表了自己的未来的自我方向，代表了个体想要成为或能够成为的一类人。我们的自我观念与这些可达到的自我越接近，我们对自我的感觉越好。理想自我是我们努力奋斗的主要动机之一。

自我意识是人对自己身心状态及对自己同客观世界的关系的意识。传统理论认为，自我意识包括三个层次：对自己及其状态的认识；对自己肢体活动状态的认识；对自己思维、情感、意志等心理活动的认识。

其实，欲望动力心理学认为，自我意识中一个很大的部分则在于自我对于欲望场内各种外在的相关的他者与自己的关系的认识，作为对自己的缺欠给予补充的他者，也无可置疑地成为自我意识中的应有内容。这些内容不但常常牵涉自我的注意力，而且还会时时地影响自己的思维、情感、意志和观念。自我意识不仅仅是大脑对主体自身的意识与反映，由于人的发展离不开周围环境，包括人与人之间关系的制约和影响，以及与周围的各类他者的关系的制约和影响，所以自我意识也反映人与周围现实之间的关系，并从这种关系中抽象出一种界定自我存在、自我取向和自我价值的标准。

自我意识是人类特有的自我反映形式，是人的心理区别于动物心理的一大特征。

自我意识在个体自我成长和发展中具有十分重要的作用。

首先，自我意识是认识外界客观事物的主观中心。一个人如果还不知道自己，也无法把自己与周围环境相区别时，他就不可能以特定观察者的视角更好地认识外界客观事物。

其次，自我意识是人获得自觉性和自控力的基本前提，对自我教育和自我完善具有推动作用。人只有意识到自己是谁，应该做什么和不应该做什么的时候，才会做出有针对性的理智行动。一个人意识到自己的长处和不足，就有助于他发扬优点，克服缺点，取得自我教育和自我完善的积极效果。

再次，自我意识是改造自我主观世界或精神世界的魔杖和路径，人必须通过它来实现自我监督、自我修养和自我完善。

可见，自我意识是构建人类道德节操和行为规范的初始模板。

八、五位一体的自我意识魔方

宇宙以其特定的功能体形式为人类赋予了一个有形生物体的同时，也赋予了一个有形而又无形的智能体（神经是有形的，其功能是无形的）和一个无形而又有形的欲望体（匮欠是无形的，目标物是有形的）。智能体与生物体互相联合，组建了一个信息体，智能体与欲望体相互联合，组建了一个精神体。

这样，生物体、智能体、信息体、欲望体、精神体五位一体，虚实和合，融会纠缠，联通联动，倏忽不可分离。

人类个体自我首先作为生物体自诞生之日起，便把整个成长的命运交给了智能，交给了欲望，交给了信息，交给了精神。智能、欲望、信息、精神都是为这个生物体本身而服务的。其中，欲望便是这个五位一体联通联动的内在驱力。

正是在欲望的驱力作用下，这个生物体不断获得能量的供给与释放，从而保证自身生理机能运转的整体平衡。

如果没有欲望，人类这个生物体就会失去生命运动的原始动力及其方向，就会变成一具等待入土的僵尸，一台无法运转的机器。人类生物体作为一个有血有肉的质结构躯体，内中深藏着一个看不见摸不着的欲望体，生物体成长发育的每一步都受着欲望体的全程驱动。

随着年龄的增长，人类智能体、欲望体、信息体和精神体在不断长成的生物体的躯壳中也逐渐伸开了腰，抬起了头，站直了身。这就是说，人类生物体的成长也在无形中带动了其他四体的成长。其他四体的成长是在生物体所特有的各种感官的不断成熟和见识的不断增长过程中而实现的，各自的成长方式迥然不同。

但生物体的成长和成熟并不能直接催生人类的自我意识，只有与智能体、欲望体、信息体的成长和成熟相结合才能催生并带动自我意识的成长和成熟。

我们在这里把人类意识划分为两大块：一块是对自身而言的自我意识，一块是对“他者”而言的关他意识。

所谓关他意识可以简单地理解为关于他者的意识，亦即关于自我意识之外的客体而产生的意识，包括宇宙意识、社会意识或针对某个人、某个物、某件事的意识。我们把包括自我意识在内的所有意识合成一体，称为意识体或精神体。这样，人类就变成了生物体、智能体、欲望体、信息体与精神体五体合一的存在物。

上面我们已经讨论过，欲望与意识是不容混淆的两种属性的概念，欲望并非意识本身，正如一个婴儿可能没有意识（非指察觉性意识），但却有强烈的欲望，二者不是一个层面的东西。

生物体、智能体、信息体、欲望体、信息体与精神体五者之间的关系是：宇宙以其特有的功能在演化出生物体的同时，也将智能体共轭共生地赋予其上，而欲望体也随同智能体相伴而生，与此同时，智能体作为一种反应性存在，为欲望的发生和满足而组建了信息体，随着生物体、智能体、欲望体、信息体的不断成长，人类精神体被演绎出来。精神体是生物体与智能体在信息体的婚床上相互交合的派生物，就像雌雄二体为了满足和释放性欲而顺带生出的孩子一样。

这说明精神体的出现不是人类本身的目的，而是人类作为生物体和智能体在产生欲望反应和寻求欲望满足过程中的副产品。这个副产品虽是不经意的产物，却绝不可小瞧。这个特殊的“孩子”一旦长大成人，就会对人类生物体、智能体这对“父母”竭尽忠诚：一方面它要协助生物体更好地打理各种生理活动，一方面它要协助智能体更好地发挥各种功能。

实际上，宇宙作为万全的功能体将自己的功能分解并赋予到生物体（包括内在与外在的物质体）、智能体、信息体、欲望体和精神体中之后，使得它们在不同的层次上也都各有一套本领在身。物质体为信息体的呈现提供了基础性保证，信息体为智能体的有效运转提供了材料性保证，智能体为欲望体在映射信息、传播信息和存储信息方面提供了坚强的功能支持，欲望体对精神体起着驱动、催生、唤醒和拓展的作用，而精神体则对物质体、信息体、智能体、欲望体给予更多的本性自洽、感性适应、知性拓展、情性链接、理性检索、慧性应对、灵性感悟与信念支持。

人的世界观也正是在这种五位一体的交错运行过程中形成的。人的自我意识随着欲望的递升与发展，逐渐从关他意识中独立出来，以心灵中的第三只眼睛审视这个五位一体的怪物。自我究竟是一个生物体？还是一个欲望体？亦或是一个智能体、信息体或精神体？每一个人都为这五位一体的怪物而纠结着、胶着着、疑虑着、迷茫着。

可以肯定地说，世上没有一个人不为自我及自我意识而困惑。即便是造诣高深的人类学家、生理学家、心理学家、精神分析学家、哲学家、神学家等，都无一不为此熬心伤神，虽百思而不得其解，始终找不到足以洞察内中玄机的清晰视角。

一个成人的自我意识是由五个结构块搭建并叠成的五位一体的奇妙组合。我这里在弗洛伊德的三个“自我”理论模型基础上，进一步划分出五个“自我”，并由这五个“自我”搭建成一个既能反映人的自然属性又能反映人的社会属性、既能反映人的物质特性也能反映人的精神特性的高级自我意识魔方。

个体经历与见识在不同的成长阶段必然促使自我意识的成长表现出不同的特点和轨迹，就像一个人由睡而醒一样，其间必然有一个从半睡半醒到睡眼惺忪再到完全苏醒的心路历程。

正是根据这个历程，我从人的自我意识之树上分出五个枝桠，组合成相互联系而又色彩不同的五位一体的人格结构魔方。这样，不同的人便可经由这五位一体的自我意识魔方变换出不同的自我形态和心理面貌。

1. 器我

这是客观物质意义上的自我形式，与我在本书十能结构理论模型中阐述的器我形态完全一致，代表的是纯粹肉体意义上的自我形式和剥离了精神意义之后仅剩下生物躯壳的质结构性的自我。其中有一部分近似于弗洛伊德的本我或原我。

器我是自我人格的形下之器，是自我人格、自我意识的有形载体。器我仅仅是一个永远受本性欲望驱动的运动的生物机器，具备动物的吃喝拉撒睡的全部本能，不具有任何价值观、伦理观和道德因素，它是非理性的、无意识的、无感情的。

器我遵循现实原则，以其特定的形象、体貌、身高、体重等外在特征决定了自我存在形式的社会显在独特性。

社会上不同的个体以不同的器我形态展示其自我存在性，有的身材魁梧，有的柔弱瘦小，有的天生丽质，有的奇丑无比。每一个人都以其各具特色的外在形象将自我定格为一个独特性的存在。

我们在社会上观察一个人，第一印象往往是这个人的外在形象，这个形象当然可以代表这个人所具有的可视性自我形式。

器我不存在自我意识，相当于黑格尔的"自然灵魂"，是灵魂存在性的最低级形式。但在后来渐趋成熟的其他自我形式中，却可以将这个器我形式通过外在的镜子或对象性他者的映衬和鉴照，而间接地反映在自我大脑之中，并进而对后发的自我意识做出补充和完善。

比如一个婴儿即便照见镜子，也未必知道镜子中映射出来的形象即是自己的模样，只有在逐渐长大之后，其智能水平发展起来之后，才认清镜子中的形象即是自我的外形；假若没有镜子，那么他只能借助其他人的描述而模糊地获知自己的外在形象特征。

在人的整个自我意识中，第一关心的便是自己长什么样，高大或矮小，美丽或丑陋，英俊或猥琐，这些形象性特征直接影响着对于自我的认知和评价。所以，每个人对于器我的表象是其自我意识中不可或缺的基本内容之一。

2. 智我

这是智能层面的"自我"，简称为智我。代表的是纯粹智能意义上的自我。与我在十能结构理论模型中阐述的智我形态相一致。

智我是神经智能反应中的自我形式，是感觉中的自我，也是自我意识的运行载体。没有这一层次的自我，便不会感知到自己的存在。

所以，到了这个自我层次之后即开始知冷暖、识高低、懂饥饱，对于自我内部环境和外部环境的变化具有趋利避害的智能性反应，为的是保全器我的完好存在性和顺利成长性。

智我相当于黑格尔所阐述的“感觉灵魂”，是与人类智能系统中自相契合的灵魂。

智我是自我意识在摆脱了生物意义的肉体躯壳的拘囿之后而做出的第一次自我层次的提升，这时的自我仅仅把自己当成了“宇宙的中心”。智我就像一面镜子，不论走到哪里，都会对四面八方的外在他者做出智能性映射和反应。

智我以其对自我存在性的感觉为基本特征，所以智我遵循的是舒适原则。

一事当前，智我总是首先以自己为中心，凡对自己有利的便喜形于色，凡对自己不利的便愁眉苦脸。

他天真烂漫，自由自在，坦诚率直，童叟不欺，信人信己，心口如一，宛如一枚从肉体中分离出来的没有受到社会污染的洁白空灵的美玉，纯洁无暇，灿若仙子。

智我对于人生幸福感的体验主要表现在感觉舒适上，不管是外部感觉还是内部感觉，只要是舒适的，就是好的，就是对的，就是幸福的，就是快乐的，就是想要的。

3. 欲我

这是欲望层面上的自我形态，简称欲我。人类个体自我既是一个生物体，也是一个智能体，更是一个欲望体。所以，欲我也是人生中必然要经历的一个自我形式。这个自我形式有两个更小的变体，亦即更小的自我形式，一个是凹我（亦可称为匮我），一个是凸我（亦可称为合我）。

（1）凹我

这是在欲望层面上带有某种匮欠而尚未给予及时满足的不完美和不舒适的自我，称之为凹我，也叫匮我，代表着对自然、对社会具有特定需求意义的自我。

凹我不同于器我的纯粹生物意义和本能意义，不限于在本性欲望驱动下的运动的生物机器的简单意义，也不同于智我的纯粹智能性反应意义，而是将二者合而为一，即通过智能而对于物质层面的匮欠产生了全面而立体的自我感受、自我体验和自我认知。

换句话说，凹我即是纠结于匮欠感受中而一时半会不能获得填充性补给的自我形式，是一个永远存在着缺憾的自我，因此也是一个处于不断追求满足的奋斗的自我。

凹我属于黑格尔的“感觉灵魂”发生作用的产物，正是这一自我形式，才使得整个自我人格结构产生了一种特殊的内在驱动力。

这种内在驱动力主要发源于自我内部感觉对于内部环境的匮欠性感受，是一种针对这一匮欠感受而产生的负向排斥力，即“不欲之欲”的负欲望力。这是整个自我所获得的第一种力，也是整个自我形成精神世界的第一驱动力。

人类个体自我总是在匮欠与目标这两个点位之间来回摆动，匮欠伴随着人的生理系统循环往复的不间断的运动而不断发生，迫使自我也同样循环往复不断寻求目标性满足，这就使得匮欠和满足对于每一个人而言都是一种必然出现的生存常态。

凹我的概念只代表了自我的匮欠形式，而不代表具体的匮欠内容。不管匮欠什么，只要有匮欠的存在，便会产生匮欠的自我及自我意识。匮欠有时可能表现为匮欠食物，有时可能表现为匮欠性爱，有时可能表现为匮欠感情，有时可能表现为匮欠自由，有时可能表现为匮欠金钱，有时可能表现为匮欠其他人拥有而自己未能拥有的任何好的东西、有用的东西。

凹我在器我与智我的基础上实现了对匮欠的明确认知，在由匮欠产生的负欲望力的内在驱动下，整个自我开始产生特定的意志倾向，产生特定的意识活动，其一切所思所言所行都沿着欲望力所驱动的方向发生，按照解除匮欠的方向看问题和想问题。

换句话说，凹我是在匮欠作用下的那个不完善、不完整、不舒适、不自在的自我。它知道自己缺什么、少什么，知道自己想要什么，而且通过横向和纵向比较，还知道自己比别人多什么和少什么，以及比以前多什么与少什么，将来还希望会拥有什么。

凹我遵循索取原则，其一切思想和行动都是为了获得针对于匮欠填充物目标的满足。

凹我由于自身感受到的某种特定匮欠的存在，也必然是一个不平衡的自我，或者体现在物质需求上的不平衡，或者体现在神经感觉上的不平衡，或者体现在心理感受上的不平衡，或者体现在精神感应上的不平衡。

人类自从母腹中降世开始，便注定避不开对外在他者的间接性依赖，他者作为一种资源性或能量性设定，也不可避免地存在着有与无、多与少、优与劣、好与坏的差异。这是绝对性差异，除此还存在一些来自于人生经历和生存背景的相对性差异，包括自己在时间上的纵向比较性差异和空间上与其他人所拥有的这些资源或能量的横向比较性差异，以及在社会上产生的其他比较性差异。这些差异的客观存在，是个体产生不平衡感受和不平衡体验的根本原因。

为了填补匮欠和获得平衡，凹我始终处于一种不平则鸣和不平则倾的激动状态、躁动状态、焦虑状态、紧张状态、运动状态、追求状态和抗争状态。

所以，凹我承担着填补匮欠、寻求平衡和满足欲望的严酷压力，在现实生活中不得不充满斗志，疲于奔命，马不停蹄，生命不息，战斗不止。

凹我因为自己存在着某种匮乏，始终心怀不满，情绪焦躁，心有不甘。对外在的他者富有观察力，并秉持有用哲学，患得患失，怨天尤人：凡是对自己所需要的东西，有用的东西，便会盯住不放，得之便喜，失之便忧，甚至有时为此而不择手段；对于阻碍自己追求的事物，便反感怨愤，牢骚满腹，甚而耿耿于怀，伺机报复。

凹我之所匮者，不管是来自于肉体之匮，还是来自于精神之匮，最终都会转化、演绎并上升到自我意识层面之中，合成为一个整体的意识状态而存在。它既不会以具体物质匮欠部位的形式而部分地存在，也不会以具体精神匮欠部位的形式而部分地存在。

比如，一个缺乏食物给养的凹我，并非单指具体食物所指向的肠胃部位及其消化系统局部地出现了匮乏，而是整个自我出现了匮乏，就是说一个人在饥肠辘辘之时，他会说“我饿了”或者“我肚子饿了”，其所强调的是自我，而并非强调肚子或者胃肠。

同样，一个缺乏情爱慰藉的凹我，并非单指某一具体生理器官部位及其功能而出现的局部匮乏，而是整个自我出现了情爱匮乏。

任何匮乏都代表了自我身体或自我意识中存在着某种或某几种不平衡事件，凹我之匮并非指事件本身之匮，而是指整个自我之匮。

比如当一个人出现大便的便意（生理不平衡事件）时，可能感到特别憋得慌，但这并非单指他的肛门部位憋得慌，或者肠胃部位憋得慌，或者仅仅是肚子部位憋得慌，而是他的整个自我都感到憋得慌。他的整个自我都被这种生理不平衡事件所困扰，所压抑，所纠缠，他整个人从上到下、从里到外、从肉体到精神都表现得焦躁不安，而并非是他的肛门、胃肠或者肚子表现出焦躁不安。

所以，凹我非指自我局部之所缺，而为自我整体之所匮。凹我并非拘囿于物质层面的某个具体匮欠部位或匮欠事件，也不拘囿于心理层面或精神层面的某个具体不平衡感受，而是在整个自我的意识空间中，以一个整体的自我意识形态和整体的精神意志倾向体现出来。

凹我总要把某一特定的匮欠事件转化为整个自我的知性，从自我的局部性感觉上升为自我的整体性感觉，这时的自我才会以凹我的形式呈现出来。从这个意义上说，凹我是从匮欠性事件中演绎出来的欲望形态的自我、意识形态的自我或精神形态的自我，而非物质形态的自我。

凹我之所匮，有时表现为一种缺乏、一种不足，一种不平衡，有时也表现为一种无能、一种乏力、一种缺憾、一种不满。比如每个人在其自我意识中都有一部分属于自己看不到的内容，都有一部分属于自己说不清的内容，都有一部分属于自己不坚定、不自信的内容。就像汽车后视镜的盲区一样，都有自己认识不足的地方，比如看不到自己的某些缺点、某些优点，不能正确和全面地认识自己和掌控自己。这一部分令自我意识拿捏不准和把控不准的内容也属于凹我的应有含义。

所以，凹我比其他本我、真我等具有更多的盲从性、疑惑性，其求知欲更强，好奇心更大。凹我缺少主见，很容易听从别人的劝告和欺骗，在茫然中更容易产生随众心理。比如听到大家鼓掌，自己不知何意却也随之鼓掌；看到别人笑逐颜开，自己虽不知喜从何来脸上却也随之现出笑容。也正是由于凹我的存在，使得人的自我意识中天生缺乏自视能力，比如有些问题本来已经很严重了，而自己却很难明确意识到，就像喜鹊站在黑猪身上，只看见猪黑却看不见自己黑一样。自己难以观照自己，难以认识自己，显然这也是自我的一种缺憾，也属于凹我之所匮的一部分内容。

正因为凹我的存在，才使得人们总有一些不能看清自我全貌和对方心理的缺憾，从而产生不自信或对自我所处情境的犹疑。比如“他爱我吗？”“她喜欢我吗？”等等隐藏在这些疑问中的模糊的自我认知，其实就是凹我所表现出来的无能与缺憾。

凹我是欲望的载体，由于都受到匮欠的拖累，所以每天不得不用贪婪的眼睛盯着那些用来填充匮欠的目标。而且，在可以满足匮欠的条件中，凹我总是以超越匮欠实际所需的限度为标准，直到达成对自己的过度满足而后快。

比如一个饥肠辘辘的人来到饭店点餐，看到任何一道菜肴都颇有食欲，在这种情况下，他通常会把饭菜点过量，待到吃饱喝足之后，发现餐桌上还有很多剩余的饭菜吃不下去了，最后只好打包而“吃不了兜着走”了。这表明，一个社会只有实现了资源供给超过了个体实际需求水平时，个体才能产生自认为满意的幸福感；当供给等于需求时，社会仍然处于不满状态；当供给小于需求时，社会矛盾增大，不满情绪高涨。

（2）凸我

这是在欲望层面对于能够用来弥补自我匮欠的填充物目标信息所激发的具有一定精神寄托与依赖的自我，可称之为凸我，或者叫作合我。外在的填充物目标信息一旦传导给主体大脑，成为主体满足自我的法定猎物，便脱离了纯粹的外在他者的客体意义，而成为主体自我意识内容的一部分，并外在地成为影响、诱导自我意志与行为的特殊牵引力量或拉动力量。

正是这个作为匮欠填充物的他者，才给自我带来了源源不断的精神寄托与感召、情感依赖与慰藉、心理期待与满足。即便这个对象性他者不在场，即便是仅仅以信息的形式映现于大脑之中，也会产生特定的驱动作用。如果没有这个可以用来弥补自我匮欠的他者作为外在补充，那么，非但自我生理或肉体躯壳将因为能量或资源匮乏而难以为继，而且自我精神也同样因为无所寄托而丧失生气和丧失斗志。

而恰恰是这个外在的他者给自我带来了活力，并以其资源、能量、信息或某种价值形式而激活了自我的精、气、神。这个与外在的他者相连并因为可以填补匮欠而不断被外在的他者感召和激活的自我形态，即为欲我或合我。凸我与凹我体现了这两种自我形式的互补意义和对应关系。

凸我是一个以特殊形式存在的自我，是与自我主体内部匮缺相呼应的外在结构形式，就像磁铁的一极，必须获得另一极的结构性呼应，才能构成磁感线的回路，才能洽合成一个完整的磁场。

黑格尔的“感觉灵魂”其实存在两个方向的作用力，一个是内部感觉针对于内部匮欠的，属于凹我范畴，另一个是外部感觉针对于外部目标的，属于凸我范畴。这就意味着，黑格尔的感觉灵魂其实是游动于匮欠与目标之间的灵魂存在形式。在对于匮欠的内部感觉阶段，则表现为凹我形式，在对于目标的外部感觉阶段，则表现为凸我形式。只有发展到了凸我阶段，感觉灵魂才能从内在的凹我中逃离出来，并朝向外在目标飞奔而去，进而转化为与目标契合一致的凸我形式。

换句话说，凸我实为凹我的外在表现形式，也是主体从负欲望力驱动下的匮欠形式转化为正欲望力驱动下的目标形式或理想形式的自我。

自我作为欲望场的主体，其欲感线从凹我一极发出，从凸我一极返回，构成一个完整的回路。凹我发出的是需求性欲感线，凸我发出的是诱引性欲感线，二者交合而形成自洽，便在整个欲望层面上构成了一个完整的自我形式，亦即欲望形式。

从表面上或客观上看，凸我属于凹我对于自身所寻求的目标性填充物的精神寄托与依赖，他者作为外在的存在形式，既不在自我肉体躯壳的范围之内，也不具备可被自我唤醒的灵性与意识。而从本质上看，凸我的内容虽然外立于自己的身体，但一经进入自我视野、被自我所感知、所认同，便会成为自我精神的一部分内容，压不倒，去不掉，忘不了，丢不下，并时刻都在影响着自我的一思一念，一举一动，一言一行，这是一个外置于自我的身体而内置于自我的精神中的自我。

凸我代表的是信息联通意义、填充意义、补给意义、弥合意义或媾合意义的自我。凸我外立于身而内合于神，虽然在外在形态上暂时不在自己的身体上，自立于身体之外，但在精神层面上却以信息的形态与自己相融相合，形影不离，它属于自身所匮欠的内容和所需要的内容。

所以，凸我与凹我一样，虽然发轫于自身生理的匮欠或外在他者的弥合，但最终都必然要上升并演绎为脱离物质意义的精神自我形态。

在凹我与凸我之间联通的是感知性信息。凸我总是被凹我所辐射，并对凹我产生诱惑作用，使凹我始终处于不安宁、不甘心的状态，并总想与凸我媾合在一起，勾结在一起，从而结合成一个完整充实的自我统一体。凸我在形式上看并未长在自我身上，而是发轫于他者身上，但在内容上看却长在了自己的精神世界当中，对整个自我及自我意识产生极为重要的影响，令自我为之思索、忧惧、喜悦、疑虑、困惑。虽然是外置于自我之外，却以一种与自我互补互动的方式而对自我入心入里，并时时刻刻诱引着自我，缠绵着自我，让自我为之喜，为之忧，为之美，为之付出一切。

凸我之所以也被称之为合我，即是指与我相合者也。凸我可以是对物的寄托与依赖，比如对食物、衣物、住所等对象性的寄托与依赖；也可以是对人的寄托与依赖，比如对爱人、孩子的寄托与依赖；可以是对事的寄托与依赖，比如对一次改革、一次变故的寄托与依赖等等。有时在特定的情境中还可以是其他能够完全被自己认同的人、事、物等等，比如“甲是我的朋友”“乙是他的朋友”，以此圈定哪些事物是可以被合成为“我的”，而另有些事物则只能界定为“他的”。只有被认定为是“我的”的时候，这个东西对主体来说才能被认定为是其自我意识的一部分，只有主体对这个东西产生了精神或情感寄托与依赖，才能认同一个完整的凸我产生了。

换句话说，凸我就是隐含于或凸显于目标中的那个自我形式，或者说是寄托于对象中的那个自我形式，是与目标或对象性他者耦合为一体的自我形式，也是超越器我、智我和凹我之上的、浮动在目标性期待中的自我形式，离开了对外在对象性他者的目标性期待，便不会在自我意识之外的目标性辐射中产生外化的凸我形式。

凸我遵循满足原则。只要能给凹我带来满足的事物，便都可以被主体视为凸我的内容，并影响到包括本我、真我、凹我等其他自我的存在状态。

我们发现，非止于人类，包括狼、象等其他动物都有“护崽子”、“护犊子”的本性。这种“监护”似乎非止于动物本能，也更是凸我的表现。比如一个人的孩子，来自于其自我的繁殖欲，弥合了自我生命延续的匮欠，因而作为主体的自我总是对孩子具有特别的精神寄托与情感依赖，这种寄托与依赖即是构建凸我的基本内容，也是凸我的一贯表现。

凸我为了自己的孩子，有时会表现得无所畏惧，极度宽容，既不像本我那么狭隘，也不像真我那么自私，而将本我、真我所拥有的好东西都拿出来给自己的孩子享用，这不能不说是凸我的伟大之处。

凸我对于能够弥合自己匮欠的他者显示出伟大的一面，而对于不能弥合自我匮欠或阻碍这种弥合的人或者事物，则会表现出冷漠、抵触、反抗、甚至对决的情绪。妻子、孩子以及已然获得的财富、权力、名义等与自己息息相关的东西，虽然以他者的形式存在，但也业已在主体意识层面中被内化为自我的一部分。你去关心孩子，关心爱人，关心你的财产，表面上他们不是你身体的一部分，但他们却被你认定为自我的一部分，你的头脑中始终在想着他们。这说明，外在的他者一旦被自我所占有便会成为自我意识的一部分，而以凸我的形式表现出来。

4. 知我

这是信息层面上的自我形态，简称知我，或心我。知我是通过智我搜集和捕捉外在他者的各路信息及其与自我之间的关系而确立的自我形式。

正是在这个自我层面中，我“知道了”我的存在，我“知道了”他者的存在，我“知道了”我与他者之间存在着特定的相容或相斥、平衡或失衡、并列或错落、平等或差异的关系。就像一枝花或一株草在万绿丛中“知道”并“确认”了自己的存在以及其他万物的存在一样，一个人必须在知道一些什么的时候才能确认自己的存在性，必须借助于外在对象性他者作为参照物所形成的坐标系来确立自己的位置、角色和身份。而这一切都是基于一定的信息交流与汇总来实现的。

知我总是以自我为中心而辐射外面的大千世界，他是人类在信息层面上所产生的求知欲驱动的必然结果。一个人知道什么和不知道什么决定了这个人存在的层次、范围和边界。很自然地，以世界之大、欲望之广、人事之繁，知我理所当然地希望自己多知、确知和无所不知，但鉴于自身智能阈限，却总有一些东西是不知道的，无法知道的，无从知道的。于是知我希望自己神通广大，无所不能。他不愿接受包括人体躯壳在内的一切限制，他是智我放飞的一只有线风筝，只能在有限的空间中飞翔。

知我遵循利己原则。由于知我在获知各路信息过程中总是以自我为中心来实现的，所以难免表现得有些自私、狭隘、嫉妒、躁动。

尽管在亲情、友情等环境的熏陶和影响下，知我也学会了一些与人分享快乐的游戏规则和处事方式，但其自我意识的主体成分却依然摆脱不了“唯我独尊”的幼稚。这种幼稚病必然会在社会上与其他人的接触中遭遇打击和重挫，几个回合过后，便会渐渐醒悟并开始学乖起来。

知我代表了一种完全真实的自我形态，一种脱离了肉体躯壳的本然的、率真的、不掺假、不造作的自我状态。尽管他始终在追求无所不知的圣境，但是，因为他始终受其肉体的形我的牵累和智我的局限，最后又不得不回到严酷的现实中来。

知我是智我在汇纳各路信息之后产生的更高层次的自我形态，那些对自我有利或不利的信息必然在欲望方向上对知我形态产生特定的影响，并在心理结构的平衡关系中成为最直接的干扰因素。

所以，知我在知道什么与不知道什么、在知道有利与知道不利之间形成一种纠结，一种关系，一种冲动，一种倾斜，一种态度，一种情绪，一种情感，这就是知我的另一种形式——心我形式或情我形式。

一个人的幸福感就是知我对于外在信息与内在感受之间所存在的对称与不对称、平衡与不平衡关系的知性体验，这种体验最终必然通过表情、心情、感情、情绪、态度、气色、语言、脾气、行为举止等形式表现出来，进而严重影响整个自我与信息性他者之间的社会关系。

所以，知我反应在自我结构的内部也是心理性的自我、态度性的自我、情感性的自我、情绪化的自我。

5. 意我

这是统摄并超越了器我、智我、欲我、知我的物质性而上升为纯粹意念性的自我形式，称之为意我。

这里的意我的概念与弗洛伊德所提出的超我概念基本相类似，与黑格尔所提出的“现实灵魂”相仿佛，属于灵魂存在性的第三种形式，也是最高级的形式。在意识层面上讲，属于后天形成的纯粹的自我意识力量。

意我可以理解为脱离了肉体层面并与肉体构成拓扑性对称关系的那个自我形式。人们习惯地把肉体与灵魂分离开来以便对人性或人格做出不同层面或不同角度的解释，这种语境下的灵魂一般都具指现实灵魂。

意我遵循的是完美原则。

意我的境界既脱离了器我的形体性的肉体的拖累与妨碍，也脱离了智我的短视与浅近，既脱离了欲我的势利性偏执与意志性倾斜的纠缠与局限，也更脱离了知我的信息性的简单相加或相减。

意我追求主客体合一的、凌驾于器我、智我、欲我、知我之上并对整个自我形式进行反观和再塑的特殊力量，进而达到向超凡脱俗之境界靠拢的纯粹自由意志状态，这是自我意识五位一体的自洽性统合状态，是天使与魔鬼同道修炼、主观与客观声应气求的契合。其中既包含着对于最低层次的器我的反哺，也包含着对于最高层次的精神圣境的执着追求。

个体自我所有的欲望形式至此均已化成精神世界的一部分，达到了似有还无、似无还有的太极境界。

意我是后天形成的自我形式。意我指向终极意义的自由意志，是主体自我人格的化身，是道德人格、理想人格、精神人格的统一体。

当我们评价一个人的善恶或者观念正确与否、思想水平如何、精神境界如何等内容时，所针对的即是这个人的意我形式而言的，即是这个人的“现实灵魂”而言的。其他包括这个人的器我、智我、欲我、知我等自我形式之中，不存在道德高度、观念层次、思想水平和精神境界等这些象征着人格涵义的内容。后天性的灵魂相对于先天性的肉体的独立性由此可见一斑。

但这并意味着灵魂与肉体的绝对分离，将人分成肉体和灵魂两个部分仅仅是解读人性的一种理论模型，事实上是根本存在这种人为性的分割的。看不见的灵魂与看得见的肉体并非是对立的关系，而是统一的关系，是相互合作、相互支持、相互成全和相互塑造的关系。

意我在内部结构中还可以分离出秀我、名我和理我三个“小我”形态。

（1）秀我

秀我是跻身于社会意义上或人际层面上的自我，称为秀我，或饰我。即经过作秀和粉饰的自我。是扁平型的。为了让自己更好地融入社会群体，得到社会的认可、支持、帮助、成全和保全，也为了更好地体现自身存在的社会价值，作为社会个体便开始有意识地调节自己以适应和迎合社会的规范、标准、要求或期待，力求给社会其他成员留下一个特定的印象而进行刻意改良和刻意修正的自我形式。

秀我遵循的是适应原则。不管是无意识结构部分的器我，还是带有明显利己意识的智我、知我或欲我，都不能直接地和允洽地融入现实世界，为了促进个体与现实世界的交互作用，必须有效实现自我调节以适应现实社会，这就出现了一个装模做样的自我化身，即秀我。

个体随着年龄的增长，逐渐学会了不能凭冲动而随心所欲，不能因私心而斤斤计较，他开始考虑后果，考虑现实的作用，考虑自身的条件。作为个体自我意识中的秀我就是在与现实的不断接触、碰撞、龃龉、磨合中逐渐成长起来和分化出来的。

我们通常说要学会做人，其实就是要学会做一个让社会能够接受的人，能够敬重的人，能够获得较高评价的人。为了成为这样的人，就需要以社会为镜子，时刻观照自己的形象，掸掉身上的灰尘，矫正面容和行姿，检点口舌。尽管有时压抑了其他自我形态的自在伸展，但为了迎合社会而保全自己，并通过社会其他人的评价而实现自身的价值，不得不委曲求全，逆来顺受，暗暗收藏起其他自我形态中某些与社会规范格格不入的“马脚”，不得不蜷起身骨把自己装进社会的模具之中。尽管有时心有不甘，鉴于器我、智我、知我或欲我的不可超越性，则只能自贱媚骨，曲意逢迎而无可奈何，这也正是人类无法逃脱的可贱之处和可悲之处。

秀我的自我意识结构更健全而完善，能够分清善恶、美丑、好坏、优劣，其自我调控能力得到了不断加强，并学会了按照社会要求的标准打造自己的形象，这也是社会个体追求进步和创造社会价值的发端。秀我的自我意识具有明显的功利色彩，是一种类似于“变色龙”的作秀式表演、粉饰式呈现和兜售式展示。

秀我是为了适应社会而被迫加以改良的自我，按照他人的期待发展自己、规正自己和展示自己。这样，就难免会有勉强的微笑、违心的言行、扭曲的人格表现，但在这些表现过程中却也无法彻底摆脱器我的惯性和智我的率性。他既可以表现真的内心和真的自我意识，也可以隐藏真的内心和真的自我意识，怎样表现，完全是按照现实社会的适应原则行事。

人们在社会上基本上都是以这个秀我的形式展示自己的，并协调自我尽量与社会标准、规范、伦理、道德精神等标准相吻合，社会用这套模具将每一个人都嵌入其中，并给予符合其标准或不符合其标准的评价。

于是，人们为了获得符合其标准的评价，便在某种程度上宁肯违逆自己的自由意志而不断修正自身的行为，行为表现与内心的真意难免有时会形成两层皮。这一方面可能会使自己的棱角变得更圆润，使自己的责任感更明确，使自己的言行更中规中矩，使自己的道德品行更符合社会伦理，另一方面也可能使得社会上出现了诸多假仁假义的伪善，阳奉阴违的假忠，惺惺作态的装相等完全游离自我本真的表演。

当然，个体作为社会的一员，其自我评价的标准或自我激励的方向也常常是以社会推重的某种价值目标为归依的。

但事实上，这种谋求吻合的努力是很难做到百分之百奏效的，其间必然存在着各种歧见和出入。个体凭借其情态、语言和行为等方式所展示的秀我，在社会其他人那里未必读到完全相等的内容，被误解、被费解、被曲解、被断章取义而产生的歧义和偏差时有发生，这就使得秀我意志中的“自我”和被社会理解的“自我”（或留在社会印象中的“自我”）不可能画上等号。

从而使主观的“秀我”与客观的“秀我”也必然存在着较大的差异。

正所谓“假作真时真亦假，无为有处有还无”，秀我之假，经长期的历练和体悟也可能变成实实在在的真，原来没有的装出来的优点也可能经过不断的实践和认识而变成了习惯性的优点，并对社会发挥了积极的作用。所以，秀我作为自我意识的一个侧面，既具有消极的意义，也具有积极的意义。

秀我之所秀，或饰我之所饰，不是胡乱修饰或伪装，而是按照一定的社会标准和审美标准做出的。其中有的是主动的，有的是被动的。对于自己心仪的、神往的、景慕的人或事物，都可能会成为自己主动模仿、效仿和学习的对象。

一个人处身于某种情境中，常常会受到情境中的人物所影响。他人的风采、气度、节操、品格、志趣、态度等等都可能成为一种榜样或模范的力量，而成为一种效仿或装扮的审美标准。对于来自于外在或他者的某些标准或规范，反映到自我意识中可能会演化为一种暗示，一种感染，一种提醒，一种遵循，一种跟风、一种从众。

也就是说，当自我意识中对某一事物没有标准或失去标准的时候，别人的标准、社会的标准便会成为自己观念或行为的参考坐标。这也是人们经常产生从众心理的根源。

（2）名我

名我是遗留在社会上的名义上的自我形态，是形成于外在对象性他者印象中的那个社会性的自我，称之为名我，或像我。

这个我总是外在地行走在社会上，通过自己的形象或言行而在其他人心目中留下的影像描述和人格评价。这个形象或评价，有一部分来自于器我的展现，有一部分来自于智我的外露，有一部分来自于欲我的诛求，有一部分来自于知我的宽狭，有一部分来自于秀我的矫饰。

所以，名我是一种真假参半、虚实与共的综合体，有名副其实者，也有名不副实者。

每一个人只要生活在社会中，就必然在社会对象性他者中形成一个特定的名分、名声、名誉、名气、名望或口碑，由此形成了关于自我之于社会中的形象印痕。

这个事关自我之于社会中的形象印痕生成于对象性他者心中，是对象性他者对自己的外在评价或描述，其中有的评价或描述是公允的，有的是不公允的，有的是过誉的，有的是贬低的，有的是带有明显偏见的，甚至有的评价或描述带有恶意中伤的诬蔑性、诽谤性、谗害性、损毁性，严重损害和影响个体自我在社会上的整体形象、交际基础和处世阈限，这就让人对这个外置于社会中的名我不得不给予特别的关注和重视。

虽然这个关乎自我社会形象的名我总是外置于对象性他者之中，并在社会上起到针对于自我口碑和身价的升降褒贬作用，虽然他在本质上也并非纯粹属于己方的完全真实的自我形象，但由于他与己方的所作所为和客观展示密不可分，并随时可以通过与他人交流性的反馈而获得有关于这一名分或形象的基本认知。

所以，自我对于这个来自于社会性他者的外在评价和描摹却很在乎，很在意，很挂怀。有的可能令人感到很满意，很高兴，很喜欢，有的可能令人感到很闹心，很痛苦，很纠结。但不管怎样，这个来自于社会性他者的名分或形象也是自己一时半会剔除不掉的和遏制不了的。

名我遵循的是客观原则。一旦形成名我的客观评价、客观印象，就很难在社会性他者的主观层面上被清除掉、被洗雪掉。

名我是被别人眼见口传或立碑树传的非出于自我之口的被评价的那个“我”，顾名思义，名我非我，像我非我。正所谓“谁人背后不说人，谁人背后无人说”，被说了，只是名义上或名誉上的评价，并非器我、智我、知我、欲望的复制，未必与实际的自我相符，至多也仅仅是相类似而已。其中多半是秀我展示给社会的内容的一部分，甚至包括被误解、被曲解、被夸大或被缩小的一部分，所以名我更多的时候也是一种失真的自我。

但“人过留名，雁过留声”，每个人都力求在社会上给自己追求和创造一个好名声、好名分、好名誉，这是意我内部结构中必然涵盖着的内容。求名者必须为自己打造好形象，必须为自己打造好素质，必须为自己打造好德性，必须为自己打造好人缘，必须通过自己的努力创造出卓尔不群的社会价值。这样的“自我”才能在众人中树立良好的口碑和身价，留下传世的美名，否则，就只能在社会上留下庸名、坏名、恶名。

我们通常看到的人物传记或他人对某人的介绍或评价，基本上都是某人物“名我”的体现。如果评介者带有个人其他偏见性企图，则这个“名我”就会被捏造、被阿谀、被粉饰、被吹捧，或者被贬损、被扭曲、被诽谤、被诬陷、被诋毁或者被糟蹋。

名我作为一种已然成为社会性的评价力量，直接影响着自我的前途和命运。人们在社会生活中一般总是很在意和很注重名我的形象，期待着自己能够拥有一个良好的社会声誉，担心自己因某种不慎而毁了自己的名声。

所以，每个人对“别人怎么看我？”“别人怎么说我？”“别人怎么评价我？”都表现得很敏感，并与相应的说法或评价进行有目的的互动和协调，以便更正、改善、美化或粉饰自己的名声，让自己的名声变得更好，让自己名声远播，名扬四海，名垂千古。

为适应社会现实而产生的秀我是一个压抑某些欲望和表现某些欲望以寻求更大的欲望满足的伪装工程。这个工程建设一旦获得成功，便可以在社会上展现一个外在客观的有益于自己的名我的形象，并形成一个安全而且有效的自我保护屏障，否则便会自毁声誉，恶名远扬。

一个人去世后，他的人生便划上了一个句号，后人对他往往会“盖棺定论”，这个所谓的“定论”其实就是他的“名我”之化身。

名我与欲我存在某些相似之处，名我发端于自身的言行而定格于外在的社会，欲我启蒙于内在的匮欠而定格于外在的目标，即二者都与外在的事物密切相关，而非完全来自于实体的自我。

（3）理我

理我是基于现实之中具有理性意义的自我，是在器我、智我、知我、欲我之间权衡利弊和通权达变的自我。

这个自我试图为其他每一个自我形式找到一种适者生存的标准、自我成全的分寸，一种既适应客观现实又合乎主观理想，既适应个体的自然条件所限，又适应社会的各种要求与规范的理性的自我，我们可以称之为理我。

理我是一个顾全大局的自我，是一个因地制宜、因时制宜、因人制宜、因势制宜的自我，是一个既立足实际、又不失尊严的自我，是一个既讲原则、又善变通的自我，是一个居于自我意识魔方之中，并理智地协调其他自我形式，力求实现自我整体性的有效洽合与统一。

理我既要帮助欲我尽可能地满足各种欲望与需求，又要顾及智我或知我的体验与感受，既要把握秀我的作用与分寸，又要拿捏名我的口碑与影响，同时还要顺应与对接意我的理想与境界。

面对不同层次的自我形式，理我穿梭其间，并始终站在现实的基点上，帮助他们权衡利弊并做出对他们有利的理性选择、协调与矫正。

理我遵循现实原则。就像黑格尔所认识的那样："凡是现实的都是合理的，凡是合理的都是现实的。"

以现实为原则，理我不允许其他自我形式为达到自己的目的而脱离实际，不允许智我或知我目光短浅而不顾及长远，不允许智我或欲我将自身的动物性本能暴露无遗而失去人性尊严，不允许知我或欲望因自私自利而不顾及自然与社会的法则，不允许秀我因弄虚作假欺蒙他人而危及自身，不允许名我对于自身的描述与评价偏离实际或有失公允（理我会为此争辩并寻求正名），不允许意我因追求虚妄而失于缪误。

理我有如其他几个自我形式的导师、裁判员、劝解员和协调员，在其他几个自我之间起到引导、推动、疏通、调节与制衡作用。

理我一旦游离出自我意识魔方，其他的自我就会偏离适格轨道而发生各种各样的偏执念头，甚至导致错误行为。通常情况下，人们所犯的一切错误，包括自私、狭隘、偏执、虚伪、暴躁、怨怒、嫉恨、贪婪、报复等非理性事件，大都是理我暂时失去作用的结果。

所谓"一失足成千古恨"，基本上都是理我回归之后的感叹。

让自己做一个理性的人，理智的人，其实就是对理我的呼唤。让理我占据自我意识魔方的上风，人生之路才能顺风顺水。

比如"朋友妻不可欺"的古训与"己所不欲勿施于人"的道德准则异曲同工，在每个人的理性道义上来说都是不可逾越的界限。但有的人偏偏在这个问题上犯了错误，究其原因，就在于他的智我或欲我的动物性在理我放松警觉的时候占了先机。

人类很多行为事件，其实都是多个自我在相互矛盾中暗中博弈的结果。理我具有反思能力，当自己做错了事情，理我会自我发现、自我反思和自我修正。人们对于自己的评价和认知，通常都有理我的积极参与。

每个人都有一个自认为公允而中肯的自我图式，"我长得很帅气""我是一个很感性的人""我是一个很仗义的人""我是一个很正直的人""我是一个聪明人""我对这件事很有信心""我有这个能力"等等，都属于自我图式中对自己的认同性评价与确认。

或者说，每个人的心目中都有一个自我形象和自我认知模型，这种来自于理我的理性认知更多的时候不过是一厢情愿的自我定位和自我确认，其评价标准未必为周边广大的社会所接受。这也是造成有些人自视过高，目无下尘，或固执己见，自轻自贱等人格观念之偏差或人格模型之扭曲的基本原因之一。

当然，具有“现实灵魂”之名的意我对于其他包括器我、智我、欲我、知我的统摄或塑造并非总是现实的，因其形成过程具有后天性，有时也会变得脱离实际，甚至以一种空想或幻想的形式呈现出来，并对其他自我形式造成不同程度的危害。其中环境因素与意我的形成不无关系，特定的意我总是由特定的环境派生出来的。

心理学家曾经以一个死刑犯做了一个实验，我们先不考虑他们作这个实验合乎人道或是不合乎人道。他们让死刑犯躺在床上，把他的眼睛蒙起来，然后告诉他说：“我们把您的手腕血管切开，您的血一滴一滴地流出来，当血流光的时候，你就死了。”说完之后就假装拿个东西在他手上划一下，其实根本就没有划破皮。

接着心理学家又用和体温差不多的水，一滴滴地滴在他的手上，让他感觉真的有温温的血液在流动，又用一个铁桶子在下面承接温水，让他听到滴滴答答的声音。又告诉他说：“你的血一滴滴地流出来，再流不久就流完了，现在只剩几分钟，时间就到了。”果然时间一到，这犯人就真的吓死了。其实他连一滴血也没有流出来，一点皮也没有划破，纯粹是被语言与幻象所欺骗，活活吓死了。

这虽然是比较残忍的实验，但是告诉我们一个事实就是：自我意识（意我）的形成直接来自于外在信息的汇总与集纳，由此而建立的心念与信念可以使自我实现精神性洽和与统一，并可以在一定程度上决定器我或智我的现实命运。

意我凌驾于前四个自我形式之上，具备了高屋建瓴的慧眼和统贯全局的威权。自我意识魔方的组合既是逻辑的，有规律的，有层次的，也是发展的，变化的，相互掣肘的，相互制衡的，可以调节的。而且在对自我进行展示的时候，并非局限于一两个自我形态。比如在欲我出现时，也必然会露出智我的马脚，在展现意我的时候，也可能会露出器我的嘴脸。

这就是说，每一个人都会有多个自我形式交错地展示着自己，只不过在不同的时空情境中有所侧重而已。细心的人常常会在对方刻意表现的某种自我形态中发现他另外的自我形态也会偶尔露出“峥嵘”。一个人的多张面孔通常是掩盖不住的。

任何一个成年人，都有这样一尊五位一体的心灵魔方，但不同人所用的每一个魔块的大小和颜色却各有不同，其演化时间、组合方式以及转动方法和技巧也五花八门，这就使不同的人形成了不同的自我意识结构、人格结构、心理观念、处世理念和行为方式，其自我认知、自我评价和自我激励的方法、层次、高度和方向也因此各有千秋。这就使不同的人在自我意识魔方的组合和变幻中形成了各具特色的人格特征。只有完美地玩转这个魔方的人，才是社会上的佼佼者和实现个人理想的成功者。

同时，通过自我意识魔方，我们发现，每一个魔块所代表的每一个自我形态自有其符合自身特点的人格观念与行为逻辑。这就是说，人的行为都是受着不同的自我及自我意识支配和驱使的，鉴于每个人都有多张面孔和多个自我形态，那么其不同的行为逻辑也必然产生于不同的自我形态，或者不同的自我形态也必然产生不同的行为。

因为人的行为总是为其特定的欲望目的服务的，每一个自我形态的形成都各有其不同的目的皈依，按照人的自我意识魔方，每个人都各有五个自我意识魔块，这就意味着每个人都至少有五张可以不断变换的面孔，也意味着都至少有五种可以不断变通的心思。

究竟用什么样的面孔和心思展示自己，既取决于自我的欲望性目标的牵引，也取决于自我所处的特定时空序列的情境性因素。

所以，在关于人的一般哲学观念中，基本上都是一分为二地看人，或优点或缺点，或长处或短处，而很难做到一分为五地观察人，这也许缘于人的视觉被欧几里得空间所局限的缘故。

而实际上，只有一分为五地看人，一分为五地观察人、考察人、研究人，才能对人做出全方位、全角度的审读、鉴定和评价。

人活于世，永远离不开这五个自我的表现和展露。所以，人的自我意识魔方是研究和把握每一个人的自我或自我意识的标准理论模型之一。

当自我意识魔方的五个魔块无法实现完美自洽时，人就会发生躁动不安、心神不宁或神不守舍、自我纠结和自我矛盾的情况。

比如我们每个人几乎都遇到过这种情况：在迎接重要考试或者重大活动的前一个夜晚，一日的忙碌搞得身心俱疲，本打算早点上床休息，以便尽可能地恢复身体的元气，让自己第二天能够精神饱满地迎接考试或者参加活动，而一旦躺在床上，却偏偏辗转反侧，迟迟不能入睡，整个身体疲倦得像散了架一样。越是希望快点入眠，头脑里的神经之弦越是像被什么弹拨一样，一会冒出一个闪念，一会跳出一个灵感，一会想起一件事情，一会纠结一个矛盾，使得自己竟然不断支撑着倦息的身体爬起来，然后又躺下，一会可能又爬起来……心烦意躁，身不由己，屡次三番难能入睡。这就是我们每个人都曾经遭遇过的失眠状态。

这种状况缘于自我意识魔方中不同的自我意识魔块之间发生了矛盾。作为生物意义的疲倦的器我或智我，本应该好好躺在床上休息，但作为知性层次的知我（或心我）、作为欲望层次的欲我或者理想意义的意我等其他自我形态却还激动不已，表现得很活跃，很兴奋，根本没有入睡和休息的意愿，并分别地或者交错地对器我或智我发生拮抗作用、抵制作用、干扰作用，从而迫使和搅动着器我或智我无法顺利入睡。

这就意味着，想继续在床上安睡的是一个自我，想从床上起来的则是又一个自我在作怪，二者之间处于矛盾纠结当中，这就是一个人发生失眠、辗转反侧和睡不好觉的基本原因之一。

就是说，人在失眠时，身体躺在床上，只不过是作为生物的肉体躯壳的器我躺在了床上，而其他作为智能层次的智我、作为知性层次的知我、作为欲望层次的欲我或精神层次的意我等并没有与之形成洽合而一并安然地"躺"在床上。他们还在为自我已经发生过的某些事情、未来可能将要发生的某些事情而躁动，而焦虑，而疑惧，而困扰，而惶惑，而欢欣，而兴奋。

所以，虽说器我疲倦不堪，理应休息，而另外包括智我、智我、知我、意我等在内的其他自我形式却还不得安生，在其欲望系统中或为理所困，或为情所惑，或为事所烦，或为物所扰，导致自己的身体不听自己理性的指挥、控制和调和。就像放出去的灵魂一时不能收回到自己的躯体中一样，以致搅得器我躺下又起来、起来又躺下，翻过来、转过去，被折腾得不得安宁。

所以，要想让自己安然入睡，就必须加强自我修养，剔除心理杂念，剔除或屏蔽凹我、凸我、秀我、名我或理我等这些小我的纠缠、搅扰和冒犯，从而让真实的自我保留一份清净的乐土，将纷扰庞杂、散逸四射的意识维度减缩到最小状态和最简单的状态。

我们通常肉眼能够看到的自我，其实就只有器我，另外几个自我形式却是看不见、摸不着的，都附着和隐藏在器我的身体躯壳之内，支配着器我按照其各自特定的意志而行动，而辗转，而奔波。这另外几个自我其实就包含着我们一般观念中所认定的智能、欲望、灵魂、心灵、意念、情绪、意识、精神。他们显然具有灵魂、心灵、意念、情绪、意识的全部特征：无形却有意志，无声却有流转，似有似无，人不能见不能闻，却可以左右自己的躯体和支配自己的行为。

我们通过自我意识魔方可以看出，一个人的灵魂并非只有一个，而是有多个。每一个魔块都是一个灵魂，五个魔块就相当于五个灵魂。这五个灵魂只有在器我的实体结构之中实现完美的洽合，其身心才能达到和谐自得的状态。不管是哪一个自我，哪一个层次的自我，不管是哪一种灵魂，哪一种形式的灵魂，其实质都是特定能量的流转和展现。

心理医师或精神病学家可以根据这一理论找到人体中哪一个自我不能安分守己，哪一个自我与器我或其他自我发生了矛盾或冲突，从而做到有的放矢，对症下药，有效疏解人的心理障碍或治疗人的精神疾病。

器我的自洽只需实现吃喝拉撒睡等内需性的协调就可以了，但智我、欲我、知我、意我等自我意识魔块有时却不甘于此。比如当看到别人比自己吃喝拉撒睡的条件更好或者更差时，就会使自我在反衬和比较中产生优越感或自卑感来，进而产生轻慢他人或嫉妒他人的自我意识；再比如，当欲我致力于一种物质性目标或社会性目标的追求时，意我可能想到追求过程或追求结果会产生各种其他社会影响。这就会使智我、知我、欲我产生不安，并影响到其努力程度和方式选择。当年青岛黑社会老大聂磊被执行死刑前一夜未眠，抽了五包烟，可见在其器我、智我、知我、欲我、意我之间发生了何等剧烈的矛盾冲突。

有一个成语叫作“六神无主”，所谓六神指的是人的六个自我，六个自我就是人体中的六个神。六神为什么会无主呢？就是六个自我没有了统一的章法，乱了阵脚，乱了心谱，不能和谐共处了。所以，六神无主就含有心慌意乱的意思。

弗洛伊德对三个“我”的划分，对人类学或心理学而言具有划时代的特殊意义，我在这里划分的五个“我”，并非叠床架屋，也更非别出心裁，而实在是对人类自我意识和自我人格形成的客观规律的最新发现和逻辑总结，不但对心理学的研究具有一定的建树意义，而且对现实生活也具有非常明确的指导和镜鉴作用。

人类自我意识是个体欲望在特定生存环境中催生的特定精神产物。离开了欲望，人类的一切意识活动和行为活动都无从谈起。而意识活动的级别与主体智能的级别息息相关。比如动物的欲望也很强大，但其意识活动却深受智能的限制，无法与人类相比。意识的展开离不开语言。语言是意识的智能性表达方式，是人类所特有的脑神经功能。因为欲望的缘故，主体必然与外界建立联系，这就离不开主体对客体的互动与表达。

人类神经作为语言表达的发动机，驱动智能沿着欲望的曲线对自我意识进行描摹，这就使语言具有明显的滞后性，而且永远不能穷尽意识，而只能是对意识的刻板性描摹，连拷贝或复制都谈不上，至多只能算作意识的赝品。语言流是意识流的河床，不是意识流本身。意识通过欲望产生出来，并通过语言发展起来。人类的意识色彩斑斓，绚丽多彩，而语言只是意识的单色复印机，对于意识本身而言，语言永远是苍白无力的。

人出生后在其婴儿期，基本上处于生物意义的自我的成长阶段，但正是在这个成长过程中，随着其肢体和感官的生长与功能的完善，见识也在成长，自我意识也在成长。待到自我意识日渐成熟之后，在绝大多数时候，人都是在主观层面上意识到自我的存在的，在这个层面之上，人很少意识到自己的肉体、生理，而自我意识每时每刻都在盘桓在自己的欲望、理念、想法等生理性身体之外的东西上面，并与自我意识成长过程中形成的经验、体验的记忆相融合，这个融合物即是孕育自我意识的温床。自我意识因为不断受到外界客观事物发生的各种变数的影响而时刻处于变化状态，这就使自我意识的成长始终处于不断波动的状态。

所以，人的整个成长过程，不只是身体的成长过程，也是认识的成长过程、心理的成长过程、意识的成长过程、思想的成长过程、理性的成长过程、观念的成长过程、精神的成长过程和人格的成长过程。而所有这些成长过程，都是靠欲望来驱动和激发的。同时在认识、心理、意识、思想、理性、观念、精神、人格的整体上升过程中也顺便带动了欲望层次的不断上升。

第六章 梦与欲望
——梦是欲望的延续和展开

自古以来，关于梦的神秘性一直未能被人类彻底揭开。中国的周公解梦，以非实证研究的迷信的方法揭示了梦的预兆性功能。到了弗洛伊德时期，方才将梦的研究引入到相对更加科学的轨道上来，并从人类的心理结构上揭示了梦是欲望的满足与达成。

但是，这还远远不够，梦的虚幻性和非意志性特征并没有被人们彻底解释清楚。我从欲望动力心理学视角上，通过对人类欲望的功能结构的解剖，也试图揭开梦的生理结构、心理结构的内在机理以及梦的神经运行机制和梦的表象性呈现原理。

一、梦的起源

梦既然是大脑的产物，就一定与神经活动有关。这一点，我想每个人都不会有异议。同时我们还应该注意到，梦是不能为人类主观意志所能掌控和所能驾驭的，不能想做梦就能做出梦来，或者想做什么梦便能做出什么梦来。梦这个怪物是不听主体自我意志任意指挥和摆布的。

所以，梦是自主神经活动的产物，是自主神经中枢在潜欲望驱动下的表象性激活与呈现。

一切梦都必须而且只有在主体自我处于完全睡眠状态中才能发生。这时，人的随意神经系统处于完全休息状态、完全无意识状态或停止工作状态。但在此期间，人的自主神经系统却没有停止工作，还在睁着无形的“眼睛”，自始至终地对全身的每一个细胞、每一个器官、每一个组织、每一个肌体承担着管理之责、调节之责和统合之责，以保证个体自我生理机能的正常运转。而梦却在代表主体意志性的大脑中枢神经停止工作的这个特殊的节骨眼上，悄然爬进人的大脑边缘（大脑皮层）并无声无息地活动起来，游荡起来。人一旦从睡眠状态中醒来，梦就立刻毫无声息地遁去了。请注意，这其中有两个现象值得特别关注：

一是梦境的发生与呈现，是大脑神经（或大脑神经特定区域）参与的一种活动过程，表明在大脑之中必有一种神经仍然在工作——按照现有理论来审视，这个在继续工作的神经系统只有自主神经系统（亦称植物神经系统），而不会是随意神经系统（包括大脑中枢神经系统或躯体运动神经系统）。除非在自主神经之外，还有另一种掌控睡眠的特殊神经系统存在，这一点，截至目前并没有任何研究报告可以参考。

二是梦境的发生和梦中的表象活动不受主观意志所支配，表明承载这个活动的大脑神经参与者和支配者乃非大脑中枢神经之所为，以此分析梦的神经结构特点竟与人体内部自主神经系统的活动特点十分洽和。为此，我有理由推断梦是人类自主神经系统在大脑中发生作用的特殊产物，是自主神经系统利用处于休眠状态的大脑储存的既有影像进行欲望反射性链接、情境性模拟、拓扑性重组以及与相关、连带和临近影像的随机性再现等一连串自动纠缠性、振荡性运转的表象性产物。

世界物质的原始特性包括量子特性、磁性、电性、场性、化学性、辐射性、感应性、脉冲性、吸引性、排斥性等等，决定了一切有机体特别是生物体的共性特征，包括生长性、神经性、感应性、反应性、映射性、适应性、形状自组织性等，都无一不源自于物质的原始特性，正是先天的功能性存在决定了后天的功能性特性。

这一点，我们从各种生物之间所存在的非常多的相似性中即可略见一斑。即便在植物或动物中，也存在着很多先天功能的相似性、生长的相似性、结构的相似性、形态的相似性、反应的相似性等等。这种相似性实为宇宙客观意志驱动的结果，也是“万物皆有灵”的原始注疏。比如何首乌、人参等植物居然也有很多长得像人形的，也有很多植物长得像动物的毛发、手臂、耳朵、爪、蹼、喙等等。另外我们还会看到，绝大部分动植物都呈现出一种圆形结构特征，这些相似性绝不是偶然的，而是粒子运动的趋圆性及其能量运转方式的共性特征决定的。

无机物对外界环境的反应主要体现在物理性反应和化学性反应，而有机物对外界环境的反应则要复杂得多，体现了一种能动性的进步。物质组合方式相似或环境背景因素相似的动物或植物往往存在着更多的相似性，比如同是生活在水中的鱼，种类成千上万，但其形状和结构却大体差不多，天空中飞翔的鸟类在形状和结构上也都大体相类似。

不管是动物，还是植物，在开放的环境中，都具有对光、温度、湿度、压力、机械伤害、毒素等多种物理性、化学性等信号刺激做出反应的特性，并在形态结构和行为运动方面表现出一些列适应性反应和变化。比如含羞草、向日葵的适应性反应，或变色龙、萤火虫的适应性反应则更为人们所常见。体现在生物体中的这种默无声息的反应就是自主神经发生作用的一种形式。

自主神经是本体为着生命、细胞生长、新陈代谢等的需要而演化的特定感应形式和自组织形式，在动物身上存在，在植物身上也同样存在，只是在共性中还各存在着一些构造和功能的某些不同特性而已。自主神经在人体上的发现不啻一场生理学上的革命。

但因为这项研究起步较晚，迄今还处于浅层次的研究阶段，缘于解剖学和实验科学的特定局限，关于自主神经的功能结构、传输方式、信号转换过程，以及与随意神经的特殊联系纽带等问题尚未被完全揭示出来。

我根据欲望动力心理学关于对神经现象的研究，有理由认为：凡是随意神经系统不予管辖的部分或内容，基本上都属于自主神经系统管辖的范畴，或者说，自主神经系统对于随意神经系统来说相当于一个不管部部长，除了随意神经系统管辖的部分或内容之外，都统统归属于自主神经系统来协调，来打理，来控制。

而且，自主神经系统也不止于分布在人体的内脏，全身所有部位、所有器官、所有机体、所有细胞都有自主神经不同程度的分布和不同方式进行活动的踪影，我更有理由认为人类的基本智能也属于自主神经打理的范畴，比如感觉、记忆、甚至下意识性表象等功能也都属于自主神经默默发生作用的结果。不要说人类或动物，即便植物也有感觉和记忆等神经反应功能，这是物质所具有的原始的磁性、电性、场性、辐射性、感应性等特性决定的，并非简单地认为仅仅是随意神经所独有的功能。

据研究发现，大脑中大概有 140 亿个神经细胞，可供开发利用的仅占 10% 左右。那么，另外 90% 左右的脑细胞都是做什么用的？我认为它们大部分都属于自主神经范畴，不是不工作，而是你感知不到它们在工作，或者仅就我们人类现有的感知能力和研究程度尚且无法测定它们的工作状态和工作原理。

另外，还远不止于此，有医学报告显示，人的血液对于自主神经（也包括随意神经）的活性和功能状态具有特殊的调节作用。这一点从一些溶血或失血病人经过大换血之后所发生的性格变化、气质变化、思维形式变化、甚至不同脑区功能的灵敏度变化等方面可以得到间接的佐证。

处于大脑中的自主神经也同样起到一种枢纽作用，我在这里可以称之为自主神经中枢，与传统生理学神经中枢是相对的概念。

为了便于理解和记忆，我们可以把传统生理学中的神经中枢概念称之为随意神经中枢。自主神经中枢对分布于全身的自主神经以潜移默化的特殊方式发出驱动指令和操控指令，只不过它发出的这些指令都是背着随意神经中枢悄悄完成的，不为我们的主观意志所控制和所觉察。比如记忆存储器就是一个自主神经功能装置，里面存储的影像、声音、味道等信息不为我们主体意志的好恶而存在，你喜欢的和不喜欢的都在那里存放着，想删除都难，想忘记都难。

我们失眠时头脑中总有很多影像、声音、味道、情境、情节等信息以表象形式在不断地黏连、纠缠、振荡、冲撞、跃动和重组，主观意志上想不让它们冒出来都不行，只能任由它们骚扰你的睡眠，这也是自主神经功能影响睡眠和导致失眠的原因之一。

这说明，自主神经的功能并非仅限于支配内脏活动，还有很多功能尚未被我们发现和揭示出来。外界事物的影像信息只能存储在自主神经中枢的特定脑区中，这些影像既可以经由随意神经中枢的驱动而实现主动的和能动的表象性回想、联想、想象或思维，并藉此形成显在的意识活动，也可以经由自主神经中枢的驱动而实现被动的和受动的表象性再现，并藉此形成潜在的意识活动。

其中包括清醒时不由自主地映现于大脑中的事物表象，也包括睡眠时不由自主地映现于大脑中的事物表象，都属于自主神经中枢所承载、所驱动和所主导的潜在性意识活动。

所以，表象这个怪物，虽然存储和藏身于自主神经系统之中，却也可以再现和出没于随意神经系统之中，就像一只翩翩飞舞的蝴蝶，在两个神经系统之间飞来飞去。其中在自主神经中枢中飞舞时即形成潜意识，例如“白日做梦”时不由自主出现的表象情景或夜晚睡眠做梦时出现的表象情景；在随意神经中枢中飞舞时即形成显意识，例如主动思考一件事时映现的各种表象情景，产生的各种联想情景和想象情景，即是人类显在的意识活动本身。

人在睡眠时，大脑中支配和指挥全身自主神经活动的自主神经中枢并没有慵懒地躺在脑颅的卧室中睡大觉，它在神经电产生的特定振频、脉冲或谐振条件下，会将自主神经性的记忆储存器中的影像信息一个接一个地搬弄出来，沿着生理性欲望力所驱动的方向进行拼接、黏连和重组，很多包括饥渴时寻找食物或水源、憋尿时寻找厕所、身体蜷缩睡眠时梦见挣脱束缚试图逃跑，或者在幼年身体成长过程中梦见飞翔等各种各样的梦，都是与生理性匮欠或生理性欲望息息相关。

其他一些与情感、心理等有关的梦，细究起来也在某个方面缘于某种特殊的生理信号的欲望性激发和驱动。

自主神经中枢因为与随意神经中枢同处一室，必然通过某种特殊的形式而与随意神经中枢存在着某种特定的联系，更况人在睡眠时，自我生理环境一旦处于不正常状态（如被挤压、被扭曲、被捆缚而造成的内在生理环境改变），将导致自主神经中枢指挥心脏和腺体等改变内部压力、气息、湿度、润滑度、舒畅度等内环境气候，以做出与相应环境的适应性调整。这将直接影响随意神经系统所处内部环境发生程度不同的改变，并促使自主神经系统与随意神经系统之间，建立了特殊的互通性与互动性联系，进而使自主神经中枢与随意神经中枢，也在冥冥中被动地产生了某种形式的联通效果和转换效应。

这也是为什么每当我们的身体处于特别紧张、恐惧、忧伤、疲劳等状态时，或者睡眠时身体处于挤压、蜷曲状态时，经常会做一些与我们的心理环境或生理环境息息相关的梦。

比如睡眠时身体蜷曲往往会做一些挣扎逃跑的梦，而梦见与自己白天心理活动有关的梦即可能源于自主神经中枢与随意神经中枢的特殊联系，将白天同类情境下出现的有关影像、声音、情境等信息连缀成一些模仿白天在欲望驱动下的心理活动过程有关的情节、有关的人物或有关的感受。

虽然大脑中的影像信息都储存在自主神经性质的记忆存储器中，但这个存储器绝不是一个平面化的简单装置，它就像一个文件柜，不但设有多个抽屉，而且抽屉里可能还设置了多个奁匣。不同的抽屉或不同的奁匣分别存储着类属不同的影像性文件（包括视觉信息、听觉信息、味觉信息、嗅觉信息、触觉信息、情境信息、意境信息、情节信息、场景信息以及内部感觉信息）。

或者，我们把记忆存储器干脆比作一部电脑的硬盘，通常会分成几个区，每个区用来储存不同类属的文件。这个记忆存储器对那些在不同时间和不同空间所映射的影像等信息，并非按照时间顺序或空间顺序进行分区管理的，而是实行欲望情境分类管理原则。

所谓欲望情境指的是主体在特定欲望力驱动下而所处的时空场景、情境、心境、意境、情节以及所有人、事、物的总和，简称欲望情境。

凡是在同一欲望情境中经历并形成的所有事物的影像信息都会被赋予与该欲望情境相关联的意义，这时的影像信息便成为一种标注特定欲望性质和特定欲望倾向的意义符号或标签，被储存在记忆存储器的特定分区中。而且，凡是在类属上相同、相近或相似的欲望情境及其内中所包含的所有事物的影像信息都会被划分到同一个分区中。其他与此毗邻的欲望情境及其所包含的事物的影像信息则会被储存在毗邻的分区中，以此类推。

所谓欲望情境分类管理就是主体自我的自主神经中枢对于不同欲望情境的影像信息及其所包含的欲望意义被分别储存于记忆存储器的不同分区中。即在记忆存储器的“硬盘”里，不同分区中储存着不同欲望情境的影像信息，以及该欲望情境所包含的其他曾经历过的相关事物的影像信息。这与身体不同部位和不同感官采集的不同信息总是分别存储于不同脑区或不同皮层的道理一样。按照欲望情境分类管理原则，不同分区中储存着不同欲望情境的文件资料，同一个分区中储存着相同、相近或相似欲望情境的文件资料。

这样，按照欲望情境分类管理原则，我们就很容易解释，为什么某一个梦中的情境总是出现与该情境相关联的影像。

比如，一个职员梦见在办公室里发生的事情，所呈现的可能是门、窗、办公桌、文件、电脑、书籍、纸张、笔、锁、钥匙，或者认识的同事，有时还会混杂着若干年前在另一个办公室里留下的物品或同事的影像，但绝不会梦见在办公室里出现高山、大海、轮船之类的影像。

这说明梦中出现的影像、场景或情景总是与某一类情境曾经形成的影像场景或情景具有一致性、相似性和相关性，完全不同情境中形成的影像信息通常不会出现在同一个场景或情景的梦境里。

在大脑记忆储存器中储存在同一个分区或同一个文件夹中的影像信息最容易出现在同一个场景的梦境里，而邻近区中储存的影像信息有时也会冒出来混淆一下，干扰一下，重组一下，交叠一下，但这应该是一种很少见的现象。属类完全不同，亦即欲望情境完全不同的影像、场景或情景因为它们所储存的分区完全不同，而且也不邻近，所以这些影像、场景或情景一般不会轻易冒出来捣乱。

从这个道理上推导下去，我想我们可以认定，即便是一些非常怪异的梦，也不会出现以前根本没有经历过的事件的影像信息。

我相信亚历山大绝不会梦见过火车，秦始皇绝不会梦见过飞机，拿破仑绝不会梦见过电脑或手机。

这说明，梦是特定欲望情境下既有表象在自主神经中枢中的再现、交叠和重组，任何人所做的任何梦绝不会出现从未储存过的影像信息，这也是我们在梦里所梦见的事物为什么总是相识或似曾相识的原因。即便有时梦里出现了陌生人，那也不过是因为我们在日常生活中也确曾有过很多际遇陌生人的经历，这些经历也会形成关于陌生人的若干形态的影像。

至于有些梦的情节变幻多端或荒诞不经，则缘于多个类似情境中曾储存过的不同影像通过表象形式呈现的无序性和随机性跃动、黏连和重组，梦的情节安排没有指定的导演，同类情境的表象在欲望驱力作用下无序拼接与随机联动过程本身即构成了梦的情节。异性恋男人的梦境里会出现女人身体的影像，不同女人的面庞和不同女人的身体和姿态，以及以前曾与多个不同女人打交道时的情节的影像可能会混杂在一起呈现出来，这个混杂过程和重组过程本身就具有特定影像所关联的情节性。

我们有时感到梦中的一些情节和形象总是显得不完整，不连续，甚至感到半拉胡片，有头无尾，有始无终，原因就在于梦中所呈现的诸多影像信息的随机性、无序性、交叠性、跳跃性、一过性和无规则性造成的。这就是说，梦是泛逻辑结构，而不是准逻辑结构。其结构特点遵循欲望情境分类管理原则，即某一类欲望情境的影像信息及在这一类欲望情境中形成的所有相关事物的影像信息，其交叠、组接与联动的顺序虽然是沿着欲望力所驱动的方向排列的。但其影像信息所出现或呈现的时空逻辑并不是严谨有序的，而是断续的、迷离的，变幻的，拓扑的，这便是梦的基本结构方式。

所以，在睡眠中当随意神经中枢处于深度抑制状态，作为自主神经性质的镜像神经元继续处于工作状态，由于缺乏主体意识的有机控制与调节，不同的镜像神经元在特定欲望方向上随机组合，有些希奇古怪的组合方式使得梦境与现实情景相去甚远。

但梦的内容总要源自于生活，源自于自我亲身经历过、体验过和感受过的客观事物及其影像，梦中很多影像组合或表象组合虽然是不合逻辑的，虽然是一种荒诞离奇的虚幻情境，但是，人们在梦中出现的生活体验却接近于真实，包括惊疑、顾虑、担心、害怕、紧张、愤怒、高兴、喜悦、欣慰等等这些最初经由感觉神经曾经感知过和体验过的东西，后来又经由随意神经中枢思虑过的东西，也会通过记忆神经元存储于自主神经中枢建构的记忆存储器中，并且也自然会在梦中的特定情境中复现出来。

这就意味着，梦中不但会复现过去由外部感觉感知过的外在场景性、形象性信息，也会复现过去由内部感觉感知过的内在体验性、抽象性信息；不但会复现随意神经中枢主动思考过的理觉性、悟觉性、灵觉性信息，也会复现自主神经中枢被动调适过的情觉性信息。

另外，梦是超越时空维度的，不同时空维度中形成的影像、场景或情景等信息常常会出现在同一个梦境中。

小时候在老家经历过的某个事件的影像、场景或情景可能在时隔数十年之后与几天前经历过的事件的影像、场景或情景混在一起出现在同一个梦境中，而且在情境上或情节上具有相似性或相关性。

这就像一个业已分好类别的文件柜中的某个抽屉储存着很多旧文件，也储存着一些新文件，旧文件与新文件混合在一起，它们被一起倒腾出来展示在眼前，这样的一种展示显然是超越时空维度的。同样的，相似欲望情境中的新影像与旧影像储存在同一个记忆存储器里，这些新旧影像在类似欲望驱动下而同时在同一个梦境中展示出来也就不难理解了。

表面上看是梦的情节蕴含着某种意思，或者认为是梦本身的意思，或者是超越自我灵魂而给出某种特别暗示的意思，其实这样理解梦是很肤浅的。梦中显示的意思既脱不开主体自我在现实睡眠过程中由于内在生理环境发生变化而悄然浮现的潜在的欲望意义（这个意义可称之为梦的本意，亦即梦境所指意义），也当然脱不开梦中所呈现的表象（影像）本身所包含着的特定欲望意义（这个意义可称之为梦的寓意，亦即梦境能指意义）。

这两种欲望意义亦即所指意义与能指意义的有机叠加与契合便是梦本身的意思。一般地，所指意义为梦的根本意义或真正意义，因此称为梦的本意；能指意义为梦的象征意义或寄托意义，因此称为梦的寓意。即所指意义只有寄托在具有能指意义的特定事物的影像（表象）当中，才能将梦的所指意义表示出来或表达出来。因此，梦中出现的事物影像大都具有一定的象征意义。

这就意味着，某些事物及其影像能不能成为某一特定欲望意义的象征物，关键是这个事物是否在以前某个同类欲望性事件中曾经出现过、经历过、体验过、感受过，只有被主体亲自经历、体验和感受过的事物，才能具有“能指”的欲望象征意义，并可能产生与该事物当初出现时差不多相同、相近或相似的心理反应、意念反应或情绪反应。否则，这个事物便不能指向这个欲望，甚至便不能出现在这个梦境之中。

这说明，你梦见了某一类影像，就是你的自主神经把你曾经在同一欲望经验中储存的某一类影像翻弄出来了，并按照睡眠时产生的潜欲望力所驱动的方向做了拓扑性黏连或叠拼。就像幻灯片按照一定顺序快速演播一样，其情节完全取决于相近或半相近、相关或半相关的影像之间所具有的特殊联动关系。

人在梦境中醒来，之所以对梦的意思感到模棱两可，迷迷糊糊，就在于一个梦总是至少包含两个意思：一个是梦的本意，即所指意义，一个是梦的寓意，即能指意义。

解释梦的人如果仅仅解释本意，就会让人感到他没有给解释清楚，而且本意中的欲望意义有时也是一时半会说不清楚的；如果仅仅解释寓意，就会让人感到他还是未能给解释清楚，而且寓意中的事物影像一般也总是包含着多种象征意义。只有把两者都解释出来，或许才能获得做梦者的心理认同。

当然，由于人类记忆存储器并非建立在随意神经中枢之中，而是建立在自主神经中枢之中，这就使得影像及其表象与自主神经之间存在着某种必然的联系。自主神经结构的先天性特点，也会影响各类影像信息的存储方式和存储时效。

一个人天生聪明或愚钝，其很大一部分原因是由天赋的自主神经结构特点决定的。这同时也意味着，一个人多梦或少梦，一个人做什么样的梦，不仅与后天映射的影像特点息息相关，也与先天造化的自主神经系统中的镜像神经元的特点密不可分。

我们在前面讨论过，大脑中映射的影像信息是构成人类主观世界的基本元素，当它承载了欲望意义之后，就变成了组合意识活动的“基本粒子”，我们在本书系中简称为意子。这种意子存储于自主神经构成的记忆存储器中，人在梦境中也避免不了会产生“量子纠缠”效应。物理世界的量子纠缠与振荡现象在主观世界之中，我们可以称之为意子纠缠与振荡。

从这一角度上看，梦也是自主神经中枢在特定情境中所发生的意子纠缠与振荡反应。在大多数情况下，这种以自主神经为载体的意子纠缠与振荡，一般只在以往经验过或体验过的时空场景中所形成的意子之间发生，但也有些时候，过去经验过或体验过的时空场景中形成的意子，或许也会与那些曾经遥想过或试想过的未来时空场景中的意子，以跨越现行物理时空维度的形式，而发生幻影式的纠缠和振荡反应，从而产生一种不确定的暗示、启示或预示效果。

但梦本身并不具备任何超越特定影像或表象的示意功能，只是影像或表象本身作为意义符号而自动显示了其特定的意义，而且是原有欲望情境中所特有的梦的本意或沿此意义维度的拓扑性延伸。

我们不会发现自己梦中所见到的东西被格外赋予了与白天所见到的实物的欲望性意思完全不同的情况，也不会发现自己梦中所体悟到的某种感受被格外赋予了与白天某种相同或相类似情境中所体悟到的正负舒适性感受完全不同的情况。

即梦中所呈现的影像信息与白天在类似情境中形成的影像信息，其寓意大体相同抑或有所延伸和有所跳跃。我这里所说的白天，可以是睡前的白天，也可以是以往任何一个未进入睡眠状态的时间。

而一些梦之所以会与我们的生理有关，是因为与该生理环境息息相关的自主神经中枢所重现出来的影像信息，当初也是与这一自主神经所管辖的生理器官具有直接的关系。

比如白天尿急时管辖泌尿系统的自主神经系统处于高度紧张状态，而将这种不适反应转换到随意神经系统中来，导致主体自我不得不急于去找厕所，或因一时难以找到厕所而导致自我处于一种惶急状态。在这种惶急状态中，自我连同周边环境的欲望情境影像与管辖泌尿系统的自主神经之间建立了某种特定的纽带性联系。当入睡后出现尿意而做梦时，这些与白天尿意发作时的欲望情景相关的影像信息，便随之被重新激活而游荡在梦境里。

我们解释梦的时候，既要解释做梦者本身的欲望意义，亦即梦的本意，也要解释梦的寓意，亦即欲望情境中的影像信息的意思，或沿着这一欲望情境而有所延伸、有所拓展、有所跳跃的意思。梦的本意与梦的寓意合在一起蕴含着某种特定的生理欲望、心理欲望或精神欲望。

因为欲望本身蕴含着从在场的匮欠到不在场的目标之间所存在的跨越时空的遥感性、呼应性、关联性和不确定性的纠缠关系和振荡关系，这就使得人们对于梦境中出现的自我内在体验和外在遥感性欲望目标或特定影像做出具有某种暗示、启示和预示功能的解释成为可能。

梦境中某种影像的象征意义其实也都是梦的本意的遥感性延伸。因欲望系统中不在场的外在目标具有不确定性，也就必然使得自我对于梦的暗示、启示和预示功能的解释具有与之相对应的不确定性，有的解释正巧被言中，有的解释则荒诞无稽，无可兑现。

所以，一切解梦理论都是在这个基础上建立起来的。同时，梦中经过重组和变形的影像也会成为一种新的影像形式，并被大脑记忆存储器直接储存其中，在梦醒时分而被回忆起来。而梦中的影像内容之所以显得模糊而且很容易被忘记，一方面缘于梦中的脑电位不足、脉冲减弱而造成复现效果不清，一方面缘于影像本身所具有的一定模糊性，再一方面则缘于影像在随机组接过程中所具有的跳跃性和一过性造成的。

事关心理欲望的梦也是某个时间段同样心理环境下所形成的同类影像或近似影像，被搬弄出来而实现的。

恐惧蛇的人在睡眠中梦见蛇也一样产生恐惧，对蛇不恐惧的人在梦中也同样不会产生恐惧。蛇作为一种影像，白天见到实物时体现的是什么含义，晚上出现在梦境中也是什么含义。而且惧怕蛇的人往往在恐惧状态下入睡时，最容易梦见蛇，这是因为恐惧状态与蛇的影像曾经产生过纠缠振荡和联系通路，二者在记忆结构上存在着必然性和关联性。蛇的影像与恐惧的情境的影像都储存在同一个记忆卮中，所以恐惧的梦通常总是将同类情境下储存的影像复现出来。而不惧怕蛇的人在恐惧状态下不会梦见蛇，而会梦见他曾经真正恐惧的事物之影像。

我本人虽是神经科学的外行，但对自主神经这一领域的研究却格外感兴趣，我认为人类学家以往有很多无法解释的现象或许可以在自主神经这里找到令人满意的答案。

人类有很多方面是我们在主观意志上无法改变或改变起来很困难的问题，比如人格问题、性格问题、脾气问题、气质问题、健康问题、长寿问题、情绪问题、智能问题、语言问题、记忆问题、梦的问题、灵感问题、心理问题、精神问题等等，这一切最终或许都可以在自主神经系统这个神秘的环节上得到解释或解决。

二、梦与欲望的关系

我对于弗洛伊德提出的“梦是愿望的达成”这一观点具有高度认同感，但这未必是最科学的论断。梦与欲望的关系并不直接等同于“梦是欲望的达成”这么简单。更确切地说，梦是欲望力驱动下的一连串的影像集成与信息重组，是自主神经承载并运行的特殊表象过程。

若果结合我在上面提出的五位一体的自我意识魔方来分析，梦则是凹我与凸我在自主神经系统中的拓扑性合成，是特定的凹我与特定的凸我试图寻求对接的遥感性、呼应性和过程性展现。

在生理层面上说，凹我是内部感觉的产物。生理系统一旦发生异常或匮欠，内部感觉就会捕捉到匮欠信号，体内自主神经也会为这一匮欠事件做出某种有针对性的调节，这就使包括饥渴、便意、性欲、肌体受压等生理内容总要通过特定神经管道而被传递到大脑之中。不管是清醒时还是睡眠时，这种传递都是不可阻挡的，内部感觉与自主神经一样，也是不受主观意志控制的神经系统。

当包括饥饿感、挤压感、捆缚感、便意、性欲等内部感觉发生时，不管你是处在清醒状态，还是处在睡眠状态，这些刺激信号都会传输给特定的大脑区域之中，并与以往存储的目标性影像相连接。如果你是在清醒状态接受这一感觉信号，那么，你的大脑就会做出与这一感觉相应的欲望性反应；相反，如果你是在睡眠状态接收到了这一感觉信号，那么，你的大脑也同样会做出与这一感觉信号相应的欲望性反应，在这种情况下，由于你处在睡眠状态，这种反应便只能以梦的形式呈现出来。

同样的，凸我是外部感觉的产物，生理系统发生的匮欠必然借助外部感觉而寻求外在目标的填充、弥补与合成。这样，针对于外在目标形成的影像必然因此而被激活为潜意识性或下意识性的表象，并以凸我的形式展现出来。在凹我与凸我之间，一种以潜意识或下意识形式出现的表象性自主神经活动便在大脑中展开了。虽然处于睡眠状态，但这种活动即便在不被主体意识所觉察的情境中，依然可以自由奔放地活跃在大脑之中，这便是梦。

这说明，人类大脑既是随意神经中枢运转的场所，也是自主神经中枢运转的平台，大脑活动既包括随意神经中枢做出的显在的意识活动，也包括自主神经中枢做出的潜在的意识活动。

而在传统生理学和脑科学理论中，只有发生于大脑中的随意神经中枢活动才能被认为是代表主体自我的大脑活动，而发生于大脑中的自主神经中枢活动，则通常不被认为是代表主体自我的大脑活动。

人在睡眠时，代表主体意识的大脑随意神经活动已经处于抑制状态和休息状态，但不代表主体自我的自主神经中枢的大脑活动，却依然处于活跃状态和工作状态——只要生命尚存，自主神经及自主神经中枢便不会停止活动。

这就像地球上的水流一样，有的是在光天化日之下形成小溪，形成河流，也有的掩藏于地表以下形成暗流，虽然不为外界所知，却依然汩汩流淌。自主神经活动就如同涓涓不息的暗流一样，我们可称之为神经暗流。

正是神经暗流承载着欲望性影像信息流动在人类的梦境之中。所以人类的梦，就是自主神经系统在正常工作过程中，与各种相关欲望性影像信息暗中遭遇、暗中勾结和暗中串联的产物。

事实上，人在清醒之时，自主神经及自主神经中枢也没有停止工作，白日做梦的情景也会时有发生。我们有很多时候，在没有注意到任何事物的情况下，大脑中依然有很多影像不由自主地呈现出来，并产生某种幻想、妄想或痴想。其实这就是白日做梦的情景，与睡眠时做梦的情景大同小异。所异之处，不过是你的眼睛睁开着，并有一些展现在眼前的影像在影响着大脑中各种表象的连接秩序或连接效果。

当然，那些事关人际关系、友情、情绪、荣誉、地位等心理内容的梦境，也同样是欲望力驱动的结果。很早以前发生过的影响自我心理倾向、心理波动的事件，一旦在头脑中形成特定倾向的影像信息，并存储于特定脑区中。即便处在睡眠状态，这些东西也都会在自主神经中枢的大脑中继续存储着。但由于白天清醒时你的注意力可能落在了其他事物上面，致使过去发生的心理波动事件游离了自己的注意力辐射范围而被暂时忘却了。但在睡眠时这些事件存储过程的振幅和振频，一当与脑电波振幅或振频产生共振、谐振或共频，便会自动与往事的影像信息形成互感互应、联通联动关系，从而使某一针对特定心理事件的表象，形成与特定欲望力有关的链接形式，亦即产生了含有特定心事的梦境。

梦既与主体生理现象密切相关，也与自我心理现象息息相通，但梦既不是生理现象本身，也不是心理现象（或称为意识现象、精神现象）本身，而是生理现象或心理现象在自主神经中枢所组建的记忆存储器中的影像残留性映射与重组。

每个人都会做梦，只是有多有少。有的醒后记忆犹新，有的醒后记忆模糊，甚至倏忽即逝。因此，每个人对于做梦都不必大惊小怪。当然，如果做梦过多，影响正常的睡眠，醒后头脑昏沉，精神恍惚，身心疲惫，梦境常常纠结于脑中不散，这应该是发源于自主神经系统的疾病状态，时间久了会严重影响身体健康。

腹中胎儿可能很少会做梦，原因是他大脑中映射的信息资料相当有限，可以用来表象的事物信息很少，甚至微乎其微，缺少做梦的客观源泉，或者因为他的大脑皮层细胞的发育尚未达到较好地映射和保留信息资料的程度。

但腹中胎儿少梦并不代表彻底不做梦。观察者发现，六个星期以后的胎儿在睡眠中已经会笑、发声和吮吸，这可能就是做梦的表现。

一个显而易见的现象是，在人体进入睡眠状态时，除了感知神经和大脑中枢神经进入抑制状态之外，其他包括血液循环系统、呼吸系统、免疫系统以及自主神经系统均处于正常的工作状态。

人在睡眠中，在肌体接受内外各种刺激的情况下，自主神经在暗中代替并肩负起了内部感觉神经的传导功能，而将肌体内外刺激信息传导给大脑内部自主神经中枢中的记忆存储器。这样，肌体内外刺激信息便有机会与久前存储的相关潜在性影像信息连接到了一起，并陆续被激活，被纠缠，被重组，于是便会产生各式各样的梦境。

睡眠时如果闻到花香，可能会梦见置身于百花争艳、芳香扑鼻的花园里；若果睡着后，屋子很冷且被蹬开了被子，会梦见寒冷的冬天；听到流水声，会梦见小溪、河流或瀑布；蒙头盖脸睡觉时，会梦见自己被某种环境窒息或呼吸不畅等等。也有人梦见被狗追赶却跑不动，醒来时发现身体是在蜷缩着睡觉。这都是肌体内外刺激信息与大脑内部自主神经组建的记忆存储器中的镜像神经元实现传导性对接、纠缠、衍射和重组所造成的。

俗话说“日有所思，夜有所梦”，白天经历过和思考过的事情，往往在晚上做梦时重新复现出来。其原因就在于白天形成的影像信息和感受性信息存储于记忆存储器中，即便在睡眠时也会保持较高的振幅或振频。这时如果肌体内外相关刺激信号有机会进入记忆存储器中，便很容易与这些具有较高振幅或振频的镜像神经元的电脉冲连接在一起，形成相互纠缠与振荡的关系。

一般说来，当白天大脑处于焦虑、恐惧或某种愿望较为强烈时，或者肌体处于疲劳、空腹或高烧状态时，或者明显受到了声音与物理性刺激时，或者气压与气温显著变化时，如果在这种情况下入睡都很容易做梦。因为在这种状态下形成的镜像神经元的电脉冲，其振幅和振频都非常强，其在记忆存储器中也总是浮在上面，很容易与睡眠时通过自主神经传导的相关刺激信息实现对接，所以也很容易由此产生与白天经历或感受相同、相似的梦境。

已有的调查结果显示：针对各种感觉官能而言，归属于视觉的梦最多，其余逐次是：听觉、运动觉、触觉，最少的是味觉。

梦的内容因年龄不同而不同，与机体状态的好坏不无关系，与知识经验的多寡也有关联，更与孜孜以求的愿望息息相通：小女孩梦洋娃娃，小男孩梦玩具枪，发明家梦发明物的完成，母亲梦见远方的女儿，等等。这些都与主体自我在白天清醒时段里某种欲望驱动下的经历、经验、想法有关。据粗略统计，事关近两三天以内的新经验的梦约占75%；事关遥远的童年时代经验的梦约占15%；而与过去经验完全无关的梦只约占10%。

我已经说过，梦与自主神经活动关系密切，而自主神经对于内脏器官的和谐运转、对于体液、体气的分泌与循环、对于肌体细胞的新陈代谢等活动都具有特殊的和直接的支配与协调作用。

我们同时还在本书系中讨论过，人的情觉、情感、情绪、脾气、态度等事关心理感受的内容也都与自主神经系统管辖的内脏运动息息相通，即人的情感、情绪、脾气、态度在发作时会直接地表现在体液和体气在循环过程中所产生的特定作用上，表现在血胀心率快、脸红脖子粗、气壮声音大，这些改变均非主体自我意志主动之所为，实乃自主神经自发之所系。

正是由于主体自我情感类的心理感受与自主神经系统之间所存在的这种特殊关系，才使得同样与自主神经系统之间存在着特殊关系的梦，具有了某种耦合性的联系。

这就意味着，梦既然是自主神经系统的功能存续和延伸，人类情感类心理活动既然是自主神经系统的功能波动和干预，那就可以推断，绝大多数梦都是与情感类心理活动有关的。不过，这一观点当然还希望得到更广泛的证验。

中国古书《周礼·春官·占梦》中讲梦有六类："一曰正梦，二曰噩梦，三曰思梦，四曰寤梦，五曰喜梦，六曰惧梦。"这六类梦大部分都与喜怒哀乐忧思惧等心理感受有关。

人体内有些器官既可以接受随意神经中枢的意志性支配，也可以接受自主神经中枢的自主性支配，比如人的眼睛就是这样一种器官。

人在做梦时，眼睛虽然闭合了，但眼球仍在不停地、迅速地转动着。我们根据睡眠者的眼动情形，可以准确地测出做梦的时间来。有人用这种方法测定人类在睡眠时做梦的周期一般为90分钟左右。

第七章 人类欲望的整体论

——自我人格结构的内部对立与统一

欲望动力心理学从欲望产生的最基础的本能性生理功能出发，按照人体九大生理系统归纳了所有本性欲望（本能性欲望）产生的发端及其各从其属、各从其类的属类性特征，并根据生理系统的功能特点进一步总结了人类所特有的八大欲望系统。

同时，按照人类认知能力不断发展的层次递升规律和自我十能结构理论，揭示并归纳了欲望的层次性特征和在能量流变过程中所形成的欲望性人格结构特征。这就使得人类自我人格既可以体现为八阶一体的层次性结构，也可以体现为十能一体的功能性结构，还可以体现为五位一体的互转性结构。

对于欲望的属类划分，既可以依据其产生的生理系统的功能属性来划分，也可以依据欲望产生的认知层次来划分，还可以根据自我能结构模型来划分。这一点，我在本书系中的八大欲望系统图、欲望层次递升图和自我人格结构塔图中都做了明确而较为详尽的阐释和描述。

但同时，我们也应该注意到，每一种欲望不管是源自于哪一个生理系统或欲望系统，也不管是源自于哪一个认知层次、欲望层次和功能层次，一旦产生出来，就不再局限于某个特定系统、某个特定层次和某个特定功能所有和所控了，它会一跃而成为整个人的欲望，成为被整个人关注、追逐和寻求满足的欲望了。从这个意义上说，人的欲望是架构自我心理世界、观念世界、精神世界和主体人格世界的根本柱撑力量。

一、宇宙的整体性

解读宇宙和理解宇宙也必须遵循整体论思想。宇宙以其功能万全的整体性决定并赋予了宇宙万物的整体性特征，人作为宇宙功能体的创生物，作为一个更小的整体形式，只能看到宇宙的一部分，这一部分就是我们眼前所看到的一切，而永远不可能看到宇宙的全部或者整体。正因为人类以其智能的有限性而遇到了观照庞大的宇宙整体性存在的认识障碍，无法借助整体论方法全景式地认识宇宙，才使人产生了对宇宙功能体的无视、无知、狭隘、偏见和不解。

生活在现实中的我们获取各种人生经验的过程总是按照特定的时间顺序和空间顺序进行的，总是陆续的、分散的、片段的、七零八落的和镜头截取式的感知着这个世界，对客观事物通常并不能以完全整体性的形式进行感知，总是把感觉所获取的诸多个别属性加以整合，才能获得知觉的整体性效果。所以，我们认识事物的过程本身就天然地存在着有悖于整体论的偏差。我们头脑中所出现的欲望、知识、观念、理念、道理等等都是来自于这些零碎影像经验的组接与整合，即便经过组接和整合之后，也无法保证能够恰如其分地描述事物的绝对整体性效果。

洛克在他的《人类理解论》中也说过："每个人都可以分析自己的思想，仔细检查自己的理解力，看看在自己的最初观念中，除了感觉的对象和内省的对象，是否还存在别的东西。刺激人的感官的各种性质，虽然在事物本身中是紧密联系的，以致无法分离，但我们却知道，它们在经过人的感官之后在人的心灵中产生的观念却是单独而非混杂的。视觉和触觉虽然能够在同一对象上得到各种观念，就像人可以同时看到运动和颜色那样，但在同一主体中组合的那些简单观念依然是独立的，仿佛是从不同的感官得来的观念一样。"

人类认识世界需要一个漫长的过程，即便竭尽整个一生也只能认识到整个世界或整个宇宙的边边角角，更何况我们的观念的形成总是靠支离破碎的零星的经验性影像来实现的。

每一个客观事物本身都具有自身的整体性特征，而人对其做出反应所形成的观念却很难具有完全等值等效的整体性，表明这个观念并不是其所反映的客观事物的全部内容和整体内容，二者不可能划等号。

另一方面，眼睛看到的、耳朵听到的东西可以形成观念，但这些观念并不能单独地属于眼睛或者耳朵，而是属于整个人的。欲望也是人的神经智能对内在特定生理状态及外在特定事物目标的反应，也同样不会与内在特定生理状态或外在特定事物目标的客观状态的整体性特征完全吻合，就像食欲产生后，其饥饿状态与其所需要的食物能量不可能完全吻合一样，不是多了一点就是少了一点。

另一方面，因欲望最初起自于人的生理性反应，生理性是人性的一部分，所以，它也不可避免地与人性本身构成了一个整体。食欲不可能单独地属于胃肠的欲望，而是属于整个人的。

宇宙以其整体性功能而居于“造物主”的崇高地位，对其所创生的一切都赋予了同样具有整体性的功能和属性。客观世界是一个整体，主观世界也是一个整体，这两种世界形态都具有其整体性功能，而客观世界与主观世界及其功能又何尝不是一个整体呢？客观世界演绎的规律和规则，与主观世界演绎的规律和规则，在本质上是完全同一个样式的东西。反过来也是如此，主观世界演绎的规律和规则，与客观世界演绎的规律和规则，在本质上也完全是同一个样式的东西。

正如斯宾诺莎所言：“思维是神的属性，所有人的思想不过是以一种确定的方式表现出神的本质的样式。观念的秩序和联系符合事物的秩序和联系。神的思维力量等同于他的行动的力量。存在于自然界的圆与圆的观念是同一个东西，只不过是通过不同的属性表现的。第一个在人类心灵中存在的东西，就是一个事物的观念。神的属性的一定样式形成了人的本质，即人的本质是用神的思维样式形成的。”[1]

二、生理的整体性

我们所说到的人，是一个以天赋的整体形式存在的生物体。换句话说，我们看待任何人或者任何人看待他自己，都不能把部分当成整体，不能把

1 见于汉默顿著、吴琼等译《思想的盛宴》，p272，九州出版社，2005年10月第一版。

一个单独的头部当成整个人本身，更不能把一只胳膊、一条腿、一只耳朵或半拉屁股当成这个人本身。

即便生理学家们为了研究人而以科学的方法将人的生理机能分成了八大系统或九大系统，但任何一个系统或几个系统都不能代表这个人本身，只有将这些系统有机地和天赋地组合在一起，才能代表这个人，才能代表这个人的全部内容。

我们知道，人既是骨血肉的物质性组合，也是精气神的意志性组合，缺少了任何一个部分，缺少了任何一种成分，都不能使人成其为人。

在人体结构中各个脏腑形体官窍，都是人的整体结构的一部分；各个脏腑形体官窍的功能，实际上也是整体功能的一部分。所以，人的生理结构的整体性不但体现在各个组成部分在结构与功能上是完整统一的，即五脏一体观，而且也体现在人的形体与精神是相互依附、不可分割的，即形神一体观。

正是因为人的生理结构的整体性，决定了人的一切智能反应或意志反应（也称意能反应）也是以人的整体形式呈现出来的。这就是说，我们看待一个人、理解一个人、解析一个人，也包括看待自我、理解自我和解析自我，都必须把这个人或这个自我看成一个完全的整体的人才能得出正确的结论来。

比如你手指划破了一个口子，必然要被你的神经感觉感知到，也必然被内部感觉传导到你的大脑中枢，并被你的大脑中枢意识到，思想到。由你的手指这个口子产生的疼痛、焦虑、不安等感觉和感受，也必然从你的手指蔓延到你整个人的意志层面，这种疼痛虽然发端于手指，但并不限囿于给你手指这一个小小的部位带来了麻烦、痛苦、焦虑和不安，而是给你整个人带来了麻烦、痛苦、焦虑和不安。

要知道，手指上一个小小的划伤，一旦发生感染，也可能会夺去整个人的生命，如果仅当成部分而不当成整体看待，最后进一步发展下去就会让你付出整体性的代价。手指是自我的手指，所以，手指出现问题，实质上也是自我出了问题。这同其他诸如饥饿、憋气、瘙痒、麻木、眩晕、性勃起等匮欠的发生是完全一样的。任何一种匮欠，不论发生于哪一个生理系统，实质上都是整个人发生的匮欠事件。只有将这个匮欠上升到整个自我的匮欠才能完整地解读人的欲望事件、神经反应事件、心理活动事件、自我意识事件和主观精神事件。

人类个体自我的任何匮欠都必然地发端于肌体的某一个部位、生理活动的某一个系统或某一个环节，而且这个匮欠只有被神经感觉到，才具有匮欠意义，否则就像植物人一样，虽然肚子缺少食物了，虽然身体某一处划伤了，却不能感知到饥饿或疼痛，那么，这样的匮欠对于这个植物人而言就是没有意义的，既不能产生神经反应、欲望反应，更不能产生意识反应。

所以，神经智能反应是匮欠从物质层面跃升到大脑意识层面的传导器和路由器，是匮欠转化为欲望的中间必经途径和环节，植物人不管是神经传导器出了问题，还是大脑分析器出了问题，都使最上层的自我意识无法呈现出来，这就使得身体的部分功能的失灵而导致整个人丧失了基本的人的意义，其疼痛感、憋闷感、羞辱感、责任感、道德感、意志力、协调力等等都不复存在了。

这就意味着，人可以分为三个层面：

第一个是客观物质层面，比如人的筋骨、肌肉、脂肪、血液、体液、体气等等，都是纯物质结构。

第二个是中观媒介层面。中观媒介层面指的是神经反应，介于物质性与精神性之间。我们知道，一切物质都具有反应性，神经则是物质反应性的高度集成和进化，因此神经反应具有最基础的物质反应性，同时也正是借助于这种反应性，才使各种刺激信息获得了独特的传导方式和传导路径，并以对这些刺激信息做出反应的方式而超越了纯粹的物质层面，因此具备了一定的精神意义。

也就是说，神经反应相当于一条天赋的导线，一头连着客观物质性的发电机（刺激），一头连着主观精神性的用电器（意识），这就使我们在客观世界与主观世界之间看到了中观世界存在的必然性和必要性。所以，我称之为中观媒介层面，或简称中观世界。

第三个是主观意识层面，这个层面以大脑产生意识反映为基本特征，大脑代表了整个人的全部，代表了自我的全部意义。

我们知道神经在自我躯体中传导刺激信息的终点则是大脑，大脑是集纳一切信息、映现一切信息、整合一切信息、分析一切信息并最终形成意识或自我意识的集散地和中枢区，较比中观层面的神经反应显然上升了一个层面，居于这个层面的大脑是整个自我的绝对主人。

一个局部肌体的神经反应不能代表整个自我，只有大脑才具备代表自我的整体资格和法人资格。只有将这三个层面统一到一起，才能构成一个完整的人。换句话说，任何一个人，都是这三个层面的集成体，单独任何一个层面都不能反映人的本质、属性和基本特征。

比如我们拿蜥蜴为例，当蜥蜴遇到天敌时，便自断其尾，以活脱脱乱动的尾巴吸引天敌，自身则逃之夭夭，脱离险境，免受丧生之难。当人们用小木棍追打蜥蜴时，瞄准其尾巴用力一杵，蜥蜴逃跑了，它的尾巴却留下了，这时便可以看到精彩的一幕：蜥蜴尾巴的断处贴在墙上，另一头则转圈，不停地摇晃着，“刷起锅”来了，摇晃的速度由快到慢，可长达几分钟。

这说明，蜥蜴断落的尾巴中仍有部份神经活着，并继续作出反应，从而分散敌人的注意力，以便给自己倒出足够的时间来逃脱。其实，一切动物的反应，都可划分为两个层面的反应：一是神经传导反应，二是大脑意识反应。神经与大脑属于两个层面的内容，神经反应仅仅是局部性反应，不属于自我意识反应，大脑反应是整体性反应，属于代表整个人的主体自我意识反应。蜥蜴的尾巴断落后虽然仍然有神经活动存在，但已经不是蜥蜴本身的大脑在活动了，真正的蜥蜴其实已经扛着脑袋跑掉了。

人的整体性其实远远不止于体现在生理结构上，也体现在功能结构上、运动机理上、意志反应上、心理活动上、精神观念上以及这一切的有机协调与和谐统一上。离开了这种有机的、协调的、和谐的、统一的整体性，人就会被分解得支离破碎，不但没有身体健康或精神健康可言，也没有基本的人性标准或人格基础了。

整体和部分既相互区别又相互联系，二者的地位和功能不同，整体具有部分根本没有的功能，而且整体的功能大于各个部分功能之和；但二者不可分割，相互影响。所谓不可分割，不但各个部分是不可分割的，不可独立存在的，而且部分与整体之间也是不可分割的，任何一个部分都离不开这个整体，而这个整体也离不开各个部分。

同时，人的整体性还包括与外在对象性他者的统一性和协调性，离开了外在对象性他者的存在，离开了外在环境的存在，离开了外在各种能量资源的存在，人的整体性也就不复存在了。非但肉体结构不复存在，其他包括人的欲望结构、心理结构、意识结构、精神结构和人格结构也都将不复存在了。

三、欲望的整体性

欲望虽然发源于不同的生理系统、不同的认识层级和不同的社会个体中，但有一些欲望也是可以跨系统、跨层级和跨自我的形式呈现的。比如，生存欲、控制欲、安全欲、自我保护欲等等，事关每一个生理系统和生理机能，或者说，每一个生理系统都涉及到生存问题、控制问题、安全问题和自我保护问题的严峻考验。因此，这些欲望在不同的生理系统和认识层级中都会从不同的角度、不同的路径、不同的环节、以不同的形式产生出来。

比如生存欲作为一种生命存在性和自我存在性的综合性欲望形式，理所当然地包含着安全欲、自我保护欲的全部内容，既涉及食欲、饮欲、便欲、呼吸欲，也涉及温暖欲、舒适欲和自由欲，但在具体智能认识层次上却具有不同的表现形式。本性欲望层次的安全欲是只顾眼前而不能顾及长远，在面对食物时，不管食物是怎么来的，吃到嘴里便满足，但到了一定的精神层次，同样是食欲，还要受到尊严欲的干扰，还要看看这个食物是怎么来的，对于嗟来之食、盗泉之水，鉴于自己的尊严、人格、道德的约束，可能宁肯饿着肚子也不会选择满足。

再比如情欲，其满足过程需要有另一个异性的他者做配合，并非仅靠自我即能实现的，这些都属于跨自我性的欲望。

另外，从本性欲望开始，各个层级都存在着控制欲，控制欲是主体企图对其他一切事物能够按照自我意志进行有效的控制。

控制欲的变体便是支配欲，支配欲的实在性体现便是权力欲上。权力欲可以有效扩大自身有限的能力，以更广大的人力、物力、财力、技术力来保障自我生存欲的最大化满足。这也是人们在社会上为什么追求来、追求去，总是把权力看得至高无上的根本原因。权力斗争是人类社会的最高级、最严酷、最终极的斗争，获得至高无上的权力，也就追求到了人类欲望金字塔的顶端，似乎再不必去追逐其他欲望了，因为有了权力，便可在人类社会呼风唤雨，颐指气使，用最简单的办法即可获得各种欲望最大程度的满足。

生理性欲望或者说本性欲望都是生存性欲望，包括食欲、便欲、呼吸欲、性欲等等，社会性欲望都是在控制欲的辐射下而产生的欲望形式，包括支配欲、权力欲（官欲）、占有欲、荣誉欲、尊严欲、地位欲、价值欲等等，而控制欲应该列为自我意识中的欲望之首，即人类一切欲望的终极都要归依为自我控制欲。

由任何一种匮欠而产生的欲望形式，不管是食欲、性欲、便欲或其他生理性欲望、情感性欲望、精神性欲望，都不会单单属于哪一个生理系统的，也不会单单属于某一个局部肌体的，而是属于整个人的，整个自我的。匮欠来自于局部，但一当反应到大脑之后，便上升到了整个人的高度来对待了。整个人的每一个细胞、每一个念头、每一个行动都会为这个欲望所统摄，所驱动，所感怀，所追逐，所忙碌。

而对一个人来说，一切欲望聚拢在一起，并合成在一个人的自我意识当中，也必然是一个统一的整体，其同样具有自我意识的整体性。而不同的个体，因为其内部欲望结构具有不同的特征，所以不同的人由不同欲望结构柱撑起来的人格大厦也必然是不尽相同的。

欲望的整体性源自于自我存在的整体性，而自我整体性不仅体现在时空连续上的不可分割性，而且更体现在生理结构的不可分割性、智能结构的不可分割性、内部环境与外部环境的不可分割性，以及心理、观念和精神的不可分割性。

就像口腔糜烂虽然产生于口腔，但所造成的后果，远远不是口腔自己的问题了，而要影响到整个人的生存问题、安全问题、舒适问题，绝不能单单归口腔自己所有和所控，也不能归口腔自行打理和处理，它一旦发生便不再是单一的口腔内容了，而是整个人都感觉到了口腔糜烂所引起的不适，并为解决这种不适而全身心地胶着起来、痛苦起来、躁动起来、忙活起来。

同样，食欲来自于神经智能对于胃肠机能的感知，但食欲一旦发生，便不再是胃肠的欲望，而是整个人的欲望了；呼吸欲来自于呼吸系统，但绝不是单独地属于鼻子或者肺部的呼吸欲，而是属于整个人的呼吸欲。要知道，任何欲望都是可以被感知的，只要是被感知的内容都要必然地上升到大脑中枢，只要是进入大脑中枢中的内容，便都是整个人的内容，而不会再被分解到其他的生理系统或特定的智能结构中去。这就是欲望的整体论思想能够被确立的基础。

我们通常感受到的欲望，之所以很难划分出清晰的类别，就在于欲望具有整体性特征，一旦产生，便会成为整个人的欲望。如果不是研究者，便大可不必操心确认其是属于哪一类的。不管哪一类，都是整个人的，整个自我的。

人的不可割裂性、自我的不可割裂性决定了欲望的不可割裂性。

虽然科学家对生理系统划分出了九大属类，但每一属类生理系统都不能单独运动，所有的系统必须合成一体才能构成整个人；虽然我们把人类智能划分出了若干环节，把人类认知划分出了若干层级，但每一个环节和每一个层级也都不能单独支撑，单独存在，而必须合成一体，合成整个人的智能，整个人的认知，才能完成起码的意识活动、心理活动和精神活动。

同样的，精神与肉体也是不可分割的，只有合成一体，才具有现实存在性，只有合成整个人，才具有生命存在意义和自我存在意义。

四、人格的整体性

人类的自我意识正是以一种整体性存在的方式而产生并发展起来的，任何一个部分的分解或割裂，都不是完整的自我意识形态，都不是纯粹的自我人格本身。

深受格式塔心理学影响的戈尔茨坦认为，研究人格，必须首先把个体作为整体来看待。单独或孤立进行的部分测量只有置于整个人格的诸多关系和行为发生的心理环境中才有效。

事物联系的观点对于生理测量是必要的，对于复杂的心理测量同样是必要的。戈尔茨坦同时还深信，每个有机体都有特定的潜力。因为有这些潜力，所以有机体需要实现它们，也即人们根据他们的潜力希冀以最佳的可能方式实现自我。

人们可以通过观察一个人愿意干什么，一个人成功地干什么而获得对于其目标的确认和显示。因此，可以说，戈尔茨坦对马斯洛和F.珀尔斯的自我实现观点具有良多启示。

作为科学的哲学世界观，必然是一种将世界基于原子论假说之上的世界观，亦即在这个世界上，复杂的事物都是由简单的元素所构成的，这样的世界观也难免会带有机械论思想的刻板和造作。但是，如果不把个体还原成它们的“简单部分”，科学家们又何以对它进行研究呢？所以，经常把人或人的自我进行分解的刽子手基本上都是科学研究工作者，目的是更精确地解说人的特性，更科学地解释人的奥秘。

但因为这项工作十分繁杂，他们采用的方法论基本上都是还原论，也就是穷原竟委，把人分解为若干生理系统，若干器官功能，若干部分、结构、程序、规律、道理，这样做不但是有效的也是有用的，并且也能够解决一些简单的知性问题以及逻辑判断和推理问题，即以一部分的情况和特征来推断整体的可能性，或者整体中一部分情况发生变化，也会导致整体自我在其他方面甚至全部整体方面发生方向相同的变化。

比如一个姑娘在经历了一次重大的恋爱挫折之后，对其他男人的看法可能会发生以前从未有过的重大的改变，甚至此后发展到整个人都变得一蹶不振、颓废落寞了。相反，自我整体性的变化也会影响其他部分发生方向相同的变化。比如一个人对另一个人没有好感时，即便对另一个人发出的微笑，也认为是不怀好意的蔑视或讥笑。

但同时我们还应该认识到，任何部分都是构建整体必不可少的元素，其在整体中与其他元素的互联互通互动关系往往会变成静止的和孤立的关系，甚至无法显示出来，所以，这个过程难免会出现疏漏，难免破坏整体性功能和整体性机理的效应性存在。这就使我们有必要在此强调一下整体论思想的重要性和必要性。

对于部分的考察和分析，可以得到对部分的形貌、特征、功用等做出更全面的了解或理解，但对于整体的功用或对整体中其他部分的功用却只能放在整体中去解读。一个来自外在的明显而且沉痛的刺激，可能会改变一个人既有的观念甚至改变这个人的人格，以致使这个人变得抑郁寡欢，愁眉不展，这个刺激进入他的大脑之后与这个人之间构成了部分与整体的关系，这个部分业已内在地影响了他作为整体的存在状态或存在形式。但以同样的刺激施加给另一个人，却未必产生同样的结果。另一个人可能在观念上或人格上毫发未损，非但如此，他可能还从这个沉痛的刺激中汲取了一些有益的营养，反而促使他的心理变得更健康、更理智、更坚强和更积极。

那么，问题的差别出在哪里了呢？显然不在于外在的刺激上，而在于不同个体所具备的整体性特征的不同，如果非要被问及究竟不同在哪一个点位上？那么这个问题因为割裂了个体整体性特征，可能就会让我们无法给出一个令人信服的答案来。

两个不同的个体以其不同的经历阅历，不同的成长过程，必然会形成不同的观念和人格，一个可能很脆弱，另一个可能很顽强，一个可能很小气，另一个可能很大度。两个个体不同的观念和人格就像两个大小不同、材质不同的袋子，各自只能适合装纳不同的事物，而且一个新的刺激物被装进去之后，与里面其他事物也会组成不同的结构和形成不同的机理，智能和意能的认知层面也自然会产生不同的表现。

离开了整体性，单以一对一的因果论或机械论思想去分析人的问题、人性问题、人格问题，也包括欲望问题、意识问题、心理问题、精神问题，就会陷入无法自圆其说的偏见或谬误。

以讨论整体论见长的马斯洛曾把人格的整体性比喻为“人格风味”，认为一个人的人格由不同的成分构成：“在一盘炖肉中，我们用了许许多多原料，却调制出了一种独一无二的风味。它的风味弥漫在炖肉的所有原料之中，可以说是同单独的原料无关。”[1]

其实，说它与某个单独的原料无关不免有点武断，应该表述为已经远非某一个单独的原料所能涵盖或所能解释的了，因为这些原料与肉、水、温度等各方面因素已经合成为一个独特的整体了。从纯粹的理论上分析，整体好像应该等同于各部分相加之和，但在实际操作上却会遇到难以化解的困难。各元素可以相加，而各元素组成的特定结构和特定机制却并非靠简单的相加便能够获取和复制的。

所以，整体，特别是整体功能并不能直接等同于部分相加之和。马斯洛在讨论“症候群资料的逻辑和数学表达”时指出：“现有的大部分数学和逻辑所涉及的世界，是由相互排斥的各种实体聚拢而成的，就像一堆苹果。将一个苹果同苹果堆中的其他苹果分开既不会改变这个苹果的特征，也不会改变这个苹果堆的本质特征。但对机体来说，就大不相同了。割下一个器官改变了整个机体，也改变了被割下的那一部分。”

人格也是如此，不能以数学的部分的形式割裂出一点点，而只能将它作为一个绝对的整体来看待。

1　马斯洛《动机与人格》，第三版，P279 页，2007 年 4 月，中国人民大学出版社。

人作为一个整体，人的自我作为一个整体，人的欲望作为一个整体，人的本质作为一个整体，人格作为一个整体，甚至人生作为一个整体，心理作为一个整体，精神作为一个整体，都是无法以部分形式存在的，既不可能以单独的脑袋的形式存在，也不可能以无脑袋的四肢的形式存在，既不可能以孤立的生理机能的形式存在，也不可能以单独的神经智能的形式存在，更不可能以外在的填充物目标的形式存在，当然也不可能以纯粹意识或纯粹精神的形式存在。

人的自我是一个集形下器能、外应物能、生理机能、神经智能、鉴知官能、心理势能、行为动能（身肌体能）、自我意能、外应神能、语言联能等合而为一的整体性存在，是一个独立自在的统一体，作为来自于十能结构中的欲望及其存在状态，也理所当然地不以部分的形式而存在，既不单独地属于自我肉体或者肉体的某一部分，也不单独地属于生理机能或者机能的某一环节，或者单独地属于神经智能及其某一特定的认知层次，或者单独地属于心理观念或行为特点及其某一特定的形成过程。

这就是说，人的本质不是以部分的形式而存在的，发生在人身上的一切现象都具有人的整体性特征。解读人、理解人、评价人必须尊重人的整体性。人格的整体性意义正是来自于自我的不可分割的整体性存在。

值得一提的是，心理观念作为一种特殊的智能软件也是构成人格的重要组成部分，其中也蕴含着一定的能量、能力、功能、效能。人的心理活动总是在一定的事件性落差中产生，越是居于上游的高位，则产生的优越感越强，越是居于下游的低位，则产生的失落感越强，落差趋零，心理则趋于平衡。

我将人的心理在事件性落差中产生的倾斜功能、效能或能量称作心理势能，这种心理势能可以转化成观念，对自我甚至对他人发生作用或产生影响。

同样的，人的行为也是自我意识、观念、心理、精神、人格的外在表现形式，行为动能必然转化为行为效能。这种行为效能也可以直接地对自我或对他人发生作用或产生影响。

所以，人的行为也是作为自我整体性的一部分，与自我人格统一在一起，不可分割。

后　记

当我创作完成《欲望动力心理学书系：欲望的世界》这一百多万字的书稿之后，疲倦地打上最后一个句号时，心情倏然感受到了一种莫大的轻松和解脱。好像从此以后，我终于从欲望的世界里逃离出来，再也不必为人的欲望问题而焦灼和纠结了。

要知道，我在整个前半生的五十多个年头里，差不多每一天都被各种各样的欲望包围着，蛊惑着，困扰着，差不多每一天都有自己的欲望与别人的欲望交叠在一起，纠缠在一起，振荡在一起，搅得我心乱如麻，躁动不安，压得我常常喘不过气来，笑不出声来。这也许是我决定把欲望这根硬骨头啃烂嚼碎的原因。现在是啃完了，嚼完了，似乎也到了该向欲望告别的时候了。

想到本书系的写作过程，与其说是一种创作，不如说是一场修炼。但真正修炼到彻底告别欲望的程度，目前似乎还真是做不到。因为我们都活在欲望的世界里，在欲望的世界里兀兀穷年，疲于奔命。欲望是伴随人生之始终的魔咒，你不从这个世界上灭失，它就一直缠着你不放。不论你，不论他，不论我，任谁都不能幸免。

不过，我想大概也不必如此悲观。我们正是因为每天都活在欲望的世界里，每天都受到欲望的驱策，才使得我们活得有声有色、有滋有味、有情有义，才使得我们不断参与社会的合作与竞争，才使得我们不断追求人生的幸福和满足，才使得我们不断寻求和感受人生的意义之所在。

关于人类欲望问题，几乎每一位哲学家和心理学家都或多或少地做过程度不同、角度不同和观点不同的讨论。但到目前为止，基于我个人的阅历所限，还没有看到任何一部长篇大论和穷原竟委的专著。本书系的写作经历了八年的时间，我为此也付出了不少精力和代价，如能引起相关领域的专家和学者给予热心关注、支持、赞导和批评，我将足以欣慰并感戴不尽。

这里还需要特别说明的是，为了阐述问题起见，我还在本书系中绘制了上百幅图片，试图对一些抽象、玄奥、高深的欲望问题做出形象化和视觉化的解读，其效果如何相信读者诸君会看得明白。其中也有个别几幅引自于网上现成的图片，这几幅图片连同内文中引用和借鉴的一些专家或学者的优秀理论观点，对于我阐述欲望问题起到了很好的启发作用和支撑作用，由于无法与作者取得联系，我对此深感不安，并致歉意。如日后有机会取得联系，我将合理支付报酬，表达我对他人劳动成果的理性尊重。

另外，鉴于近年来国内学术环境和图书市场出现的一些乱象，让我产生了一些令人尴尬的联想。所以我不得不在此做出一个简短声明：本书系为原创作品，凡引用本书系观点，敬请注明出处！本书系作者愿意看到正当的学术讨论、引用或翻译。凡未合理注明出处的，或对本书系内容进行改写并将本书系观点当做自己的观点进行发表的，将视为抄袭或篡改。一经发现，将追究其法律责任。

本书系虽为学术专著，但考虑到内中所阐述的欲望事件与每个人的一生都息息相关，所以，在写作手法上，我尽量避免使用高深的专业术语，力求把问题阐述得简单浅近，通俗易懂。所以，本书系既适合有志于从事心理学领域研究工作的同仁作学术讨论之用，也适合那些拥有普通学历的心理学工作者、心理咨询师、教师、大学生、一般爱好者或为自我心理问题长期受到困扰的人士阅读，但愿每个人都能从中受益。

作　者

2017 年 4 月于北京

张振学

1962 年生，辽宁人

做过教师，记者，编辑

出版过多部社会科学类著作

作品多次荣登全国畅销书排行榜

后常年从事欲望心理学研究工作

创建了欲望动力心理学

欲望层次心理学

欲望场心理学

质能结构主义心理学

以及现代量子心理学理论

首开上述理论领域研究之先河

扫描下面微信二维码可直接与作者取得联系